Bauen mit dem Regenwasser

Aus der Praxis von Projekten

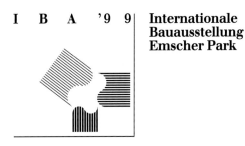

I B A '9 9 | Internationale
Bauausstellung
Emscher Park

Herausgeber
Dieter Londong/Annette Nothnagel

Bauen mit dem Regenwasser

Aus der Praxis von Projekten

R. Oldenbourg Industrieverlag München 1999

Die Deutsche Bibliothek – CIP-Einheitsaufnahme

Bauen mit dem Regenwasser: aus der Praxis von Projekten/Hrsg. Dieter Londong/Annette Nothnagel – München; Wien; Oldenbourg, 1999

ISBN 3-486-26460-5

Vorwort

Zu Beginn der Industrialisierung hatte das Ruhrgebiet eine halbe Millionen Einwohner und 50 Jahre später drängeln sich hier über sechs Millionen. Die Siedlungsdichte ist mit 2000 Einwohnern pro Quadratmeter extrem hoch. Eine Stadt geht in eine andere über. Die Landschaft ist fast überall besiedelt, zersiedelt, verinselt und versiegelt.

Trinkwasser wird von außerhalb importiert und das Regenwasser und Schmutzwasser werden im Emscher-Seseke-Bereich als offene Schmutzwasserläufe auf kürzestem Wege zum Rhein transportiert. Das ist die Kurzbeschreibung eines denaturierten regionalen Gewässersystems.

Die Internationale Bauausstellung Emscher Park (IBA) hat sich die ökologische Erneuerung der Region zum Ziel gemacht, um eine Grundlage für eine wirtschaftliche Entwicklung in Zukunft zu schaffen.

Das ökologische Fundament heißt nachhaltige Regionalentwicklung in den Kreisläufen:

– bei der Flächennutzung,

– bei der Gebäudenutzung,

– beim Regenwasser.

In zehnjähriger Arbeit hat die IBA gezeigt, daß dies geht, wenn man die Bedingungen für die Regionalentwicklung auf diese Ziele ausrichtet und alle Akteure davon überzeugt sind.

Von den rund 100 Projekten findet der allergrößte Teil auf den Flächen statt, die als ehemalige Industrieflächen schon einmal benutzt waren. Die erneute Nutzung leerstehender Gebäude ist vordringlicher und in der ökologischen Bilanz günstiger als sie neu zu bauen. Also liegt hier der Akzent dieser Internationalen Bauausstellung.

Schließlich wurden bei allen IBA-Projekten örtliche Regenwassersysteme eingerichtet, um Regenwasser nicht mehr im Kanal abzuführen, sondern auf den Bauplätzen zu versickern oder zumindest weitgehend zu verzögern.

Mit dieser Konsequenz und in dieser Größenordnung gibt es wohl keine andere Region in Europa, die mit den kleinen Kreisläufen bei Regenwasser Ernst gemacht hat. Während der jahrelangen Arbeit sind daher auch Erfahrungen angefallen, die für die Weiterarbeit in der Region und für den Transfer in andere Regionen geeignet erscheinen.

Das vorliegende Buch soll die Erfahrungen zugänglich machen.

Diese sind von den Akteuren aus der Praxis der Projekte heraus beschrieben worden. Über die Darstellung der Sachlage hinaus, sind dabei persönliche Stellungnahmen aus ganz unterschiedlichen Blickwinkeln entstanden, die der Vielfalt und Komplexität des Themas Regenwasser angemessen sind. Für ihre Mitarbeit an diesem Buch aber vor allem auch ihr Engagement für das Bauen mit dem Regenwasser vor Ort sei den Autorinnen und Autoren an dieser Stelle herzlich gedankt.

Das Fachbuch soll darüber hinaus, und das ist mir besonders wichtig, auch zu ökologischem Engagement und zu ästhetisch begründeten Emotionen anstiften.

Denn jenseits der Rationalität und der technischen Effektivität entspringt die Kraft zu diesem „anderen Umgang mit dem Regenwasser" aus dem guten Gefühl, das sich dabei einstellt, und dieses wird nicht zuletzt durch die reizvolle Begegnung mit dem Regenwasser vermittelt. Man sieht, wo das Regenwasser herkommt, wo es verweilt und wo es hingeht, und dies ist eine Bereicherung für Stadtgestalt, Architektur und Gartenkunst. Davon zeugen die Bilder in diesem Buch, die so wichtig sind wie die technischen Anleitungen.

Prof. Dr. Karl Ganser

Inhaltsverzeichnis

Die Akteure –
Berichte aus Projekten, Strategien für die Zukunft

Die IBA und das Wasser – Projekte statt Pläne

Kreative Lösungen für schwierige Standorte – Regenwasserabkopplung geht immer und überall 74

Herbert Dreiseitl

Regenwasser auf Industriebrachen – Die Altlastenpoblematik 82

Peter Wülfing

Die aktuellen rechtlichen Rahmenbedingungen für die ortsnahe Niederschlagswasserbeseitigung – Hilfe oder Hemmnis für einen neuen Umgang mit Regenwasser 89

Jörg-Michael Günther, Ernst-Ludwig Holtmeier

Die Beispiele – Technische Lösungen und gestalterische Wege
Karl-Heinz Danielzik, Reiner Leuchter, Dieter Londong

Die Akteure –
Berichte aus Projekten,
Strategien für die Zukunft

Die IBA und das Wasser – Projekte statt Pläne

Dieter Londong

1 Was ist IBA?

Die Internationale Bauausstellung (IBA) Emscher Park ist keine Ausstellung üblicher Art. Wenngleich sie auch das Wasser thematisiert, ist sie doch erst recht keine Wasserbau-Austellung. Die IBA steht in einer alten Tradition von international ausgerichteten Bauausstellungen, die sich mit dem Bauen allgemein und dem Städtebau im besonderen befaßten. Frühere Ausstellungen waren räumlich und zeitlich konzentriert. Die IBA Emscher Park wählte jedoch mit dem Emscherraum von Duisburg bis über Dortmund hinaus eine ganze, durch den Strukturwandel gebeutelte Region von 800 km² und erstreckt sich über volle 10 Jahre. Sie schließt mit der Endpäsentation 1999.

Zum Ziel hatte sie sich gesetzt, einer alten Industrieregion Impulse zu geben:

– für eine Erneuerung der Wirtschaftsstruktur,

– für die Wiederherstellung von Landschaft und ihrer Gewässer,

– für die Schaffung von Gewerbestandorten auf ehemaligen Bergbauflächen,

– für Innovationen im Städtebau, Wohnungsbau und in gesellschaftlichen Bereichen.

Mit ökologischer Ausrichtung, mit guter Architektur und den vorhandenen Zeugnissen der Industriekultur soll ein neues Bewußtsein für die Besonderheiten der Region und die Erfordernisse für eine neue Zukunft entstehen.

Etwa 100 Projekte tragen das IBA-Siegel, bei vielen ist Wasser im Spiel. Träger dieser Projekte ist aber nicht die IBA, sondern sind Kommunen, Gewerbebetriebe und Industrie sowie private oder öffentlich-rechtliche Gesellschaften. Die

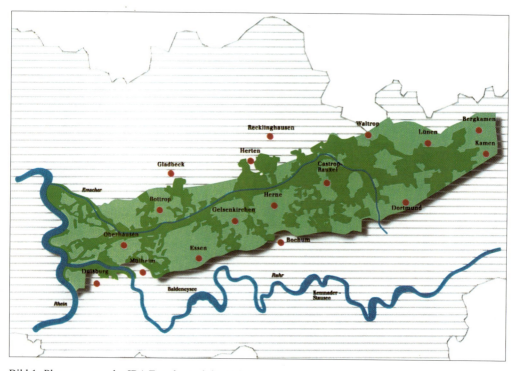

Bild 1: Planungsraum der IBA Emscherpark im Ruhrgebiet

IBA gab konzeptionell und praktisch Anstöße, setzte Qualitätsziele, schaffte organisatorische und ökonomische Voraussetzungen, beseitigte bürokratische Schwierigkeiten, lenkte, koordinierte, machte Mut. Sie stellte Projekte, die wie Nadelstiche einer Akupunktur auf das ganze Gebiet verteilt sind, an die Stelle von umfassenden Plänen und Programmen. Es sind beispielhafte, qualitätvolle Einzelprojekte, die zum großen Teil werkstattmäßig innovativ entwickelt wurden.

Die IBA setzt in vielen Bereichen auf Kreislaufwirtschaft. So sollen nicht mehr Siedlungsflächen in Anspruch genommen werden, als gleichzeitig durch auslaufende Nutzungen frei werden. Ihre Projekte wurden grundsätzlich auf Flächen entwickelt, die schon einmal für Bebauungszwecke genutzt waren und noch Platz haben für neue Landschaft. Mit dieser Strategie der „Doppelten Innenentwicklung" sollen neue Standorte innerhalb des Reviers geschaffen und gleichzeitig soll die Natur hineingeführt werden.

Beim „Emscher Landschaftspark" wurde zum ersten Mal systematisch daran gearbeitet, eine von der Industrie verbrauchte Landschaft von 300 km² nach ökologischen und ästhetischen Kriterien neu zu gestalten, um der Region mehr Attraktivität und gleichzeitig städtebauliche Ordnung zu geben. Rückgrat dafür ist der „Umbau des Emscher-Systems", die durch den auslaufenden Bergbau jetzt mögliche Abkehr von der bisher erforderlichen offenen Ableitung ungeklärten Abwassers in den Gewässern.

„Arbeiten im Park" ist das Strukturprogramm, das mit dem Bau von Technologiezentren und Wissenschaftsparks direkt zur Verbesserung von Beschäftigung und Wirtschaftsstruktur beiträgt. Der Begriff Park steht für die Verpflichtung, in Verbindung mit den Baumaßnahmen auf erheblichen Flächenanteilen Landschaft aufzubauen. Im Handlungsfeld „Wohnen" hat die IBA an die 6.000 Wohnungen im Bestand modernisiert oder im Neubau fertiggestellt, dabei gartenstädtische Arbeitersiedlungen erneuert und die Konzeption auf neue Siedlungen übertragen. In der Projektreihe „Einfach und selber Bauen" sind 8 städtebaulich geschlossene Selbstbausiedlungen entstanden, vor allem für jüngere Haushalte, die mit einem beträchtlichen Anteil von Eigenarbeit und

Bild 2: Autobahn, Emscher, Rhein-Herne-Kanal in Oberhausen: Um der Region neue Impulse zu geben, wurde die IBA ins Leben gerufen.

Nachbarschaftshilfe Eigentum in kostengünstiger und innovativer Bauweise schafften.

Die IBA Emscher Park agierte als GmbH im Schatten der Hierarchie ohne formale sachliche Zuständigkeit. Die politische und administrative Kompetenzverteilung blieb unberührt. Interkommunale Arbeitsgemeinschaften gründeten sich auf freiwilliger Basis. Für innovative Impulse, Moderation und Präsentation wurde die IBA-Gesellschaft als kleine zentrale Steuerungseinheit mit bis zu 30 Personen gebildet. Sie wurde als „Kittmasse" mit einem Fond nicht unmittelbar zweckgebundener Finanzmittel ausgerüstet und mit der politischen Unterstützung der Landesregierung. Für die Projekte haben die Akteure, die Projektträger, die letzte Verantwortung. Die Verbindung mit der IBA wurde über Qualitätsvereinbarungen, Ausschreibung von Wettbewerben und alternative Planungsverfahren geschaffen.

Bild 3: See vor dem Innovationszentrum Wiesenbusch, Gladbeck

2 Die Rolle des Wassers bei der IBA

Die Initiatoren der IBA haben von vorneherein erkannt, daß das Thema Wasser gerade für diese Region, die überwiegend wasserarm und stark versiegelt ist, besonderes Gewicht hat. Die Fließgewässer sind – als Folge der Bodenabsenkungen durch den unterirdischen Kohleabbau – für die offene Ableitung des Abwassers mißbraucht, abgesperrt und eingedeicht, der Umgebung entzogen worden. Eine Landschaft ohne Gewässer ist aber wie ein Organismus ohne Adern. Eine Region, die nach Leben ruft, braucht deshalb Wasser. Der ökologische Umbau dieses „Emscher-Systems" mußte ein Leitthema des IBA-Unternehmens werden, weil ohne die vom Abwasser befreiten und umgestalteten Schmutzwasserläufe das anspruchsvolle Ziel, mit dem „Emscher Landschaftspark" die Vision von Natur und Kultur für die Industrie-Folgelandschaft umzusetzen, nie erreicht werden kann. Einbezogen wird auch der Rhein-Herne-Kanal, der zusammen mit der auf weiten Strecken parallel verlaufenden Emscher ein „neues Emschertal", einen Erlebnisraum im Zentrum des Ruhrgebietes, formen und als attraktive Wasserlandschaft auch Investitionen mit hoher Wertschöpfung anlocken soll. Den Schwierigkeitsgrad dieser Aufgabe vermittelt Bild 2.

Die Verpflichtung der IBA zu einer nachhaltigen Wirtschaftsweise und zur Kreislaufwirtschaft verlangt ihr Engagement für einen anderen Umgang mit dem Regenwasser. Versickerung und Rückhaltung am Anfallort stärken den lädierten Grundwasserhaushalt, dämpfen den schnellen Abfluß in den Fließgewässern und machen somit eine ökologische Umgestaltung der Schmutzwasserläufe erst möglich. Zur wasserwirtschaftlichen und ökologischen Komponente des Wassers hat die IBA auch immer die ästhetische gesehen. Über einen realen und reizvollen Zugang zum Wasser sollen den Menschen auch Einsichten in die natürlichen Zusammenhänge vermittelt werden. Die IBA legte größten Wert darauf, daß bei allen Baumaßnahmen zumindest die Freiflächen unter Einbeziehung des Regenwassers gestaltet wurden (Bild 3). Wie das integrierte Denken bei allen Projekten in den Vordergrund gestellt wurde, ist auch beim Umgang mit dem Wasser auf die interdisziplinäre Arbeit von Architekten, Ingenieuren, Stadt- und Landschaftsplanern, Biologen und bildenden Künstlern gesetzt worden.

Eindrucksvolle Ergebnisse dieser Strategie sind die Spiele mit dem Wasser bei der Bundesgartenschau 1997 in Gelsenkirchen auf der Fläche der früheren Schachtanlage Nordstern und die in deren altem Kühlturm künstlerisch inszenierten „Wasserphänomene". Mit Bezug auf seine ursprüngliche Nutzung wurden hier dem Besucher faszinierende Formen und Erscheinungsbilder aus Licht und Wasser vor Augen geführt, um ein Bewußtsein für dieses Element zu schärfen (Bild 4).

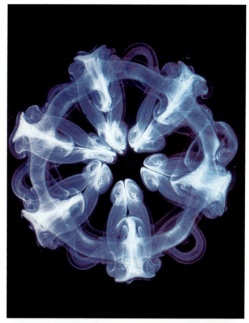

Bild 4: Impressionen von in einem alten Kühlturm inszenierten Wasserphänomenen, Bundesgartenschau 1997 in Gelsenkirchen

Die Landesgartenschau 1996 in Lünen hatte als IBA-Projekt zum Ziel, auf brachgefallenen Bergbau- und Industrieflächen die Landschaft wiederaufzubauen und sie in einen Grünzug des Landschaftsparks zu integrieren. Ein zentrales Projekt war der „Horstmarer See", ein neues Stillgewässer in Anlehnung an den tangierenden Schiffahrtskanal mit einem ökologisch ausgerichteten Uferbereich und anderen, die der Freizeitnutzung dienen (Bild 5).

Brücken sind Wege über dem Wasser. Ästhetische Brückenbauwerke unterstreichen die Wirkung des Wassers. Sie schaffen Verbindungen in einer zerschnittenen Landschaft und sind gleichzeitig als Landmarken Orientierungspunkte. Hervorzuheben wegen ihrer innovativen Gestaltung sind die Doppelbogenbrücke über den Rhein-Herne-Kanal im Gelände der Bundesgartenschau in Gelsenkirchen (Bild 6) und eine weitere am IBA-Projekt „Ökologischer Gehölzgarten Ripshorst" in Oberhausen (Bild 7).

Bild 6: Brücke über den Rhein-Herne-Kanal im BUGA-Gelände Gelsenkirchen (Entwurf Büro Prof. Polonyi, Köln)

Bild 5: Der bei der Landesgartenschau in Lünen neu geschaffene Hostmarer See

Bild 7: Brücke Ripshorst über den Rhein-Herne-Kanal in Oberhausen (Entwurf Büro Prof. Schlaich, Stuttgart)

3 Fließgewässer in der Landschaft

Der Umbau des Emscher-Systems war gerade im Grundsatz beschlossen worden, als die IBA ihre Arbeit begann. Die Emschergenossenschaft, der für Vorflut- und Abwassermaßnahmen zuständige Wasserverband, hatte dieses Entwässerungsverfahren mit der offenen Führung des Abwassers in der Emscher und ihren Nebenläufen seit Beginn des Jahrhunderts entwickelt und ausgebaut, weil das rasante Wachstum der Industrieregion und die ständigen Absenkungen des Geländes infolge des unterirdischen Kohleabbaus keine andere Wahl ließen. Mit dem Ausklingen der Bergsenkungen wurde inzwischen der Weg frei für die Abwasserableitung in großen Rohren, für eine dezentrale Abwasserreinigung und für die ökologische Umgestaltung der technisch ausgebildeten „Schmutzwasserläufe" (EMSCHERGENOSSENSCHAFT 1991 bis 1998).

Die Emschergenossenschaft brachte das auf zwei bis drei Jahrzehnte angelegte Umbau-Projekt als ihren Beitrag zum Aufbau des Emscher Landschaftsparks ein. Unterstützt von der IBA hat sie mit der konkreten Planung begonnen. Gemeinsam wurden Fachgutachten für drei Bereiche in Auftrag gegeben und ausgewertet:

– zur dezentralen Abwasserreinigung und der zu erwartenden Wassergüte in der vom Rohabwasser befreiten Emscher,

– zu Möglichkeiten der Umgestaltung der Schmutzwasserläufe, ihrem künftigen ökologischen Potential, der Wasserführung und ihrer Gestaltung als Elemente der Landschaft,

– zu den städtebaulichen Bedingungen und wasserwirtschaftlichen Effekten einer Regenwasserbewirtschaftung vor Ort, um Hochwasser in den Gewässern zu entschärfen und ihre Niedrigwasserführung zu stärken.

Dabei wurde zunächst aus der Arbeitweise der IBA übernommen:

– das Prinzip der „alternativen Planung", indem jeweils 2 Aufträge vergeben wurden, um die besseren Lösungen im Vergleich zu finden,

– der interdisziplinäre Ansatz mit der gleichzeitigen Beteiligung von Siedlungswasserwirtschaftlern, Städtebauern, Ökologen und

Bild 8: Durch den Kohleabbau absinkendes Gelände füllt sich mit Wasser

Bild 9: Deininghauser Bach als Schmutzwasserlauf vor der Umgestaltung

Bild 10: Der Deininghauser Bach in Castrop-Rauxel nach der Umgestaltung

Landschaftsplanern, um qualitätsvolle Gesamtlösungen zu erhalten,

– die Arbeiten jeweils durch einen Arbeitskreis begleiten zu lassen, in dem auch Persönlichkeiten aus kommunalen und behördlichen Gremien mitwirkten.

Das auf rd. 8 Mrd. DM kalkulierte Umbau-Programm ist bereits ein gutes Stück voran gekommen. Wenn es abgeschlossen ist, werden 400 km Abwasserkanäle gebaut sein, die die Gewässer von Abwasser befreien, mehrere dezentrale Kläranlagen errichtet und 360 km denaturierte Gewässer ökologisch umgestaltet sein.

Für die Umsetzung lagen die Schwerpunkte bei der IBA darin, eine breite Akzeptanz zu schaffen sowie den gestalterischen und ökologischen Prozeß zu unterstützen. Ihr Anliegen war, für Emscher und Nebenläufe ein ästhetisch-ökologisches Leitbild zu entwickeln, das sich nicht mit scheinbar oder anscheinend naturnahen Formen an der Kulturlandschaft früherer Jahrhunderte orientiert, sondern unter ökologischen und gestalterischen Vorgaben vorhandene Strukturen weiterentwickelt. Eine Reihe von Maßnahmen

zur Umgestaltung von Nebenläufen der Emscher wurden offizielle IBA-Projekte (Bild 9 und 10). Daß dabei die Gewässer nicht nur als „Linie" betrachtet und ihre Umgebung, die früheren Auen, mit einbezogen werden, konnte gegen viele örtlichen Sachzwänge nur bei besonders hohem Engagement in Einzelfällen erreicht werden.

Für den Neubau der Kläranlage Bottrop hat die IBA einen Architekturwettbewerb mitgestaltet, dessen Ergebnis ein Beispiel qualitätvoller neuer Industriearchitektur ist, ausgezeichnet beim CONSTRUCTEC-PREIS 98 für Industriearchitektur in Europa (Bild 11).

4 Regenwasser bei IBA-Projekten

Da die neuen Gewässer für den Ausgleich ihrer Wasserführung und die Entwicklung einer ökologischen Qualität dringend auf eine andere Regenwasserbewirtschaftung angewiesen sind, propagierte die IBA eine weitgehende Abkehr von der schnellen Ableitung des Regenwassers in Kanälen hin zu Maßnahmen schon am Anfallort. Sie hat lange vor einer entsprechenden Regelung des Landeswassergesetzes in NRW da-

Bild 11: Beispielhafte neue Industriearchitektur der Emschergenossenschaft, Kläranlage Bottrop

für bei den Kommunen und Wohnungsbaugesellschaften geworben, und sie hat die neuen Wege für das Regenwasser zu wesentlichen Bestandteilen der IBA-Projekte gemacht, vor allem in Siedlungen und Gewerbeparks. Die Emschergenossenschaft hat ein Förderprogramm für Abkopplungsprojekte im Bestand aufgelegt mit einem Regelfördersatz von 10 DM pro Quadratmeter von der Kanalisation abgekoppelter Fläche (s. Beitrag BECKER/PRINZ). Durch Umsetzung auf möglichst vielen und großen Flächen möchte sie die Gewässer stärken, die Kläranlagen entlasten und Kosten einsparen bei Rückhaltebecken und bei den Anlagen zur Regenwasserbehandlung.

Das erste Regenwasser-Projekt der IBA war die Siedlung Schüngelberg in Gelsenkirchen, begonnen schon 1990. Im Emschergebiet lagen keinerlei Erfahrungen vor. Es war bekannt, daß die Böden hier meist keine guten Voraussetzungen für eine Regenwasserversickerung bieten. Deshalb haben Emschergenossenschaft und IBA gemeinsam eine interdisziplinäre Studie in Auftrag gegeben, die zu dem Ergebnis kam, daß in dieser Siedlung wie überhaupt im Emschergebiet sehr wohl eine Regenwasserbewirtschaftung vor Ort mit Abkopplung von der Abwasserkanalisation möglich ist und effektiv sein kann (s. auch Beitrag SCHNEIDER und Beispiel 1.7). Dazu muß allerdings die ganze Palette von Maßnahmen ausgenutzt werden wie

- gezielte Versickerung,
- durch Retention verzögerte Ableitung,
- Nutzung,
- gestalterische Inszenierung als ästhetische Bereicherung.

Als Werbung für Regenwasserkonzepte und zur Information über die Möglichkeiten haben Emschergenossenschaft und IBA sehr früh eine *Arbeitshilfe „Wohin mit dem Regenwasser?"* herausgegeben, die von einem Arbeitskreis aus 13 Fachleuten verschiedener Disziplinen erarbeitet wurde. Weil es bislang an geeigneter ausführlicher Fachliteratur fehlte, haben dann die beiden Institutionen wieder gemeinsam einen Wissenschaftler, Prof.Dr.-Ing. Wolfgang Geiger, und einen gestaltenden Praktiker, Herbert Dreiseitl, mit der Ausarbeitung eines Manuskrip-

tes für ein *Handbuch* beauftragt, das sie dann unter dem Titel *„Neue Wege für das Regenwasser"* herausgegeben haben. Das Buch erscheint jetzt beim Oldenbourg-Verlag in der 2. Auflage.

Die von der IBA initiierten Projekte wurden bald zum Experimentierfeld für verschiedene technische und gestalterische Lösungen, in das selbst Industriebrachen mit kontaminierten Böden einbezogen wurden (s. Beitrag WÜLFING). Das Ergebnis stellt sich als eine breite und bunte Palette dar. Bei günstigen Bodenverhältnissen wird eine einfache Versickerung über Mulden praktiziert, bei schlechteren werden Rigolen oder andere Rückhalteeinrichtungen hinzugenommen. Man findet Retentionsteiche mit stark verzögerter Einleitung in ein Fließgewässer und städtebaulich dominant gestaltete Regenwasserwege. Die Spanne reicht von sehr einfachen und kostengünstigen Ergebnissen bis zu technisch und gestalterisch aufwendigen, von Neubausiedlungen bis zum Siedlungsbestand. Der Gartenstadtcharakter von Siedlungen bietet Freiraum für die neuen Wege des Regenwassers. Die in den Siedlungen geschaffenen Organisationsstukturen für Mieterberatung und -mitwirkung erleichtern die frühzeitige Beteiligung der Bewohnerschaft bei der Planung und nachher für die gemeinsame Betreuung und den Betrieb von Anlagen.

Die Vielfalt an beispielhaften Lösungen hat sicher eines gezeigt: „Abkoppeln geht immer". Auch bei schwierigsten Verhältnissen muß nicht der schnelle Weg in den Kanal gewählt werden.

Wie bei allen Projekten war die IBA-Planungsgesellschaft weder Träger noch Planer. Ihre Anliegen hat sie allein durch Qualitätsvereinbarungen und durch Überzeugung einbringen können. Geeignete Lösungen wurden in aller Regel durch Wettbewerbe gefunden. Deshalb gab es viele verschiedene Planer mit entsprechend vielen Handschriften. Auf die Umsetzung im Einzelnen hatte die IBA wenig Einfluß. Oft lag ein langer Zeitraum zwischen Planung und Fertigstellung. Die interdisziplinäre Zusammenarbeit mußte eingeübt werden und es gab auch Schwierigkeiten beim Transportieren des Fachwissens auf die Baustelle.

Bilder 12: Regenwasserspeicherung zwischen Bauwerksresten des alten Hüttenwerks im Landschaftspark Duisburg-Nord

Bilder 13: Muldenversickerung in einer Gartenstadtsiedlung

Deshalb war es nicht leicht, von allen Bau-Projekten, die ohne schnelle Ableitung des Niederschlagswassers auskommen, für eine umfassende Dokumentation eingehende Informationen, Pläne und Kostenangaben über die Regenwasserbewirtschaftung zusammenzutragen. Für 28 Projekte ist das gelungen. Sie sind in diesem Buch beschrieben.

Um die gesammelten Unterlagen zu ergänzen und um nicht dokumentierte Erfahrungen abzufragen, hat die IBA ein ganztägiges *Expertengespäch „Aus Projekten lernen"* mit Planern und Trägern der Projekte abgehalten, in dem die etwa 50 Teilnehmer unterschiedlicher Fachdisziplinen erlebten, daß es tatsächlich noch etwas voneinander zu lernen gibt. In einer kompetenten und lebendigen Diskussion um die 30 Projekte kam eine solche Fülle von Erkenntnissen, neuem und altem Wissen, Praxiserfahrung und Forschungsergebnissen zutage, daß sich der Gedanke aufdrängte, vieles davon aus der Feder der Akteure zusammen mit den Projekt-Dokumentationen in einem Buch festzuhalten. Zwei Punkte aus der Diskussion wurden besonders herausgestellt:

– Der andere „Umgang mit dem Regenwasser" muß in den Projekten als Teil des Freiraums und der Stadtgestalt von Anfang an mitgedacht werden. Dann gibt es keine isolierten, kopfständigen Entsorgungslösungen und abwehrenden Kostendiskussionen.

– Gerade die Projekte, die spielerisch mit dem Wasser umgehen, es sichtbar und erlebbar machen, sind im Kosten-Nutzen-Verhältnis günstig, wenn Grün und Entwässerung integriert sind. Dann sind Regenwassermaßnahmen Wohnumfeld, Spielplatz und Entwässerungssystem zugleich.

Dieses Buch soll zeigen, wie man im Einzelnen bei der ökologischen Regenwasserbewirtschaftung vor Ort zum Ziel kommt. Welche Auswirkungen sich auf hydrologische, hydraulische und ökologische Gesamtsysteme ergeben, verfolgt die Emschergenossenschaft (s. Beitrag BECKER/PRINZ).

5 Ausblick

Die IBA konnte mit ihrem Einsatz für ein nachhaltiges Wirtschaften in ihrer begrenzten Wir-

Bild 14: Regenwassergracht am Duisburger Innenhafen

kungszeit Anstöße für ein Umdenken geben und Einzelprojekte beeinflussen. Wie wirken diese Impulse nach? Die Fortsetzung der IBA-Arbeitsweise in einer gleichartigen regionalen Organisation ist nicht geplant. Sicher wird die Emschergenossenschaft, in dieser Sache seit langem engagiert, sich verstärkt für eine breite, flächenhafte Anwendung der Regenwasserbewirtschaftung vor Ort einsetzen. Die Zielgröße der Abkopplung von der Kanalisation im Emschergebiet soll zunächst bei 10 % der befestigten Fläche liegen. Wichtig ist eine nachdrückliche Unterstützung durch die Wasserbehörden.

Es genügt aber künftig nicht, mehr oder weniger große und viele Einzelprojekte zu verwirklichen, die alle für sich sinnvoll und wirksam sind. Dahinter muß das Bestreben nach einem zusammenhängenden und schlüssigen Konzept für eine ganze Stadt oder eine Region stehen. Es

sollte nicht nur alle Versickerungs- und Rückhaltemöglichkeiten ermitteln, sondern auch noch für solche Regenwässer, die nicht versickert werden können, Fließwege für eine gedrosselte Ableitung aufzeigen. Das können wiederhergestellte frühere natürliche Gewässer sein, die in die Kanalisation einbezogen wurden, oder es können künstlerisch gestaltete Gerinne neu geschaffen werden. Solche Maßnahmen wären auch einen Beitrag zur Stadt- und Landschaftsgestaltung, könnten das städtische Kleinklima verbessern, ökologisch wirksam sein und darüber hinaus auch noch das Fremdwasserproblem bei der Abwasserbeseitigung lösen. Eine schon weitgehend ausgearbeitete IBA-Projekt-Idee für die Stadt Castrop-Rauxel aus letzter Zeit konnte aus Finanzierungsgründen leider nicht mehr umgesetzt werden. Es bleibt zu wünschen, daß ein solches Projekt hier oder anderenorts aufgegriffen wird.

Die regionale Ebene – Flußgebietsmanagement auch für das Regenwasser

Michael Becker, Rüdiger Prinz

1 Anlaß und Ziel

Durch die Nordwanderung des Bergbaus und das damit verbundene Abklingen der Bergsenkungen ist mittlerweile die Chance gegeben, das Abwassersystem der Emscherzone so umzubauen, daß die andernorts übliche Ableitung des Abwassers in unterirdischen Kanälen auch hier möglich wird. Dezentrale Kläranlagen sollen das Abwasser reinigen, bevor es in die Gewässer gelangt (EMSCHERGENOSSENSCHAFT 1991 bis 1998). Diese bisherigen Schmutzwasserläufe (Bild 1) – unnatürliche Barrieren und Meideräume – sollen naturnäher umgestaltet werden. Insgesamt soll der Umbau damit nicht nur eine wasserwirtschaftlich und gesetzlich geforderte abwassertechnische Sanierung des Emscherraums bewirken, er soll auch zur Aufwertung dieser intensiv genutzten Region beitragen. Der abwassertechnische Umbau des 865 km² großen Emschergebiets wird 2 bis 3 Jahrzehnte in Anspruch nehmen.

Das Maß der Gewässerumgestaltung hängt ganz wesentlich von den zur Verfügung stehenden Flächenpotentialen und den Abflußverhältnissen, insbesondere dem Reinwasserzufluß, ab. Letztgenannter läßt sich nur sicherstellen und stärken, wenn mit dem Regenwasser anders umgegangen wird, als es bisher bei dessen schneller

Bild 1: Ein Schmutzwasserlauf im Emschersystem

und undifferenzierter Ableitung geschah. Auch durch die noch immer zunehmende Versiegelung der letzten Jahrzehnte ist im Emschergebiet heute der natürliche Weg eines großen Anteils des Regenwassers, zu dem neben der Verdunstung die Versickerung in den Untergrund gehört, in weiten Teilen gestört, was sich ebenfalls extrem auf das Abflußregime der heutigen Wasserläufe auswirkt. Die von Natur aus bereits geringe Grundwasserneubildung des Emschergebiets wird durch die Versiegelung und die Dränwirkung der teilweise undichten Kanäle zusätzlich gemindert. Insgesamt wird so der Niedrigwasserabfluß immer geringer, der Hochwasserabfluß immer größer. Ziel muß sein, beidem deutlich entgegenzuwirken. Somit spielt der Umgang mit Regenwasser beim Umbau des Emscher-Systems im Hinblick auf den Hochwasser- und Niedrigwasserabfluß sowie die Investitionen für abwassertechnische Maßnahmen eine wesentliche Rolle. Er beeinflußt Wassermenge und -qualität der zukünftig naturnah gestalteten Gewässer und unterstützt damit das vorrangige Ziel der EU-Wasserrahmenrichtlinie, nämlich Erreichung eines guten Gewässerzustandes bis 2010 in nachhaltiger Weise (KOMMISSION EG 1997). Vor diesem Hintergrund hat die Emschergenossenschaft in den vergangenen Jahren verstärkt Werbung für neue Wege im Umgang mit Regenwasser betrieben, um den mit dem starken Anstieg der Versiegelung auftretenden Problemen entgegenzuwirken. So wurde in allen Stellungnahmen zu Planungen Dritter deutlich auf das Prinzip der Versickerung bzw. Rückhaltung von Regenwasser hingewiesen. Diese Hinweise blieben meist ungehört, da die sichere schnelle und uneingeschränkte Abwasserableitung in technisch ausgebauten Wasserläufen zu sehr Routine geworden und gleichzeitig das Bewußtsein für eine ökologisch intakte Umwelt noch nicht gereift war.

Mit der Entscheidung zum Umbau des Emscher-Systems im Jahre 1990 – mit dem wesentlichen

Ziel einer weitestgehenden Trennung von Abwasser und Bachwasser – konnte aber eine Trendwende in diesem Bewußtsein eingeleitet werden. Die Notwendigkeit, sauberes Regenwasser nicht mehr in der Kanalisation verschwinden zu lassen, sondern den naturnah gestalteten Gewässern zur Verfügung zu stellen, wurde überdeutlich. Zur Umsetzung dieses Konzepts gilt es, entsprechende Planungsstrategien möglichst flächendeckend über das Flußgebiet zu entwickeln und in die Praxis der Stadtentwässerung einzubringen.

2 Strategie und Aktivitäten

Der Umbau des Emscher-Systems muß zwar aus technischen und wirtschaftlichen Erwägungen die vorhandenen Entwässerungsstrukturen (vorwiegend Mischsystem) berücksichtigen und nutzen, hat aber in puncto Regenwasser die Chance und die Pflicht, die breite Palette von Bewirtschaftungsmöglichkeiten zu prüfen und umzusetzen. Eine Planungsstrategie (Bild 2), die zu einer nachhaltigen Stärkung des Wasserkreislaufs führt, muß zunächst die vielfältigen und erprobten Lösungsansätze der naturnahen Regenwasserbewirtschaftung gänzlich ausschöpfen. Planungshilfen dazu sind in GEIGER/DREISEITL 1995 beschrieben. Der Planungsaufwand

dafür ist zwar höher, läßt sich aber in vielen Fällen durch geringere Investitionskosten und einen deutlichen Zugewinn an Umweltqualität kompensieren. Erst wo die Methoden trotz aller Bemühung wegen der schwierigen Randbedingungen nicht angewendet werden können, soll dann auf die immer noch zeitgemäßen konventionellen Verfahren der Abwasserbeseitigung und Regenwasserbehandlung zurückgegriffen werden. Aber auch in diesem Bereich gilt es, neue, intelligente Wege zu beschreiten. Denkanstöße gibt es viele, jedoch fehlt oft der Mut, diese umzusetzen oder es stehen Verwaltungsvorschriften dagegen. Bedenkens- und erprobenswert erscheinen – wie beim ökologisch orientierten Umgang mit Regenwasser – auch bei der konventionellen Regenwasserbehandlung Kombinationslösungen, die auf die unterschiedlichen Stofffraktionen im Regen- bzw. Mischwasser zielen. Diese auf den Elementen Grobstoffabscheidung, Speicherung und Schwebstoffrückhaltung basierenden Kombinationen sind – eine schmutzfrachtorientierte Zielvorgabe vorausgesetzt – keineswegs teurer als der sonst übliche Bau von Speichervolumen.

Auch kann – insbesondere in bestehenden Systemen – eine Sanierung und damit eine deutliche Verbesserung der wasserwirtschaftlichen

Bild 2: Planungsstrategie für den Umgang mit Regenwasser

Verhältnisse durch einfache und robuste Bewirtschaftungskonzepte erreicht werden. Vorhandene Speichervolumen der Kanalisation werden genutzt, und das Zusammenwirken von Regenwasserbehandlung und Kläranlage wird optimiert. In vielen Fällen kann auf den Bau weiterer Betonbecken verzichtet werden.

Diese Planungsstrategie setzt nicht nur ein großes Engagement der Emschergenossenschaft voraus, sondern muß auch von den Kommunen, Gewerbetreibenden und letztlich von jedem Bürger tatkräftig unterstützt werden. Deshalb hat die Emschergenossenschaft mit einer Vielzahl von Aktivitäten für diesen Umgang mit Regenwasser in Siedlungsgebieten geworben. Neben vielfältigen Vorträgen und Veröffentlichungen zum Thema wurden Arbeitshilfen, Broschüren und das Handbuch „Neue Wege für das Regenwasser" (GEIGER/DREISEITL 1995) in Zusammenarbeit mit der IBA Emscher Park herausgegeben. All diese Aktivitäten hatten und haben zum Ziel, sachgerechte Informationen zum Thema einem möglichst breiten Kreis von Interessenten nahezubringen.

Um aber den theoretischen Ausführungen auch praktische Taten folgen zu lassen, entschloß sich die Emschergenossenschaft im Jahr 1994 zur Ausschreibung eines Wettbewerbs.

3 Wettbewerb „Ökologisch ausgerichteter Umgang mit Regenwasser in Siedlungsgebieten"

Ziel des Wettbewerbs ist es einerseits, Erkenntnisse über verschiedene Versickerungstechniken in der Anwendung vor Ort im Ballungsgebiet zu erhalten, andererseits sollen durch möglichst viele „gebaute" Beispiele Bürger zur Nachahmung motiviert werden. Für die Umsetzung dieser Projekte steht für den Emscherraum bis 1999 ein Fördervolumen von 9 Mio. DM zur Verfügung. Der Regelfördersatz beträgt 10,– DM je Quadratmeter von der Kanalisation abgekoppelter befestigter Fläche.

Seit 1994 haben sich 18 Städte mit 82 verschiedenen Projekten beteiligt, von denen 53 eine Förderzusage erhielten. 51 Projekte sind zur Ausführung gekommen bzw. befinden sich in der Umsetzung. Das gesamte Abkopplungspotential dieser Projekte beträgt rd. 130 ha.

Die Resonanz auf den Wettbewerb ist im Laufe der 5 Jahre stark gestiegen. Die zögerliche Teilnahme in den ersten Jahren ist auf fehlende Haushaltmittel, aber auch auf eine noch unzureichende Sensibilisierung der zuständigen Ämter für einen ökologischen Umgang mit Regenwasser zurückzuführen. Erste erfolgreich angelaufene bzw. umgesetzte Maßnahmen bewogen dann in

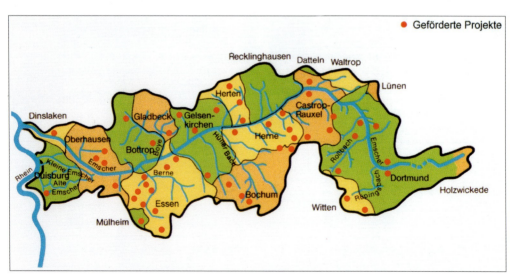

Bild 3: Verteilung der geförderten Projekte über das Flußgebiet

Bild 4: Ausführungsbeispiel einer Abkopplung

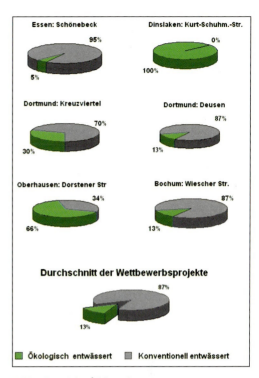

Essen: Schönebeck — 95% / 5%

Dinslaken: Kurt-Schuhm.-Str. — 0% / 100%

Dortmund: Kreuzviertel — 70% / 30%

Dortmund: Deusen — 87% / 13%

Oberhausen: Dorstener Str — 34% / 66%

Bochum: Wiescher Str. — 87% / 13%

Durchschnitt der Wettbewerbsprojekte — 87% / 13%

■ Ökologisch entwässert   ■ Konventionell entwässert

Bild 5: Erreichte Abkopplungsraten

der Folge auch weitere Städte, den „Pionieren" zu folgen und sich am Wettbewerb zu beteiligen. Die inzwischen nahezu flächendeckende Einführung des gespaltenen Gebührenmaßstabs für Schmutz- und Regenwasser in den Städten des Emscherraums hat, neben dem allgemein gestiegenen Interesse am Thema, nun auch über den ökonomischen Aspekt im letzten Wettbewerbsaufruf zu einer weiteren Steigerung des Interesses geführt. Dies zeigt sich in der Art der eingereichten Projektvorschläge, unter denen sich vermehrt Maßnahmen an einzelnen Gewerbebetrieben oder öffentlichen Einrichtungen befinden. Auch beteiligen sich Wohnungsbaugesellschaften im Rahmen der Wohnumfeldverbesserung vermehrt am Wettbewerb.

Bei bislang 6 abgeschlossenen Projekten sind rd. 8 ha befestigter Fläche vom Kanalnetz abgekoppelt worden. Bezogen auf die befestigte Fläche des Emschergebietes von 215 km² ist dies wenig; doch ist der mühsame Anfang gemacht. Die Erfahrungen haben gezeigt, daß viele Menschen in der Region sich von positiven Anschauungsobjekten (die auch noch Gebühren sparen) überzeugen lassen und bereit sind, nach bewiesener Funktionstüchtigkeit eine derartige Anlage nachzubauen. Trotz der vielfältigen Restriktionen des Emscherraums (dichte Besiedlung, zum Teil hoher Grundwasserstand bzw. Polderflächen, ausgedehnte Altlasten- und Altlastenverdachtsflächen, ungünstige Bodenverhältnisse) können somit Maßnahmen über das gesamte Flußgebiet verteilt (Bild 3) in abflußrelevanten Mengen realisiert werden.

Anliegen des Wettbewerbs ist vor allem die Umsetzung schlichter, nachhaltiger Maßnahmen, die möglichst mit einfachen Mitteln erreicht werden können (Bild 4). Aber auch gestalterische Aspekte dürfen im Hinblick z. B. auf eine Wohnumfeldverbesserung eine Rolle spielen. Ein Großteil der Maßnahmen wurde von motivierten Teilnehmern in den Wettbewerbsgebieten in Eigenarbeit umgesetzt, wodurch die Investitionskosten sehr gering gehalten wurden (s. Beispiel 1.5). Gleichzeitig stieg die Identifikation mit der selbst erstellten Anlage – Pflege und Wartung wurden damit zur Selbstverständlichkeit.

Die Abkopplungsraten der einzelnen Projektgebiete weisen recht hohe Schwankungsbreiten auf (Bild 5). In stark verdichteten Wohngebieten, z. B. bei Blockbebauung in Innenstadtlage bleibt die Umsetzung zum Teil deutlich hinter den anfänglichen Erwartungen zurück (Abkopplungsrate nur 2 bis 3 %). Ungünstige Randbedingungen, kombiniert mit oft noch großen Vorbehalten seitens der Grundstückseigentümer, lassen Realisierungen hier nur in einzelnen Fällen zu. Vor allem bei Maßnahmen an gewerblichen Projekten ergeben sich durch vorbelastete Flächen teilweise unerwartete Zusatzkosten, die eine ökologisch orientierte Abwicklung von Maßnahmen unmöglich werden lassen können.

Höhere Abkopplungsgrade können z. B. an größeren gewerblichen Einzelobjekten oder an Liegenschaften von Wohnungsbaugesellschaften erreicht werden. Hier sind Abkopplungserfolge von 50 % der befestigten Flächen realisierbar, da sich die Maßnahmen auf einen wesentlich engeren Raum konzentrieren als bei Wohngebieten mit verstreut liegenden Einzelmaßnahmen. Die bisherigen Ergebnisse stimmen optimistisch, daß ein Abkopplungspotential von i. M. 10 % der befestigten Flächen realisiert werden kann.

Für die zukünftig naturnah umgestalteten Gewässer im Emschergebiet dürfte damit ein wichtiger Schritt in Richtung Stärkung des natürlichen Wasserkreislaufs im Sinne einer integrierten Gewässerbewirtschaftung getan werden. Weitere – nicht monetär bewertbare – Aspekte, wie Verbesserung des Kleinklimas oder höherer Wohnwert, tragen darüber hinaus zu einer Aufwertung der Emscherregion bei.

4 Wasserwirtschaftlicher Nutzen

Die Auswirkungen des ökologisch orientierten Umgangs mit Regenwasser auf das Abflußregime hängen ganz wesentlich davon ab, um wieviel Prozentpunkte der Befestigungsgrad durch Entsiegelungs- und Abkopplungsmaßnahmen reduziert werden kann. Mit dem o. g. Abkopplungspotential von nur 10 % der befestigten Flächen lassen sich die Hochwasserscheitel in den Nebenläufen der Emscher bei kleineren Hochwassern mit zweijährlicher Eintrittswahrscheinlichkeit schon um bis zu 40 % reduzieren. Dies bedeutet aufgrund deutlich verringerten Strömungsangriffs ein wichtiges Ergebnis für

Bild 6: Niedrigwasserabfluß von ca. 2 l/s

die Nebenläufe der Emscher, dessen ökologische Bedeutung nicht zu unterschätzen ist. Gerade für ein stabiles, sich selbst regulierendes Gewässer-ökosystem ist es besonders wichtig, daß die häufig auftretenden Hochwasser nicht zu großen Verlusten an Organismen führen. Auf die Emscher selbst bezogen fällt die Scheitelreduktion je nach Wiederkehrintervall deutlich geringer aus, da die Hochwassersituation dort durch Langzeitregen geprägt wird. Bei diesen Regenereignissen sind auch die natürlichen und durchlässigen Flächen maßgebend am Abflußgeschehen beteiligt.

Ein weiterer Nutzen eines ökologischen Regenwassermanagements zeigt sich in Bezug auf den Niedrigwasserabfluß. Aufgrund der geringen Grundwasserneubildungsrate im Emschergebiet besteht für die kleinen Nebengewässer besonders in den trockenen Monaten die Gefahr des völligen Austrocknens. Auch hier wird die Umsetzung von Projekten zum ökologisch orientierten Umgang mit Regenwasser positiv wirken.

So wurde für den in der unmittelbaren Nähe des Projektgebiets Schüngelberg-Siedlung (vgl. Beispiel 1.7) liegenden Lanferbach (Gelsenkirchen) aufgezeigt, daß ohne eine naturnahe Regenwasserbewirtschaftung nur an 20 Tagen im Jahr ein größerer Niedrigwasserabfluß als 2 l/s erreicht würde. Abflüsse kleiner als 2 l/s sind aber vom Beobachter kaum noch als Gewässer wahrnehmbar (Bild 6). Durch die ausgeführte Abkopplung von 40 % der befestigten Flächen von der Kanalisation ist zukünftig an mehr als 110 Tagen ein größerer Niedrigwasserabfluß zu beobachten (SIEKER/PESCH 1992).

Zu einem ähnlichen Ergebnis kommen Berechnungen für den Oberlauf des Deininghauser Bachs. Gemäß Bild 7 wird der Schwellenwert von 2 l/s bei der ökologischen Variante ganzjährlich überschritten, während er bei der konventionellen Lösung nur während 5 Monaten erreicht wird.

Bezogen auf den Emscherhauptlauf und bei einem unterstellten Abkopplungspotential von 10 % vergrößert sich der Niedrigwasserabfluß an der Emschermündung um ca. 110 l/s. Auch an dieser Zahl wird deutlich, daß die wesentlichen Effekte durch eine ökologische Regenwas-

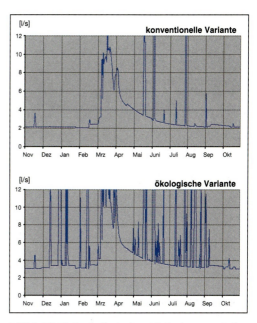

Bild 7: Einfluß ökologischer Maßnahmen auf den Niedrigwasserabfluß

serbewirtschaftung an den Nebenläufen zu erwarten sind. Hinzu kommt noch, daß der Niedrigwasserabfluß der Emscher durch die ständigen, nahezu konstanten Einleitungen der Kläranlagenabläufe geprägt ist.

Die konsequente Umsetzung einer ökologisch orientierten Regenwasserbewirtschaftung für das gesamte Flußgebiet der Emscher führt also insbesondere bei den Nebenläufen zu:

– einer deutlichen Dämpfung des Hochwasserabflusses,

– einer merklichen Aufhöhung des Niedrigwasserabflusses; also auch gerade kleine Gewässer bleiben in Trockenzeiten als Gewässer erlebbar.

Die vielerorts und gleichzeitig umgesetzten Maßnahmen zur Regenwasserbewirtschaftung erfordern ein Planungsinstrument, welches die lokalen und übergreifenden Wirkungen noch vor der Umsetzung transparent macht. Um diese Informationen für die unterschiedlichsten Umbauvarianten zu erhalten, müssen sämtliche Komponenten, die zur Abflußbildung infolge von Niederschlägen beitragen, rechnerisch berücksichtigt werden. Dazu hat die Emschergenossenschaft ein Niederschlag-Abfluß-Modell (NAM-Emscher) erstellt, welches das gesamte Einzugsgebiet der Emscher abbildet; es kann auch dazu dienen, ein übergreifendes Hochwasserschutzkonzept zu erstellen. Erste positive Erfahrungen zur Wirksamkeit verschiedener Planungsszenarien konnten bereits gesammelt werden. Für die Größe des betrachteten Einzugsgebiets und den notwendigen Detaillierungsgrad ist es erforderlich, die Kombination von Simulationstechnik (NAM) und Geographischen Informationssystemen (GIS) zur Bereitstellung flächendeckender wasserwirtschaftlicher Grundlagendaten zu nutzen. Dies wird in einem nächsten Schritt geschehen. Dann können durch diese Techniken Variantenuntersuchungen in ihren vielfältigen Abhängigkeiten visualisiert und bezüglich ihrer Wirksamkeit beurteilt werden, so daß schrittweise ein optimiertes wasserwirtschaftliches System unter Berücksichtigung wirtschaftlicher Aspekte entstehen kann.

5 Wirtschaftlichkeitsbetrachtungen

Bei allen positiven und sicher auch unstrittigen Aspekten, die ein ökologisches Regenwassermanagement bietet, muß es auch ökonomisch vertretbar sein, um gegen konventionelle Maßnahmen bestehen zu können. Ein Kostenvergleich ist sehr schwierig, da Maßnahmen zum ökologisch orientierten Umgang mit Regenwasser aufgrund verschiedenster Randbedingungen sehr große Kostenspannen aufweisen können. Trotzdem kann auf Basis der bisherigen Erfahrungen eine Wirtschaftlichkeitsbetrachtung durchgeführt werden. Dabei hat sich gezeigt, daß für die von der Emschergenossenschaft durchzuführenden Maßnahmen (zur Abwasserableitung und Regenwasserbehandlung) die durch die Abkopplung zu erzielenden Einsparungen mindestens in derselben Größenordnung liegen wie die Förderzuschüsse, die zur Erzielung der Abkopplungen gezahlt werden müßten. Kostenvorteile für die Emschergenossenschaft sind allerdings noch zusätzlich durch verringerte Pumpwerksleistungen sowie niedrigere Betriebskosten für Kläranlagen und Pumpwerke zu erwarten.

Höhere Einsparmöglichkeiten ergeben sich für die Städte im Bereich ihrer Kanalnetze. Bei ausschließlich hydraulischer Kanalüberlastung kann

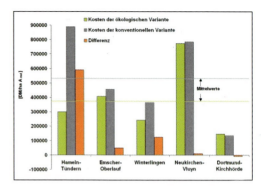

Bild 8: Kostenvergleich ausgewählter Fallbeispiele

durch Abkopplung von Flächen in vielen Fällen der vorhandene Kanal weiter genutzt werden. Hierdurch ergibt sich ein deutlicher Kostenvorteil zugunsten der ökologisch orientierten Regenwasserbewirtschaftung, wie ausgeführte Beispiele (ADAMS 1996) und verschiedene Studien (ING.-BÜRO FISCHER 1993 und 1996, DAVIDS u. a. 1997) belegen (Bild 8).

6 Zielperspektiven

Bei einer konsequenten Verfolgung und Umsetzung des Prinzips der ökologisch orientierten Regenwasserbewirtschaftung ergeben sich neben dem ökologischen Zugewinn für die Emscherregion langfristig auch deutliche finanzielle Vorteile. Es bedarf dazu aber weiterer ideeller und finanzieller Unterstützung. Hier sieht sich die Emschergenossenschaft als für die Region zuständiger Wasserwirtschaftsverband in der Pflicht. Von daher wird bei ihren eigenen Planungen die Alternative der ökologischen Regenwasserbewirtschaftung noch stärker als bisher berücksichtigt und mit Hilfe der Kommunen auch umgesetzt. Dabei können die Kommunen durch einen gesplitteten Gebührenmaßstab, wie er vielerorts schon eingeführt ist (Bild 9), einen deutlichen Anreiz schaffen.

Seitens der Emschergenossenschaft wird der 1998 planmäßig zum letzten Mal aufgerufene Wettbewerb „Ökologisch orientierter Umgang mit Regenwasser in Siedlungsgebieten" durch ein Förderprogramm ersetzt. Hierfür werden für eine Laufzeit von 5 Jahren 10 Mio. DM zur Verfügung gestellt. Die Förderung wird sich zukünftig allerdings auf kostengünstige Maßnahmen

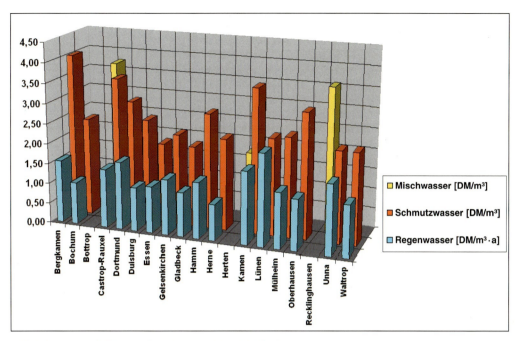

Bild 9: Abwassergebühren im Emscherraum (Stand 12/1998)

und mengenrelevante großflächige Abkopplungen konzentrieren.

Durch diese offensive Vorgehensweise soll das angestrebte Ziel einer 10 %igen Abkopplung der befestigten Flächenanteile im ganzen Flußgebiet binnen 20 Jahren erreicht werden. Darüber hinaus werden die Bemühungen verstärkt, Sinn und Zweck eines ökologischen Regenwassermanagements einer breiten Öffentlichkeit verständlich zu machen und damit die Umsetzung auf eine immer breitere Basis zu stellen.

Die lokale Ebene – Der neue Umgang mit Regenwasser in der Stadt Dortmund

Michael Leischner, Ulrike Meyer

1 Ausgangspunkt

Spätestens mit Beginn der Internationalen Bauausstellung Emscher Park 1989 begann auch für die Stadt Dortmund die Diskussion über den neuen Umgang mit Regenwasser. Das Leitprojekt „Ökologischer Umbau des Emschersystems" machte es notwendig, auch in unserer Stadt andere Wege der Stadtentwässerung zu finden, wenngleich die Akzeptanz für den neuen Umgang mit Regenwasser noch sehr gering war.

Die Beteiligung der Stadt Dortmund an einem Forschungsprojekt, zusammen mit ihrer Partnerstadt Zwickau, zur „Optimierung des Wasserkreislaufes (OPTIWAK)" von 1992 bis 1997 brachte den Durchbruch. Dieses interdisziplinäre Verbundprojekt verschiedener Wissenschaftsbereiche hatte zum Ziel, den Wasserkreislauf in Siedlungsgebieten wieder naturähnlich zu gestalten. An unterschiedlichen Orten wurden Demonstrationsprojekte durchgeführt (SIEKER 1997). Die ersten Maßnahmen, ausgerechnet im hochverdichteten Innenstadtbereich, verschafften dem anderen Umgang mit Regenwasser eine gute Ausgangsposition.

Verglichen mit anderen Städten in der Region brachte dieses Forschungsprojekt Dortmund einen großen Vorsprung bei der Abkopplung von Regenwasser von der Kanalisation. Die Idee, große versiegelte Flächen kostensparend vom Kanalnetz zu nehmen und damit gleichzeitig zur Niedrigwasseraufhöhung in den naturnah umgestalteten Bächen beizutragen, war verlockend.

Die aus dem „Umbau des Emscher-Systems" hervorgegangenen Projekte in den Regionalen Grünzügen F und G im IBA-Leitprojekt „Emscher Landschaftspark" (zur Umgestaltung des Nettebachsystems, Renaturierung des Kreyenbachs, Umgestaltung des Flachsbaches) konnten durch eine kombinierte Lösung aus Bachumgestaltung und Versickerung von Regenwasser sinnvoll aufgewertet werden. Dem Problem des Niedrigwassermangels bei Herausnahme des Schmutzwassers aus den Gewässern – dies gilt für die gesamten Emscher-Lippe-Region – kann so begegnet werden.

Die Menge der abgekoppelten Flächen in den ersten Projekten überstiegen die Erwartungen bei weitem. Das hat seine Gründe

– in der Förderung durch die Emschergenossenschaft und das Land NRW,

– in der Inspirationen durch OPTIWAK und IBA,

– im Projektmanagement aus Umweltamt, Tiefbauamt und Ingenieurbüros.

Auch die Stadt Dortmund stellte Mittel zur Verfügung, um das Programm bekannt zu machen und Bürger/innen zu motivieren.

Seit Anfang 1996 muß (Landeswassergesetz 25.06.1995) bei Neubauten das Regenwasser nach Möglichkeit zurückgehalten und vor Ort verbracht werden, ein weiterer Schub für die Ideenfindung mit dem zusätzlichen Effekt einer Erweiterung der Produktpalette bei Regenwasseranlagen im Wohnungsbau.

2 Projektorganisation innerhalb der Stadt

In das OPTIWAK-Projekt waren zu Beginn bei der Stadt Dortmund in der Hauptsache Tiefbau-, Planungs- und Umweltamt eingebunden, wobei die technische und finanzielle Ausführung federführend vom Tiefbauamt begleitet wurde. Auf der anderen Seite entstand durch die Arbeit des Umweltamtes an den Grünzügen F und G ein erheblicher Bedarf an Regenwasserprojekten, um die projektierte Umgestaltung von Gewässern sinnvoll zu ergänzen.

Auch bei der Dimensionierung von Kanälen und Rückhaltebecken spielt das Regenwasser eine entscheidende Rolle. Die teuren und aufwendigen Maßnahmen zur Regenwasserretention für die Städte und Wasserverbände sind eine starke finanzielle Belastung. Daher schlossen sich Tiefbauamt und Umweltamt für ein gemeinsames Projektmanagement in Bezug auf den neuen Umgang mit Regenwasser zusammen. Für Dortmund bringt dies entscheidende Vorteile mit sich. Zum einen ist im Umweltamt die Untere Wasserbehörde angesiedelt, die als Ordnungsbehörde in den Genehmigungsprozeß mit einbezogen werden muß, zum anderen können die alternativen Regenwasserprojekte durch das Tiefbauamt auf ihre technische Belastbarkeit geprüft werden, während das Umwelt- und das Grünflächenamt im gestalterischen und ökologischen Bereich Fachkenntnisse einbringen und Objekte beurteilen kann.

Wie in den meisten Kommunen, die mit engen Personalkapazitäten arbeiten müssen, lassen sich auch in Dortmund die Regenwasserprojekte nur mit Hilfe von Ingenieurbüros durchführen. In Deusen, dem ersten Projekt dieser Größenordnung, basierten der Erfolg und die große Innovationskraft dieses Projektes in erster Linie auf der guten Zusammenarbeit zwischen Verwaltung, Ingenieurbüros und Emschergenossenschaft.

Gemeinsam mit den beteiligten Ämtern und der unteren Wasserbehörde wurde ein vereinfachtes Genehmigungsverfahren entwickelt. Mulden- und Flächenversickerungen sind danach genehmigungsfrei, wenn das anfallende Niederschlagswasser über die belebte Bodenzone (Mutterboden) dem Grundwasser zugeführt wird. Dabei darf die max. Muldentiefe 0,5 m nicht überschreiten und der Grundwasserflurabstand sollte mindestens 1,0 m betragen. Mindestabstände zu unterkellerten Gebäuden von 6,0 m und zur Grundstücksgrenze von 2,0 m sind einzuhalten. Selbstverständlich können auch Gartenteiche, Zisternen oder Brauchwasseranlagen zwischengeschaltet werden.

Die Regenwassergebühren – Dortmund hat einen gesplitteten Gebührenmaßstab – reduzieren sich dann entsprechend der vom Kanalnetz abgekoppelten Fläche. Für die Reduzierung (bei Abkoppelung von Einzel- oder Teilflächen) oder den Erlaß der Regenwassergebühr – 1998 betrug diese 1,56 DM/m^2 versiegelter Fläche, die

an das Kanalnetz angeschlossen ist – wurde ein neues Antragsformular entworfen, das die Grundstücksbesitzer/innen nach Errichtung der Entwässerungsobjekte und Abkoppelung des Regenwassers von der Kanalisation dem Tiefbauamt zusenden. Nach dem Aufmaß der versiegelten Flächen, die dann noch in den Kanal entwässern, reduziert sich die Regenwassergebühr oder entfällt ganz.

3 Finanzierung und Kosten

Bei den ersten Regenwasserprojekten setzte die Stadt Dortmund auf einfache, kostengünstige Lösungen. Bürger/innen, die sich an den Maßnahmen beteiligten, sollten möglichst mit den Fördergeldern der Emschergenossenschaft (EG) bzw. des Lippeverbandes (LV) (nach Abzug der Planungskosten 7,50 DM/m^2 abgekoppelter Fläche) und ihren Eigenleistungen die Abkoppelungen finanzieren können. Zusammen mit der verringerten Regenwassergebühr wurde so ein guter finanzieller Anreiz geschaffen.

Die ersten beteiligten Wohnungsbaugesellschaften verbanden notwendige Renovierungsmaßnahmen an den Gebäuden mit dem Bau von Versickerungsanlagen, um die Kosten möglichst niedrig zu halten.

Die Stadt stellte einen fünfstelligen Betrag für Versickerungsversuche und Beratungsleistungen vor Ort zur Verfügung. Vorerst zeitlich begrenzt, wurden zwei neue Stellen eingerichtet, um den zusätzlichen Arbeitsaufwand in der Verwaltung zu bewältigen.

Neben den Wettbewerben der beiden Wasserverbände (EG/LV) fördert auch das Land NRW mit dem Programm „Nachhaltige und ökologische Wasserwirtschaft" Maßnahmen zur Regenwasserabkoppelung.

4 Die Regenwasserprojekte in Dortmund

4.1 Siedlung Dortmund – Deusen

Die Siedlung Deusen im Dortmunder Norden wurde in den 30er Jahren von den Bewohnern in Selbsthilfe errichtet. Sie umfaßt 300 Grundstücke, die mit zweigeschossigen Doppelhäusern bebaut sind, sowie Schule, Kirche und Freibad.

Bild 1: Siedlung Dortmund-Deusen: Mit hohem Maß an Kreativität im Eigenbau hergestellte Regenwasserrinne

Die Siedlung entwässert über eine teilweise überlastete Mischwasserkanalisation.

Im Zusammenhang mit dem Projekt der Regenwasserversickerung steht auch die Renaturierung des ehemaligen Schmutzwasserlaufes Kreyenbach, der durch die Siedlung Deusen führt. Er ist auf die Versickerung von Regenwasser angewiesen, da er von seinem Quellgebiet abgetrennt ist.

Bei den Boden- und Wasserverhältnissen ist die Siedlung Deusen in einigen Aspekten typisch für den Dortmunder Norden. Die anstehenden Böden (sandige bis pseudovergleyte Lehme) sind eher bindig und weisen k_f–Werte zwischen 10^{-7} und 10^{-6} m/s im Unterboden sowie ca. $2 \cdot 10^{-5}$ m/s im Oberboden auf. Der Grundwasserflurabstand liegt zwischen 0,5 und 5 m. Die lokalen Oberflächen-, Grundwasser- und Staunässeverhältnisse führten über die Jahre zu einer sehr diffizilen hydrogeologischen Situation, in der sich die Bürgerinnen und Bürger durch jahrelange Beobachtungen am besten auskennen.

Aufgrund der großen Gartengrundstücke und der günstigen Gefälleverhältnisse wurde zusammen mit den Siedler/innen fast ausschließlich Versickerung über Mulden geplant. In zwei Fällen wurden Rigolen gebaut. Auf einigen Grundstücken sind Gartenteiche mit Rückhaltefunktion angelegt worden. Zisternen waren zum Teil bereits

vorhanden, neue wurden in mehreren Fällen mit 1,5 bis 10 m³ Volumen hergestellt.

Da die Maßnahmen überwiegend in Eigenleistung durch die Bewohner durchgeführt werden sollten, mußten sie einfach und kostengünstig sein (Bild 1). Sie sollten außerdem möglichst wenig in die Gärten eingreifen. Für 96 der 300 Grundstücke im Projektgebiet wurden Beratungs- und Planungsleistungen erbracht. 67 Parzellen (22 %) wurden schließlich abgekoppelt. Die Versickerungsfläche beträgt insgesamt rund 4.500 m², im Mittel 68 m² pro Grundstück. Immer noch werden Versickerungsprojekte zur Förderung angemeldet.

Aufgrund der flachen Anlage der Mulden (maximal 15 cm Tiefe) liegt das Anschlußverhältnis A_s/A_{red} zwischen 1 : 2 (Pseudogley) und 1 : 5 (sandiger Lehm). Die Bewohner haben jedoch teilweise durch eine geschickte Integration der Mulden in den Garten mit z. T. geringem Aufwand günstigere Anschlußverhältnisse von im Mittel 1: 2,25 umgesetzt.

Die Siedlungsfläche ist etwa 20 ha groß. Von 8 ha bebauter Fläche sind 6,25 ha an den Mischwasserkanal angeschlossen. Im Rahmen des Projekts wurden ca. 9.800 m² (15,6 %) der befestigter Flächen abgekoppelt. Straßen blieben im Gesamtkonzept unberücksichtigt (CAESPERLEIN 1997).

Die Kosten haben die Fördersumme der Emschergenossenschaft von 10,– DM/m² abgekoppelte Fläche einschließlich des Beratungshonorars für ein Planungsbüro nicht überschritten. Die Fördersumme betrug 100.000 DM.

4.2 Projektgebiet Althoffblock

Begleitend zum Forschungsvorhaben OPTI-WAK förderte die Emschergenossenschaft hier zum ersten mal in Dortmund im Rahmen ihres Wettbewerbes.

– *Kreuzgrundschule*

An der Kreuzgrundschule wird Regenwasser von ca. einem Drittel der Dachfläche sowie einem Großteil des Schulhofes (insges. ca. 6.600 m²) über eine bespielbare Pflasterrinne im Schulhof in ein Mulden-Rigolen-System (Bilder 2, 3) geleitet. Mit diesem System können bei den vorliegenden Gegebenheiten 90 % des Regenwassers über Versickerung und Verdunstung zurückgehalten werden. Innerhalb des Programms „Lebendige Schulhöfe" der Stadt Dortmund wurden sowohl die Planung und Koordination für die Umsetzung übernommen als auch zusätzliche Mittel für den Einsatz von Langzeitarbeitslosen, die sich für Tätigkeiten im Garten- und Landschaftsbau qualifizieren, bereitgestellt.

– *Wohnbebauung Metzer Straße*

Das Projektgebiet Metzer Straße ist ein innerstädtisches Wohngebiet mit einer viergeschossigen Mietwohnbebauung der fünfziger Jahre. Die Ergebnisse der Versickerungsversuche liegen im k_f-Bereich von $5 \cdot 10^{-5}$ bis $5 \cdot 10^{-6}$ m/s.

Die Umsetzung der Maßnahmen wurde in eine Modernisierung von Gebäuden und Außenanlagen integriert. Sämtliche erneuerte Wegeführungen wurden vom Kanalnetz abgekoppelt und entwässern nun mit Quergefälle in die Freiflächen. Weiterhin wurde das Regenwasser sämtlicher Dachflächen über offene Pflasterrinnen in den Wegen oder Grundleitungen unter den Wegen abgeleitet und überwiegend Mulden, aber auch Rigolen, zugeführt und versickert. Somit

Bild 2: Kreuzgrundschule: Regenwassereinleitung in bespielbare Pflasterrinne

Bild 3: Kreuzgrundschule: Die bespielbare Regenwasserrinne ist ein Teil des Schulhofes

konnten 1.930 m² angeschlossene Fläche vom Kanalnetz genommen werden. Der abflußwirksame Versiegelungsanteil von 54 % wird mit den umgesetzten Maßnahmen auf Null reduziert.

4.3 Kindertagesstätte (KITA) Deggingstraße

Bei diesem OPTIWAK-Projekt handelt es sich um den Neubau einer Kindertagesstätte der Dortmunder Stadtwerke AG, bei dem verschiedene innovative und ökologisch sinnvolle Bautechniken, wie z. B. begrünte Dachflächen und verschiedene Energiespartechniken, Anwendung finden sollten. Auch eine naturnahe Regenwasserbewirtschaftung war auf Anregung der OPTI-WAK-Gruppe mit einbezogen worden. Die Grundfläche beträgt ca. 3.000 m², die abgekoppelte Fläche 1.093 m². Der k_f-Wert liegt bei ca. $1 \cdot 10^{-7}$ m/s. Das gesamte anfallende Niederschlagswasser wird in der 1995 fertiggestellten Anlage dezentral über ein Teich-Rigolen- bzw. über ein Mulden-Rigolen-System versickert.

4.4 Regenwasserversickerung im Einzugsbereich des Nettebachs

Der Nettebach ist derzeit ein offener Schmutzwasserlauf. Er soll mittelfristig saniert werden. Um für den Bach eine ausreichende Niedrigwasserführung sicherzustellen, wird parallel zu einem ökologischen Unterhaltungskonzept für elf Nettebachzuläufe die Regenwasserversickerung in drei verschiedenen Siedlungsbereichen mit einer Gesamtfläche von 89 ha angestrebt. Dazu wurden zunächst als Pilotprojekte repräsentative Siedlungstypen ausgewählt, nicht zuletzt, um für weitere Abkoppelungsmaßnahmen im Einzugsgebiet zu werben.

– Das Gewerbegebiet Bodelschwingh mit 9 ha befestigter Fläche. Hier sind ausschließlich mittelständische Betriebe angesiedelt.

– Das 25 ha befestigte Fläche umfassende Gebiet Westerfilde-Südwest, ein typisch suburbanes Wohngebiet mit Geschoßwohnungsbau der 60er Jahre sowie Einzelhaus- und Reihenhausbebauung.

– Jungferntal-West mit 7 ha befestigter Fläche ist ähnlich strukturiert.

Bild 4: Regenwasserprojekt Nettebach: Mit „Rohrbrücken" an Pergolen und Schuppen wird das Regenwasser in den hinteren Gartenbereich geführt

Da die Maßnahmen überwiegend in Eigenleistung durch die Bewohner durchgeführt werden, war neben einer überschaubaren Planung eine umfassende Beratung zwingend notwendig. Dazu war zunächst ein Beratungsbus in den Siedlungen regelmäßig präsent. Später fand die Beratung auf den Grundstücken statt, um konkrete Hilfestellung leisten zu können. Die örtlichen Siedlungsgemeinschaften waren stets in das Konzept eingebunden. Von den 64 geplanten Anlagen für Einfamilienhäuser wurden bis Ende 1998 schon 53 Anlagen ausgeführt (Bild 4).

Die Maßnahmen zur Regenwasserversickerung sind relativ unspektakulär und lassen sich oft wie in diesem Beispiel nur an der als Mulde ausgebildeten Rasenfläche ablesen. Die Durchlässigkeitsbeiwerte liegen zwischen $k_f = 1 \cdot 10^{-7}$ und $4 \cdot 10^{-6}$ m/s. Das Grundwasser hat einen

Flurabstand von mehr als 1,50 m. Das Anschluß-verhältnis A_s/A_{red} beträgt zwischen 1 : 2,5 (Pseudogley) und 1 : 5 (sandiger Lehm). Projekt-ziel des ersten Schrittes ist die Abkopplung von 2 ha, das sind 4,5 % der befestigten Flächen.

4.5 Feldbach

Das Projektgebiet Ortsteil Kley gehört zum Ein-zugsgebiet des Feldbaches. Hier stellt der „Indu-park", ein Gewerbegebiet mit weitestgehender Versiegelung, eine große Herausforderung dar. Die Aufgabe ist, die Restflächen – meist Ab-standsgrün bzw. Rasenstreifen zwischen Hof- und Straßenflächen – für sinnvolle Teillösungen zu verwenden und gegebenenfalls auch mit ei-ner Regenwassernutzung starke Abflüsse zu ver-meiden.

Das Projektgebiet mit einer Gesamtfläche von 124,4 ha und einer abflußwirksamen Fläche von 83 ha wird im Mischsystem entwässert, das be-reits im heutigen Zustand hydraulisch hoch be-lastet ist. Diese Situation wird durch geplante Ansiedlungen bzw. Erweiterungen im Gewerbe-gebiet sowie fortschreitenden Wohnungsbau weiter verschärft.

Das Gewerbegebiet „Indupark" wurde auf 85 ha vor ca. 25 Jahren neu erschlossen und scitdem kontinuierlich bebaut. Die Gebäude sind i. d. R. Flachdachhallen mit bis zu 20.000 m^2 Dach-fläche. Die Siedlung Kley wird dominiert von in den 60er Jahren erstellten Mehrfamilienhäu-sern in 4 bis 6-geschossigen Zeilenbauten mit großzügig angelegten Freiflächen.

Mittlerweile, im Oktober 1998, sind einige Ver-sickerungsanlagen bereits in Betrieb, die ein Re-tentionsvolumen von 87 m^3 aufweisen. Es gibt Beispiele von Mulden, Muldenkaskaden, groß-flächiger Versickerung auf Rasenflächen und ent-siegelten Hof- und Terrassenflächen. 16 % aller Eigentümer/innen im Fördergebiet zeigen sich an der Regenwasserversickerung interessiert, wovon 10 % intensiv beraten wurden. 3 % ha-ben die Beratungsergebnisse bereits realisiert, und weitere 10 % sind umsetzungswillig. Mo-dellplanungen für eine Wohnungsbaugesell-schaft sowie Ausführungsplanungen für drei Ge-werbebetriebe und eine Wohnungsbaugesell-schaft sind in Bearbeitung, so daß 1999 mit der

Umsetzung begonnen werden kann (WÖHLER 1998).

4.6 Flachsbach

Das etwa 80 ha große Projektgebiet Flachsbach umfaßt den größten Teil von Dortmund-Lan-strop, ein inmitten von landwirtschaftlichen Nutzflächen liegender Ort mit einem alten Orts-teil und einem neueren Siedlungsschwerpunkt aus den 60er Jahren.

Die Grenzen des Projektgebietes werden im we-sentlichen durch den Verlauf des Flachsbaches bestimmt, der als Schwerpunktprojekt im Grün-zug G des Emscher Landschaftsparks beplant wurde. Inzwischen wurde er ökologisch umge-staltet, wobei zur Verbesserung der Wasser-führung eine sinnvolle Regenwasserbewirtschaf-tung notwendig wurde.

Das Projektgebiet Flachsbach umfaßt überwie-gend Einzel- und Doppelhausbebauung (ca. 450 Grundstücke im Besitz privater Eigentümer) so-wie Geschoßwohnungsbau mit insgesamt 51 Ge-bäuden. Die anstehenden Böden aus Löß (Pseu-dogley und Parabraunerde, stellenweise Gley) weisen k_f-Werte von $5,5 \cdot 10^{-6}$ bis $4,5 \cdot 10^{-7}$ m/s auf. Die Grundwasserflurabstände liegen überwiegend im Bereich von 1,0 bis > 3,0 m. Wie in Deusen wurden auch hier Versickerungen fast ausschließlich über Mulden geplant. Die Ei-genheimbesitzer wurden vor Ort beraten. Die Wohnungsbaugesellschaft wurde direkt ange-sprochen.

Im Rahmen des noch bis 1999 laufenden För-derprojektes wurden bis jetzt 60 private Grund-stückseigentümer/innen beraten, von denen 31 Maßnahmen zur Versickerung ergreifen wollen. Damit können 6.800 m^2 befestigter Fläche von der Kanalisation abgetrennt werden. Bis 1999 werden zusätzlich 3.000 m^2 erwartet.

Bei der Wohnungsbaugesellschaft werden zu-nächst 10 Gebäude mit einer Gesamtdachfläche von 5.060 m^2 von der Kanalisation abgekoppelt. In 1999 werden weitere 7.000 m^2 hinzukommen. Vorausgegangen war die Erstellung einer Ver-suchsmulde. Hierbei ist die Tatsache interessant, daß sich der Preis für die Abkoppelung durch die Ausschreibung der Gesamtmaßnahme von anfänglichen 30 DM/m² (Kosten der Versuchsmulde) auf 14 DM/m² reduzieren ließ, Tendenz weiter sinkend. Daher wird bei der Wohnungsbaugesellschaft, ausgehend von der Fördersumme der Emschergenossenschaft von 10 DM/m², mit einer Amortisation nach 3 Jahren gerechnet (Bild 5).

Im Bereich öffentlicher Gebäude und Flächen werden nach gegenwärtigem Kenntnisstand 1.640 m² von der Kanalisation abgetrennt (FRIEDING 1998).

4.7 Kirchderne

Das Projektgebiet Kirchderne im Dortmunder Norden wird von in den 30er Jahren erstellten Einfamilienhaussiedlungen dominiert. Zum großen Teil handelt es sich um 1,5-geschossige Häuser mit großzügig angelegten Freiflächen sowie um eine Mehrfamilienhaussiedlung. Die jetzt schon starke hydraulische Belastung des Mischwasserkanals wird sich durch geplante Wohnungsbauvorhaben weiter verschärfen.

Das Gebiet hat eine Gesamtfläche von 66,5 ha und abflußwirksame Flächen von 15 ha. Es besteht überwiegend aus angeschüttetem Boden, so daß die einzelnen k_f-Werte stark schwanken ($4,1 \cdot 10^{-5}$ bis $4,1 \cdot 10^{-7}$ m/s). Ein Problem für die Umsetzung war die Tatsache, daß mindestens 80 % der Grundstückseigentümer/innen Rentner sind, die verständlicherweise die erforderlichen Maßnahmen nicht in Eigenleistung erbringen konnten. Dennoch konnten insgesamt 80 Beratungen durchgeführt werden. Von 56 Eigentümern wurde ein Antrag auf Förderung gestellt. Die Summe der abgekoppelten Fläche beläuft sich auf ca. 6.500 m² (Bild 6).

4.8 Lütgendortmund/ Huckarde/ Westrich

Es handelt es sich um drei Projektbereiche mit einer potentiellen abkoppelbaren Fläche von insgesamt 45 000 m², für welche die Stadt Dortmund 1998 Fördergelder von der Emschergenossenschaft erhält. Eine hydrodynamische Kanalbestandsberechnung des Tiefbauamtes hat ergeben, daß der Sanierungsbedarf durch gezielte Abkoppelungsmaßnahmen reduziert werden kann.

Bild 5: Projektgebiet Flachsbach: Rasenmulden nach starkem Regenereignis

Bild 6: Projekt Kirchderne: Über einen Teich wird Regenwasser auf eine Rasenfläche geleitet

4.9 Kirchhörder Bach

Auf der Grundlage eines 1997 erstellten Zentralabwasserplanes soll der Unterlauf dieses Schmutzwasserlaufes wieder naturnah umgestaltet werden. Durch konsequente Abkopplung des Regenwassers sollen aufwendige Rückhaltemaßnahmen vermieden werden. Dieses Projekt wird mit einer voraussichtlichen Laufzeit bis Ende 1999 vom Land NRW gefördert. Erstmals werden auch Straßen als mögliches Abkoppelungspotential mit einbezogen.

4.10 Stellplatzanlagen an den Westfalenhallen

Im innerstädtischen Bereich eignen sich gerade großflächige, stark befestigte Stellplatzanlagen für eine alternative Regenentwässerung. Daher wurden die Stellplätze rund um die Westfalenhallen Dortmund und das Borussia-Stadion in das Landesförderprogramm (30 DM/m^2 Versickerungsfläche) einbezogen,.

Die im Projektgebiet anstehenden Lößlehme aus Parabraunerden weisen Durchlässigkeiten von $5 \cdot 10^{-6}$ bis $2 \cdot 10^{-6}$ m/s auf. Der Grundwasserflurabstand beträgt 4,0 bis 5,0 m. Durch eine versickerungsorientierte Regenwasserbewirtschaftung mit Hilfe einfacher Mulden- und Flächenversickerung unter Verzicht auf unterirdische Bauwerke konnten von den insgesamt 255.000 m^2 befestigter Flächen 70.463 m^2 abgekoppelt oder entsiegelt werden. Bisher entwässerten alle Stellplätze in das städtische Kanalnetz. Die Gesamtfördersumme beträgt 427.000 DM.

4.11 Scharnhorst

Dies ist das derzeit ehrgeizigste Vorhaben der Stadt Dortmund. Einem neuen Umgang mit Regenwasser sollen durch eine Kombinationsförderung aus Wasserwirtschaft und Städtebau neue Impulse verliehen werden. In diesem Projekt mit Beispielcharakter wird der soziale Status der Siedlung eine gewichtige Rolle spielen. Hier gilt das Motto: Regenwasserkonzepte nicht nur *für* die Bevölkerung, sondern und vor allem *mit* ihr.

Die schwierigen naturräumlichen und technischen Voraussetzungen, wie z. B. schlechte Versickerungswerte, Staunässe und vorwiegend Dach-Innenentwässerung der Wohnblöcke, sowie die spezielle Problematik der Wohnbevölkerung in dieser Siedlung, stellen hohe Ansprüche an die Phantasie der Beteiligten. Zur Zeit ist ein Zentralabwasserplan für Scharnhorst in Bearbeitung, der die hydraulische Ausgangssituation für ein zukünftiges Regenwassermanagement beleuchtet.

4.12 Sonstige Projekte

Neben diesen Projekten, die von der Stadt Dortmund initiiert wurden, gibt es weitere im Stadtgebiet, wie z. B. der Mitte der achtziger Jahre entstandene Siedlungsblock auf dem ehemaligen DAB-Brauereigelände oder die Getränkefabrik Ardey Quelle, die architektonisch spektakulär über Rohrbrücken und anschließende Kaskadensysteme das Regenwasser der Dachflächen zur Versickerung bringt.

5 Erfahrungen, Konsequenzen und Standortbestimmung für zukünftige Projekte

Das Fallbeispiel Deusen zeigte uns als Projektteam sehr eindringlich, daß eine kostengünstige Abkopplung in „Großem Stil" möglich ist. Am meisten überraschte im Projekt Deusen aber die Tatsache, daß die Anwohner, welche die Maßnahmen durchführten, am Ende selbst zu engagierten Experten in Sachen Regenwasser und Ökologie wurden. Es gab sogar einen Fall, wo ein Anlagenbesitzer mit dem Regenschirm vor seiner Mulde saß und darüber traurig war, daß trotz stärkeren Regens diese sich nicht füllen wollte. Die Bereitschaft der Deusener Bürger, ihre selbst gebauten Anlagen allen Interessierten vorzuzeigen und damit auch überzeugend zu werben, hatte für uns den Effekt, daß seitens der Verwaltung zwei ABM-Kräfte eingestellt werden mußten, um den zusätzlichen „Telefonstreß" zu bewältigen. Der Kreis der Interessierten weitete sich nun auch außerhalb der Projektgebiete auf ganz Dortmund aus, wozu natürlich auch das große Presseecho beitrug.

Inzwischen gibt es in Dortmund zahlreiche großflächige Regenwasserprojekte. Das etwas zögerliche Abwarten seitens der Genehmigungsbehörde beim Projekt Deusen führte zu einer verwaltungsinternen Diskussion, so daß nun eine klare

Bild 7: Großzügige Abstandsflächen im Großwoh-
nungsbau ermöglichen schlichte und kostengünstige Versickerungsmaßnahmen

Position bei der Genehmigung oder Nichtgeneh-
migung von Versickerungsobjekten eingehalten
wird.

In der Hauptsache sind die hohen Abkoppelungs-
raten in Dortmund durch das Propagieren der
Muldenversickerung zustande gekommen (Bild
7). Diese einfache Lösung kann in schier unend-
lich vielen Fällen nicht nur im Wohnbaubereich
angewendet werden. Hochgerechnet auf die
gesamte Emscherregion dürfte dies zu einer be-
achtlichen Einsparung bei der Dimensionierung
von Rückhaltevolumen beim Emscherumbau
führen.

Durch die hohe Abkoppelungsrate in Dortmund
hat nun bei der Verwaltung in allen technischen
Ämtern ein Umdenken eingesetzt. Dies ist die
Grundlage für eine ganzheitlichere Betrachtung
und Auswahl von Projektgebieten. Es steht nun
nicht mehr, wie in Deusen, trotz des großen Er-
folges, nur die Renaturierung eines Gewässers
im Vordergrund. Wichtig sind in diesem Zusammenhang auch andere Gründe:

– Die Situation der Kanalisation innerhalb eines Ortsteiles; von Vorteil ist natürlich die
Erstellung eines Zentralabwasserplans für ein
Einzugsgebiet, da hier die hydraulischen
Überlastungen deutlich werden und so gezielt der andere Umgang mit Regenwasser zur
ökonomischen Frage erhoben werden kann;
im günstigen Fall kann dann die Kanalisation kleiner dimensioniert goder können Sa-
nierungsverfahren gewählt werden, die eine
Querschnittsverringerung nach sich ziehen.

– Bei Flächen, die im Besitz der Kommunen
sind, in unserem Beispiel die Parkplätze an
den Westfalenhallen, ist eine Umsetzung in
bestimmten Fällen leichter zu realisieren als
bei Flächen in Privatbesitz; außerdem dürfen bei der Abkoppelung von städtischen Flächen und Gebäuden die Resonanz und der
Vorzeigecharakter in der Bevölkerung nicht
unterschätzt werden (mit gutem Beispiel vor-
angehen).

– Die Aussicht auf ökonomisch günstige Lösungen in Zeiten der Geldknappheit; das
Projektgebiet Lanstrop hat z. B. gezeigt, daß
eine Wohnungsbaugesellschaft, die bereit war
in großem Stiel abzukoppeln, bei der Ausschreibung den Preis für die Erstellung der
Objekte um mehr als die Hälfte gegenüber
der Versuchsmulde senken konnte.

Als Hilfsmittel für das Gesamtmanagement Regenwasser wurde in Dortmund eine Übersichts-
karte zur Bewirtschaftung von Regenwasser erstellt. In dieser Karte wurden Ergebnisse aus
Gutachtensammlungen unterschiedlicher Institutionen zielgerichtet für die Beurteilung der
Möglichkeiten einer naturnahen Regenwasserbewirtschaftung aufbereitet und in hoher räumlicher Auflösung für das Stadtgebiet Dortmund
nutzbar gemacht. Die Karte ist als integraler Bestandteil des Umweltinformationssystemes des
Umweltamtes in ARC-Info erstellt und unterliegt
einer regelmäßigen Fortschreibung (KAISER
1996).

Eine weitere Erkenntnis aus dem Projekt Deusen
ist der Umgang mit der Bestimmung des Durch-
lässigkeitswertes der Böden. Während in Deusen
die k_f-Wert-Bestimmung nur durch Ingenieurbüros durchgeführt wurde, war dies für Interes-
sierte außerhalb der Projektgebiete kaum möglich, da zu teuer. Die Stadt Dortmund bietet den
Interessierten nun einen Eigenversuch (Versicke-
rungsgrube) an, der leicht durchzuführen ist und
anhand eines vorgegebenen Protokolls dokumentiert wird. Diese Methode, im Projektgebiet
Lanstrop zum ersten mal angewendet, wurde
durch eine Diplomarbeit wissenschaftlich begleitet (WEIßBACH 1998), die Erstaunliches zu
Tage förderte. Die Ergebnisse dieser Eigen-
versuche weichen vom professionellen Versuch
Doppelringinfiltrometer kaum ab.

Bild 8: Projekt Scharnhorst: Stark verdichteter Boden im Bereich der Siedlung

6 Ausblick

Der Zug „Abkoppelung des Regenwassers" in der Stadt Dortmund ist nicht mehr aufzuhalten. Die gesamte Abkoppelungsmenge kann z. Z. nicht dokumentiert werden, da noch nicht genug Daten vorliegen. Wichtig ist jetzt eine gezielte Steuerung und Initiierung neuer Projekte und zwar nicht nur im Bereich der Muldenversickerung. Mit Scharnhorst, einem Stadtteil mit besonderem Erneuerungsbedarf, geht Dortmund in eine neue Dimension. Das über 100 ha große Projektgebiet bietet kaum Möglichkeiten der Versickerung, da der Boden zu stark verdichtet ist (Bild 8). Der größte Teil der Geschoßwohnungsbauten hat eine Innenentwässerung, die bisher eine Abkopplung als unmöglich erscheinen ließen. Wegen der Inhomogenität in der Bevölkerungsstruktur werden eine gezielte Ansprache in puncto Regenwasser und das Auffordern zum Mitmachen nicht einfach sein.

Dennoch, dieses Projekt ist wichtig! Wenn eine Möglichkeit gefunden wird, auf praktikable Art z. B. die Dachflächen als Retentionsräume zu nutzen, die Innenentwässerung z. B. im Kellerbereich der Wohnhäuser doch nach außen zu lenken und die Bevölkerung phantasievoll an diesem Projekt zu beteiligen, dann wird dies irgendwann über die Grenzen hinaus Schule machen und seinen Sinn erfüllen. Mit der Vision, daß große versiegelte Flächen auch im stark urbanisierten Bereich nicht mehr am Kanalnetz sind, läßt sich der Retentionsbedarf für Regenwasser beim Umbau des Emscher-Systems durchaus kleiner dimensionieren.

Voraussetzung ist hier das Vertrauen in die Phantasie und die Bereitschaft bisher Unkonventionelles zuzulassen. Das wird in Dortmund auch in Zukunft die Essenz von Pilotprojekten sein.

Vom Modellprojekt zur Routine –
Das Thema Regenwasser im Projektmanagement

Wolfram Schneider

1 Pilotprojekt Schüngelberg

Vor zehn Jahren begann – initiiert durch die IBA Emscher Park – in der Emscherzone eine neue Generation städtebaulicher Projekte, in denen neue, ökologische Wege des Regenwassers modellhaft weiterentwickelt wurden. Die Siedlung Schüngelberg steht für die Umsetzung des Mulden-Rigolen-Systems und ist auch deshalb Ziel vieler Fachtouristen geworden. Wie wurde das Projekt gesteuert, welche Chancen wurden bei der Realisierung genutzt und was sollten Projektakteure heute bei Konzipierung, Umsetzung und Wartung beachten? Ein Erfahrungsbericht aus dem Projekt Schüngelberg (Beispiel 1.7):

2 Konzeptphase

Begonnen hat alles im Jahr 1989 mit der Projektvorbereitung für eine neue Bergarbeitersiedlung in Gelsenkirchen: Die bergbauverbundene Wohnungsbaugesellschaft Treuhandstelle (THS), Essen, wollte auf einer Freifläche inmitten der alten Bergarbeitersiedlung eine Siedlungsergänzung für 200 Familien bauen, die aus dem Aachener Steinkohlengebiet durch Sozialplanverpflichtungen beim Bergwerk Hugo in Gelsenkirchen neue Arbeit finden sollten (Bild 1). Zeitgleich begannen die Vorbereitungen für die Internationale Bauausstellung (IBA) Emscher Park. Der besonders strukturschwache Norden des Ruhrgebiets sollte durch ganzheitlich konzipierte Projekte eine modellhafte Reparatur und neue Perspektiven erhalten.

Die Projektkonzeption wurde in einer – nicht nur für Gelsenkirchen – neuen Weise entwickelt: Alle beteiligten Institutionen wurden gebeten, in den drei Vorbereitungskolloquien im Jahr 1989 ihre

Bild 1: Blick von der Halde Rungenberg auf die neue und alte Siedlung Schüngelberg zum Bergwerk Hugo

Ansprüche an einen städtebaulichen Wettbewerb für die Neubausiedlung einzubringen und aufeinander abzustimmen. Neu war dabei, daß bei den rd. 40 Teilnehmern aus über 20 verschiedenen Institutionen klar war, daß nach einem Konsensprinzip vorgegangen wurde. Nicht Anweisungen der Autoritäten oder des Bauherrn, sondern gegenseitiges Überzeugen und Lernen prägten die Atmosphäre. Die meisten Teilnehmer blieben beim weiteren Prozeß als Jurymitglied, Gutachter oder Architekt während des städtebaulichen Wettbewerbs und der anschließenden Umsetzung am Projekt beteiligt. So konnte sich ein gemeinsames kooperatives Projektverständnis entwickeln, das zu einer Qualitätsverbesserung und -differenzierung auch bei den abwasserbezogenen Themen führte.

Bei der Konzeptfindung war mit Herrn Dr. Stalmann auch ein Vertreter der Emschergenossenschaft (EG) beteiligt, denn am Rand der Siedlung floß der Lanferbach als offener gespundeter Mischwasserkanal. Die EG hatte gerade mit den ersten Modellprojekten das Bewußtsein geweckt, auch im Emschergebiet nach Abklingen der durch den Bergbau verursachten Senkungen eine Trennung von Reinwasser und Schmutzwasser umzusetzen.

Im Auftrag von Emschergenossenschaft und IBA hat eine interdisziplinäre Gutachtergruppe (Wasserwirtschaftliches Institut Prof. Dr. Sieker, Hannover und Büro für Städtebau Dr.-Ing. Pesch und Partner, Herdecke) die wasserwirtschaftlichen Effekte und städtebaulichen Bedingungen einer frühzeitigen Trennung des Regenwassers vom Abwasser im Siedlungsbereich untersucht. Das geschah am Beispiel der alten und neuen Siedlung Schüngelberg mit insgesamt über 500 Wohnungen auf einer Fläche von 16 ha.

Zur Begleitung der Studie wurde entsprechend dem Arbeitsprinzip der IBA ein projektbegleitender Arbeitskreis eingerichtet. Beteiligt waren neben den Gutachtern, der EG und der IBA, die Vertreter der Oberen und Unteren Wasserbehörde der Städte Gelsenkirchen und Duisburg (um auch die Erfahrungen anderer Kommunen einzubringen) und des Stadtplanungsamtes Gelsenkirchen (verantwortlich für die Steuerung des Gesamtprojektes).

Die offene solidarische Gesprächsatmosphäre führte zu einer raschen Weiterentwicklung der vom Gutachter eingebrachten Vorschläge. Die anstehenden Böden hatten den für die Emscherzone typischen schlechten Durchlässigkeitsbeiwert von $k_f = 10^{-6}$ bis 10^{-7} m/s. Ein reines Mulden-Versickerungssystem reichte zur Wasserableitung nicht aus. Kombiniert wurde deshalb ein darunter liegendes Rigolensystem, das gleichzeitig zur Wasserspeicherung dienen sollte (Bild 2). Die erst kurz vorher im ATV-Arbeitsblatt 138 (1990) beschriebene Mulden-Rigolen-Kombination war damit erstmals als vernetztes System für eine städtische Siedlung zur Abkopplung der Regenwasserableitung konzipiert worden (nützlich waren hierbei auch die positiven Erfahrungen einer Friedhofsentwässerung durch Rigolen in einem Gelsenkirchener Poldergebiet). Zusätzlich sollte der sehr geringe Niedrigwasserabfluß des Lanferbaches dadurch einen quellenähnlichen Zufluß erhalten, um das zeitweilige Trockenfallen des Baches zu verringern. Eine mutige Entscheidung – bezogen auf den dama-

Bild 2: Die Rigole wird mit dem Wurzelvlies ausgekleidet

Bild 3: Gestaltete Wegequerung eines Muldenstranges

3 Durchführungsphase

Finanzierungsprobleme verzögerten den Bau der neuen Siedlung, aber die alte Siedlung Schüngelberg wurde bereits seit 1988 modernisiert und in diesem Zusammenhang das Wohnumfeld mit den Mietergärten neu gestaltet. Das Büro Pesch bezog das MRS mit hoher Detailqualität in die Freiraumplanung ein (Bild 3). Die Finanzierung des nachträglich in die Planung aufgenommenen MRS konnte gerade noch innerhalb der Fördersätze für die Umgestaltung der Außenanlagen einbezogen werden, der Aufwand erhöhte sich von 45 auf 50 DM/m² Freifläche. Trotzdem war das Engagement der THS gefordert. Sie mußte sich auf ein noch nicht erprobtes technisches System einlassen und gewisse Finanzierungsrisiken blieben bestehen. Das Prestige eines IBA-Projektes motivierte die THS, den ganzheitlichen Anspruch des Projektes durchzuhalten.

Die Siedlung Schüngelberg war Schauplatz verschiedener öffentlichkeitswirksamer Veranstaltungen. 1991 wurden den potentiellen Mietern der neuen Siedlungshäuser die Planung und die alte Siedlung präsentiert. Zu diesem Anlaß konnte der erste Strang des MRS fertiggestellt werden.

Doch wie bei vielen neuen Entwicklungen, verlief die Umsetzung nicht ohne Probleme. Nach einem langanhaltenden Regen standen die Mulden 1½ Tage unter Wasser und die Anwohner hatten Sorge, daß Kinder darin ertrinken könnten. Die Konsequenz war, daß die neben den hinteren Wohnwegen liegenden Mulden eingezäunt wurden. Die in die Gesamtgestaltung eingepaßten Mulden wirkten nun wie ein Fremdkörper. In dieser kritischen Phase erwies sich die kooperative Projektsteuerung von Vorteil. Alle Beteiligten hatten die Bedeutung des MRS für das gesamte Siedlungsprojekt begriffen und ließen sich durch Rückschläge nicht abbringen.

Es stellte sich heraus, daß einerseits mit zu großen Sicherheiten bei der Bemessung gearbeitet, andererseits Fehler bei der Umsetzung gemacht worden waren: Die Mulden waren recht schmal und zu tief konzipiert. Sie sind manchmal nicht mittig über den Rigolen erstellt worden, sondern waren in eine versetzte Lage geraten. Der Bo-

ligen Erfahrungsstand – war auch die Einbeziehung der neuen Wohnstraßen in das Abkoppelungssystem als Modellversuch.

Die abgestimmten Ergebnisse der Abkoppelungsstudie wurden als Vorgabe in die Auslobung des 1990 durchgeführten städtebaulichen Wettbewerbs eingegeben. Auf Grundlage des Entwurfes des 1. Preisträgers Rolf Keller, Zürich, wurde der Bebauungsplan für die Siedlungsergänzung aufgestellt. Damals waren noch keine Regelungen zur planungsrechtlichen Absicherung des Mulden-Rigolen-Systems (MRS) entwickelt worden. Als Vorteil erwies sich ein von der IBA erdachter verfahrenstechnischer Kunstgriff: Eine Qualitätsvereinbarung legte alle wichtigen Projektdetails – und damit auch die Versickerung von Regenwasser – fest und wurde von den Spitzen aller projektbeteiligten Institutionen durch ihre Unterschrift als bindend anerkannt.

den war stellenweise durch die Baumaschinen für die Sanierung der Häuser und für die Außenanlagen stark verdichtet worden. Für die belebte Bodenzone zwischen Mulde und Rigole war der anstehende, jedoch zu undurchlässige Boden wiederverwendet worden. Nun wurde der Boden zur besseren Durchlässigkeit mit Sand angereichert, die Mulden sicherer und schöner gestaltet (Bild 4). Die Suchphasen und Nachbesserungen führten aber auch zu Kostenerhöhungen.

Das Modellprojekt bot die Chance Forschungsarbeiten einzuwerben (WINZIG 1997; ZIMMER 1998). Für eine bodenkundliche Dissertation wurden erstmals der Boden und die tatsächlichen Versickerungsverhältnisse gründlich untersucht. Dabei stellte sich heraus, daß die Versickerungsfähigkeit wesentlich günstiger als vorher ermittelt war. Die Konsequenz für weitere Projekte war, daß inzwischen frühzeitig verläßliche k_f-Wert-Bestimmungen Grundlage der Dimensionierung sind.

Neue Techniken dürfen nicht verordnet werden, sondern sollen durch Überzeugung wirken. Bei der Projektentwicklung wurde viel über Wasser geredet und geplant, aber der Nachteil war, daß die Wege des Wassers unter der Erde liegen. Künstlerische Inszenierungen sollten diese Wege sichtbar machen. Das Büro Dreiseitl, Überlingen, half mit seiner großen Erfahrung bei der Gestaltung städtischer Wasserprojekte bei der Ideenfindung. Die in diesem Geist entwickelte Wasserspirale im Blockinnenbereich zwischen Gertrud- und Schüngelbergstraße wurde zu einem ruhigen Treffpunkt der Siedler, häufig stellen die türkischen Frauen der umliegenden Häuser ihre Stühle an den neu geschaffenen Platz (Bild 5). Die an die Zisterne angeschlossene Pumpe bietet die Möglichkeit zum Spiel mit dem Wasser.

Der inhaltlichen Überzeugung diente der Umweltaktionstag, der 1993 alle umweltbezogenen Aspekte der Siedlung thematisierte: Müllvermeidung und Mülltrennung, Lüften und Heizen, Verwendung standortgerechter Pflanzen und natürlich der Umgang mit dem neuen MRS. Akteure dieses Tages waren die Umweltberater der Stadtverwaltung und der THS sowie die Thea-

Bild 4: Ein Muldenstrang mit Zulaufrinnen in der alten Siedlung

Bild 5: An der großen Wasserspirale sitzen die Frauen der Nachbarhäuser

tergruppe „Unverpackt". Für diesen Anlaß bauten wir zur Argumentationshilfe ein „Versickerungsmodell". Wie ein Aquarium zeigt es mit den Originalmaterialien unter dem Rasen die Versickerungsschicht, die mit einem Wurzelvlies eingehüllte Rigole aus Blähton und das darin liegende Dränrohr. Die Vorführungen des MRS waren eine der Attraktionen der Veranstaltung: Das mit einem Eimer eingegossene Wasser sickerte durch die obere Schicht, füllte die Rigole und tropfte langsam durch das Rohr wieder in den darunter gestellten Eimer. Umweltaktionstage wurden zwar nicht wie geplant, häufiger in der Siedlung veranstaltet, aber das Demonstrationsmodell wurde häufig bei Führungen durch die Siedlung benutzt oder für Tagungen ausgeliehen. Eine einfachere Darstellung der Wege des Wassers im MRS läßt sich kaum vorstellen (Bild 6).

Mitte 1993 begann endlich der Bau der neuen Bergarbeiterhäuser. 1994 folgte die Gestaltung der Außenanlagen. Die vielfältige Verwendung von Bruchsteinen zur Einfassung und Gestaltung der Mulden geben ein anderes Bild als in der alten Siedlung und nehmen Bezug zur strengen, schörkellosen Gestaltung der neuen Häuser (Bild 7). In der Siedlungsergänzung sind die straßenseitigen Dachflächen und die Straßenflächen an einen Regenwasserkanal (Flachnetz) angeschlossen, der unterirdisch in der Straße verlegt ist.

Das System der Regenwasserkanäle wurde überwiegend aus sicherheitstechnischen Aspekten gewählt. Wieviel überzeugender ist jedoch die offene Regenwasserführung in straßenbegleitenden seitlichen Rinnen. Für die Straße An der Ziegelei konnte versuchsweise diese Lösung umgesetzt werden. Die Straßen der Siedlungsergänzung waren in Anlehnung an die alte Siedlung mit asphaltierter Fahrbahn ausgeführt worden, die beidseitig durch drei Reihen Granitpflaster eingefaßt wurden. Zur Wasserführung wurden diese Pflasterrinnen muldenförmig gestaltet und je nach berechnetem Wasserabfluß um mehrere Reihen verbreitert. Hierein münden harmonisch die von den Regenfallrohren kommenden Einlaufrinnen. Die vom Schüngel„berg" mit 7 % abfallende Straße ist abgewinkelt. Die Umleitung des Regenwassers war eine Detailfrage, für die es keine technische Regellösung gab. Das Büro Dreiseitl konnte durch maßstabsgerechte Modellversuche eine funktionsfähige Lösung entwickeln, der man den vorherigen Gutachtenaufwand erfreulicherweise gar nicht mehr ansieht.

4 Die Rolle der Projektleitung

Seit den Vorbereitungskolloquien des städtebaulichen Wettbewerbs lag die Geschäftsführung des Projektes „Siedlung Schüngelberg" beim Stadtplanungsamt. Wegen meiner Erfahrungen bei Umbau und Gestaltung von Gelsenkirchener Arbeitersiedlungen erhielt ich diese Position. Zügige Entwicklung und Durchführung der Planung war die Aufgabe. Bei den Wasserthemen war ich anfangs lediglich interessierter Zuhörer, der die Integration dieses Aspektes in die komplexen Sachthemen des Gesamtprojektes sicher-

Bild 6: Beim Umwelt-Aktionstag wird die Regenwasserleitung mit dem Demonstrationsmodell erklärt

Bild 7: Ein Wasserplatz unterhalb einer Mulde in der neuen Siedlung

zustellen hatte. Mit zunehmender Weiterentwicklung der Planung wurde auch ich von dem „Modellversuch MRS" begeistert. Dadurch konnte ich bei der Abstimmung und Qualitätssicherung der Baudetails, aber besonders bei der Einbeziehung öffentlichkeitswirksamer Schritte des Projektes mitwirken: Teilfertigstellung der MRS-Abschnitte für strategisch wichtige Projektpräsentationen, Entwicklung des Demonstrationsmodells, Darstellungen in den verschiedenen Projektveröffentlichungen.

Die Rolle der fachlich zuständigen Abteilung Stadtentwässerung des Tiefbauamtes (seit 1996 der städtische Eigenbetrieb Gelsenkanal) war bei der Projektentwicklung eher untergeordnet, da hier lediglich eine private Abwasseranlage der THS geplant werden sollte. Andererseits ermöglichten die vom Tiefbauamt geschaffenen Rahmenbedingungen überhaupt erst die Umsetzung der Regenwasserabkoppelung.

Die Entwässerungssatzung der Stadt Gelsenkirchen ermöglicht eine Befreiung vom Anschluß- und Benutzungszwang für das Niederschlagswasser, wenn eine Versickerung auf dem eigenen Grundstück möglich ist oder anderweitig in ein Gewässer eingeleitet wird. Nachbarschaftsrechte bzw. Rechte Dritter dürfen dabei nicht beeinträchtigt werden. Darüberhinaus hat die Stadt Gelsenkirchen als eine der ersten Städte des Ruhrgebietes bereits 1992 den gespaltenen Gebührenmaßstab eingeführt. Hierbei wird die Niederschlagswassergebühr nur für die tatsächlich an die öffentliche Entwässerung angeschlossenen befestigten Flächen erhoben.

Ziel dieser Neuregelung war eine größere Gerechtigkeit bei der Gebührenfestlegung, um vor allem größere versiegelte Gewerbeflächen mit geringem Frischwasserverbrauch entsprechend der tatsächlichen Regenwassereinleitung in den städtischen Kanal angemessener zu behandeln. Doch gaben diese Regelungen auch den Weg für das Abkoppelungskonzept Schüngelberg frei.

Das überregionale Aufsehen des Modellprojektes war beachtlich, denn der wesentliche ökologische Beitrag des Projektes Schüngelberg lag in der Entwicklung des neuen Regenwasserableitungssystems. Besonders die Neufassung des Landeswassergesetzes (LWG) 1995, aber auch entsprechende Regelungen in den Nachbarländern führten zu einem vielschichtigen Fachtourismus. Für das Fachplanungsbüro von Prof. Sieker itwh (Institut für technisch-wissenschaftliche Hydrologie, Hannover/Essen) war dies gleichzeitig das Referenzprojekt, das potentiellen Auftraggebern gezeigt wurde. Überraschend war das große Interesse von Niederländern. Mitarbeiter aus Planungsbüros, Fachverwaltungen und Politiker wollten in Gelsenkirchen sehen, was für ihre Baugebiete vorgeschlagen wurde. Der Projektstand der Anfangsjahre erforderte viel Vorstellungsvermögen bei den Besuchern, wie das MRS tatsächlich funktionieren könnte. Erst Ende 1999 rechnen wir mit der abschließenden Fertigstellung einschließlich naturnahem Umbau des Lanferbaches. Einerseits ist es gut, auf diesem Wege positive Öffentlichkeitsarbeit für das sonst eher negative Image von Gelsenkirchen zu leisten, andererseits ist die Frage, wieviele Führungen sind tatsächlich zu leisten, wenn der Zeitstreß der Projektarbeit dadurch eher größer wird.

5 Ausblick für weitere Projekte

Die Kunst von Modellprojekten ist, sie für eine breitere Anwendung zu nutzen, denn häufig führen ihre finanziellen und personellen Sonderbedingungen dazu, daß es sich um einmalige Umsetzungen einer Idee handelt.

Der erste Versuch, von der Sondersituation des IBA-Projektes Schüngelberg mit dem einheitlichen Projektträger THS zu einem allgemeingültigeren Anwendungsfall zu kommen, war die Studie für das Gebiet Beckeradsdelle. Auf Initiative der EG wurde dieses in Nachbarschaft zur Siedlung Schüngelberg liegende ruhrgebietstypische Wohngebiet ausgewählt. 4.500 Menschen leben auf einem Gebiet von 62 ha, aufgeteilt auf 400 Eigentümer, alte und neuere Siedlungen der THS wechseln sich mit Streubesitz ab, die Topografie ist teilweise stark bewegt, der Vorfluter liegt in einiger Entfernung am Rande des Gebietes. Prof. Sieker legte 1993 im Auftrag der EG eine Machbarkeitsstudie vor. In der großen Einführungsversammlung zeigten die eingeladenen Eigentümer lebhaftes Interesse, doch bestand zu diesem Zeitpunkt noch keine Klarheit über Kosten und Finanzierungszuschüsse. In der Folge sahen sich weder das Tiefbauamt noch die EG in der Lage, mit den Ergebnissen der Studie eine breitere Öffentlichkeitsarbeit für deren Umsetzung durchzuführen. Die privaten Grundstücksflächen waren für die örtliche Versickerung überwiegend zu klein und die Stadt konnte den Aufwand für die notwendigen Straßenquerungen der Regenwasserkanäle nicht finanzieren. So blieb diese Arbeit leider eine verpaßte Chance.

Für Abkoppelungsprojekte im Gebäudebestand lobt die EG seit 1994 einen Wettbewerb aus, zu dem von den Städten Vorschläge eingereicht werden können (s. Beitrag BECKER/PRINZ). 1998 konnten in Gelsenkirchen drei Projekte der THS und der Landesentwicklungsgesellschaft (LEG) eingeworben werden, die nun zur Umsetzung anstehen mit einer finanziellen Unterstützung durch die EG von 10 DM/m² abgekoppelter Fläche.

Abkoppelungsmaßnahmen im Bestand sind auf kleinteiliger Ebene dort entstanden, wo die Eigentümer auch die Abwassergebühr zahlen, nämlich in den Einfamilienhausgebieten. Von den rd. 35.000 Gelsenkirchener Grundbesitzern haben rd. 200 mit meist einfachen Versickerungsmaßnahmen die Chance genutzt, ihre Gebühren zu reduzieren. Solche Projekte brauchen zwar ingenieurtechnische Beratung, kommen aber völlig ohne städtische Projektleitung aus. Bei fortschreitender Abkoppelung von befestigten Flächen entsteht jedoch ein nicht einfach zu lösendes Problem. Einerseits handelt es sich zwar um ökologisch sinnvolle Maßnahmen zur Abkoppelung von Niederschlagswasser und damit zur Grundwasseranreicherung (deren Funktionsfähigkeit über längere Zeit sich allerdings erst noch erweisen muß), doch es gehen hier auch Gebühren verloren, die erst in ferner Zukunft durch eventuelle Einsparungen bei der Regenwasserbehandlungsanlage oder durch eine veränderte Abrechnungssystematik ausgeglichen werden können. Hier entsteht also ein ähnlicher Konflikt für die Kommune wie bei den Stromversorgungsunternehmen, die Stromsparberatung mit eigener Absatzpolitik vereinbaren sollen.

Für Neubaugebiete ist die Situation günstiger als in den Bestandsgebieten, da das LWG mittlerweile zwingend eine Versickerung, Verrieselung oder oberflächennahe Ableitung des anfallenden Niederschlagswassers in ein Gewässer vorschreibt, soweit das Allgemeinwohl nicht beeinträchtigt wird. So sind bei der Aufstellung eines Bebauungsplanes inzwischen die Prüfungen zur Regenwasserableitung so selbstverständlich geworden wie Lärm- oder Altlastengutachten. Daraus sind eine Vielzahl kleinerer – meist völlig unspektakulärer – Mulden- oder Rigolensysteme mit örtlicher Versickerung entstanden. Bei dem Großteil der Anlagen handelt es sich um private Versickerungseinrichtungen, da bei diesen der Regelungsbedarf am niedrigsten und die Umsetzung am einfachsten ist. Nur die aufgeständerte Regenwasserführung in der Gelsenkirchener IBA-Siedlung Küppersbusch (s. Beispiel 1.8) sorgte noch einmal für Aufsehen.

Ebenso unspektakulär wie die Lösungen bei Neubauvorhaben, sind auch die Anforderungen an die Projektleitung zur Entwicklung und Umsetzung dieser Maßnahmen. Man muß vor allem darauf achten, rechtzeitig die Bodenuntersuchungen zu beauftragen und die Fachingenieure bei der Konzipierung darauf abgestimmter Lösungen zu begleiten. Für die Unteren Wasserbehörden und Entwässerungsabteilungen der großen Städte sind die Genehmigungen solcher Maßnahmen schon Routine geworden.

6 Empfehlungen

– Boden- oder Baugrundexperten (Haustechniker bei kleineren Projekten) sind auf Grundlage örtlicher Bodenproben bereits bei der städtebaulichen Planung frühzeitig zu beteiligen, um durch die geeignete Festlegung der überbaubaren Flächen und Gebäudestellung kostenintensive Nachbesserungen der Planung zu vermeiden. Der Experte sollte außerdem frühzeitig an die örtlichen Verhältnisse angepaßte Empfehlungen für die Realisierung und spätere Wartung geben.

– Bei großen und besonderen Projekten kann die Übung der IBA empfohlen werden, einen projektbegleitenden Arbeitskreis zu bilden, an dem auch externe Berater teilnehmen.

– Die verwaltungsinterne Steuerung von Vorhaben zur Regenwasserabkoppelung liegt üblicherweise bei den Stadtplanungsämtern, wo am ehesten eine engagierte Unterstützung für diese Themen gegeben ist und denen verwaltungsintern sowie gegenüber den Projektpartnern Durchführungskompetenz zugestanden wird. Die technischen Ämter haben hier eher eine begleitende Funktion.

– Die Projektleitung ist zuständig für eine enge Abstimmung zwischen den Fachplanern der Regenwasserabkoppelung, der städtischen Abwasserabteilung, der Unteren Wasserbehörde und den übrigen Fachplanern. Sie muß straff geführt werden.

– Bei der Bauausführung ist darauf zu achten, daß nicht durch Baufahrzeuge die Flächen für Versickerungsanlagen stark verdichtet werden, ggf. sind sie durch Kies oder Geotextilien zu schützen.

– Die Bauleitung muß insbesondere bei der Erstellung von Mulden und Rigolen intensiv sein.

– Die späteren Bewohner sind durch eine geeignete Öffentlichkeitsarbeit über Wirkungsweise, Pflege und Schutz der Anlagen zur Regenwasserabkoppelung zu informieren. Nur so können ein falscher Umgang mit den Einrichtungen verhindert und teure Wartungs- und Sanierungsarbeiten vermieden werden.

– Die Anlagen zur Regenwasserabkoppelung sollen möglichst wartungsarm und störungsunanfällig konzipiert werden, grasbewachsene Mulden sind zweimal jährlich zu schneiden, das Verdichten der Versickerungsschicht durch intensives Bespielen oder Begehen ist zu vermeiden.

Einwendungen zum anderen Umgang mit Regenwasser – Und wie man ihnen begegnet

Friedhelm Sieker

1 Einführung

Wenn der „Andere Umgang mit dem Regenwasser" – anders als es nur abzuleiten – so schlüssig und allgemein anwendbar sein soll wie seine Verfechter behaupten, kann man sich mit Recht fragen, weshalb dieses Konzept nicht schon früher Bedeutung erlangt hat. Nun gibt es sicherlich kein Konzept, das nur Vorteile hat. So werden auch gegen das „Konzept der naturnahen, dezentralen Regenwasserbewirtschaftung" Einwendungen erhoben, die eine allgemeine Anwendbarkeit in Frage stellen. Insbesondere handelt es sich dabei um Einwendungen, die einen dauerhaften und störungsfreien Betrieb der dezentralen Anlagen bezweifeln. Auf einige wesentliche Punkte soll im folgenden eingegangen werden.

Die wichtigsten und häufigst gebrauchten Einwände und Fragen lauten etwa:

2 Der vorhandene Boden ist nicht ausreichend versickerungsfähig!

Diesem Einwand liegt ein großes Mißverständnis zugrunde: Es wird unterstellt, daß das bisherige Konzept der *vollständigen Ableitung* nun durch ein Konzept der *vollständigen Versickerung* ersetzt werden soll. Das „Konzept der naturnahen, dezentralen Regenwasserbewirtschaftung" besteht dagegen im allgemeinen Fall aus einer Verknüpfung der drei elementaren Möglichkeiten, den Regenabfluß ingenieurtechnisch zu beeinflussen: der *Versickerung,* der *Speicherung* und der *gedrosselten Ableitung.* Der Begriff „Bewirtschaftung" bedeutet also mehr als „Versickerung". Es wird daher hinsichtlich der Versickerungsfähigkeit des Bodens auch keine Grenze gesetzt. Es soll vielmehr die den Bodenverhältnissen nach mögliche Versickerung – unterstützt durch Speicherung – *ausgeschöpft* werden. Da auch ein Boden wie z. B. schluffiger Ton durchaus noch in einem relevanten Maße versickerungsfähig ist, ist es nur eine Frage der

Bemessung des Speichers bzw. der Versickerungsfläche und eine Frage der Vorgabe einer bewußt zugelassenen Ableitungsspende, welcher Anteil des zugeleiteten Niederschlagsabflusses bei diesem Boden unter Einhaltung des „Entwässerungskomforts" versickert werden kann. Die „Dezentrale Regenwasserbewirtschaftung" geht von der Maxime aus, daß sich auch eine *partielle Versickerung* des anfallenden Regenwassers „lohnen" kann, insbesondere wenn sie mit Speichermaßnahmen, die ihrerseits zur Dämpfung der weiterzuleitenden Abflüsse beitragen, kombiniert wird.

Es ist zu wünschen, daß auch in den „Regeln der Technik" und den verschiedenen Verwaltungsvorschriften künftig den unterschiedlichen Begrifflichkeiten Rechnung getragen wird, daß also z. B. der Boden-Durchlässigkeitswert von $k_f = 10^{-6}$ m/s keinesfalls die Grenze der Versickerungsmöglichkeit darstellt, wie es derzeit noch in ATV-Arbeitsblättern zu lesen ist.

3 Wann müssen die Anlagen überholt bzw. erneuert werden?

Es wird die Vermutung geäußert, daß sich die Versickerungsfähigkeit der Anlagen im Laufe der Zeit durch Einschlämmung von Feinboden und anderem Material so stark reduziert, daß eine dauerhafte Funktion nicht gesichert ist.

Wie die Erfahrungen mit jahrzehntelang betriebenen „trockenen" Versickerungsbecken – das heißt Becken ohne Dauerstau – zeigen, bleibt die Versickerungsfähigkeit solcher „intermittierend beschickter" Versickerungsanlagen praktisch unverändert erhalten. Dieses ist insbesondere dem tierischen und pflanzlichen Bodenleben während der überwiegenden Trockenperioden zu verdanken. Allerdings muß durch geringe Unterhaltungsarbeiten, wie das Entfernen von Laub und anderen Grobstoffen dafür gesorgt werden, daß sich kein länger anhaltender Wasseraufstau bilden kann. Im Vergleich zu den semizentralen und zentralen Versickerungsbecken, von denen die vorliegenden Erfahrungen hauptsächlich stammen, werden die hier diskutierten dezentralen Versickerungsmulden darüberhinaus flächenspezifisch wesentlich geringer belastet: Während an die versickerungswirksame Fläche von zentralen Becken im allgemeinen eine 40 bis 50-fach größere abflußwirksame Fläche angeschlossen ist, was zu einer jährlich zu versickernden Wassersäule von 20 bis 25 m führt (als Mittelwert für Deutschland), sind es bei dezentralen Mulden im allgemeinen nur 10 bis 12 m Wassersäule pro Jahr. Damit ist auch der jährliche flächenspezifische Stoffeintrag nur etwa halb so groß wie bei den bisher ausgeführten Becken, was hinsichtlich der zu erwartenden Verschlickungsgefahr weiter auf die sichere Seite führt. Sollte jedoch tatsächlich eine signifikante Verschlechterung der Versickerungsleistung beobachtet werden, kann durch eine mechanische „Vertikutierung" oder im äußersten Fall durch Austausch der oberen Schicht (im Zentimeterbereich) die volle Funktionsfähigkeit wiederhergestellt werden. Das Einsickern von Feinstoffen aus der Muldensohle oder aus dem anstehenden Boden in die grobporig gefüllte Rigole wird durch deren Ummantelung mit einem feinporigen, aber wasserdurchlässigen Geotextil weitestgehend verhindert.

4 Die notwendigen Flächen sind nicht verfügbar oder schmälern den Veräußerungspreis von Bauflächen!

Für den oberirdischen Teil der Bewirtschaftungsanlagen (Versickerungsmulden, oberirdische Zuleitungen) besteht im allgemeinen ein Flächenbedarf von ca. 10 % der angeschlossenen abflußwirksamen Flächen. Gegebenenfalls läßt sich der Flächenanspruch weiter reduzieren, indem unterirdische Speichermöglichkeiten erhöht werden. Da die begrünten Mulden im allgemeinen als Teil sowieso geplanter oder vorhandener Grünanlagen aufzufassen sind und deren Anteil an der Gesamtfläche – von Innenstadtbereichen abgesehen – immer mehr als 10 % betragen dürfte, ist der Flächenanspruch in den meisten Fällen zu befriedigen. Eine eventuell notwendige Nutzungseinschränkung – z. B., weil diese Flächen von anderen Leitungen freigehalten werden

müssen oder weil die Mulden nicht mit hochstämmigen Bäumen besetzt werden sollten, ist im allgemeinen mit den gegebenen Verhältnissen zu vereinbaren – wenn die Regenwasserbewirtschaftung als Teil der Erschließung eines Baugebietes rechtzeitig bedacht und einbezogen wird. Es ist daher zu fordern, daß die Entwässerungskonzeption bereits bei der Aufstellung der Bebauungspläne hinsichtlich Trassenführung und Flächenanspruch festgelegt wird.

Ein Problem stellt sicherlich die Bereitstellung von Flächen in eng bebauten Siedlungsgebieten, z. B. bei Reihenhaussiedlungen mit extrem kleinen Grundstücken dar. Hier sollte die Regenwasserbewirtschaftung in „semizentralen" öffentlichen Anlagen bzw. in privaten Sammelanlagen zusammengefaßt werden, was allerdings auch bereits bei der Aufstellung der Bebauungspläne berücksichtigt werden muß.

Das Argument, die notwendige Ausweisung von Versickerungsflächen schmälere die Veräußerungspreise und gehe damit zu Lasten der Gemeinden bzw. der Grundstücksverkäufer ist nicht stichhaltig, weil diese Flächen im Sinne der Eingriffs- und Ausgleichsregelung des Bundesnaturschutzgesetzes als Ausgleichsflächen für den Eingriff „Versiegelung" herangezogen werden können (ROTH, V. in SIEKER 1998), was man z. B. von einem Regenrückhaltebecken, das aufgrund des tiefgreifenden Bodenaushubs selbst einen Eingriff darstellen kann, nicht ohne weiteres erwarten darf.

5 Stellt die Geländeneigung eine Begrenzung dar?

An einem steilen Hang ist eine entwässerungstechnische Versickerung des Regenwassers sicherlich nicht möglich. Zum einen ist die Herstellung einer horizontalen Versickerungsfläche hier kostenaufwendig und technisch schwierig, zum anderen besteht die Gefahr, daß unterhalb Wasser austritt und Hangrutschungen auftreten. Andererseits bestehen gerade bei ausgeprägtem Geländegefälle gute Möglichkeiten, den gedrosselten und zeitlich in die Länge gezogenen Abfluß der Bewirtschaftungsanlagen als „Quelle" eines „auch lange nach dem Regenende noch fließendes Gerinne" in die Freiraumgestaltung einzubinden. Das technisch Notwendige läßt sich bei einem hinnehmbaren Geländegefälle mit dem ästhetisch Angenehmen verbinden, wenn die Bewirtschaftungsanlagen als Kaskaden hintereinander geschalteter Einzelanlagen ausgebildet werden. Bei frühzeitiger Einbindung des Entwässerungsplaners in die Erstellung von Bebauungsplänen sollte es darüber hinaus möglich sein, Bewirtschaftungsanlagen entlang der hangparallelen Straßen und Wege anzulegen, bzw. dafür hangparallele Grünzonen vorzusehen. Semizentrale oder zentrale Anlagen an natürlichen Tiefpunkten des Gebietes, die möglichst über oberirdische Zuleitungen in Form von befestigten Gerinnen oder offenen Gräben gespeist werden sollten, bilden dann das letzte Mittel in einer Reihe von Möglichkeiten, auch bei einem ausgeprägtem Geländegefälle von bis zu ca. 10 % noch die Konzeption der naturnahen Bewirtschaftung des Regenwassers anzuwenden.

6 Wie ist bei Flächen mit Altlasten zu verfahren?

Bei ehemaligen Industriestandorten hat man es häufig mit einer Verunreinigung des Untergrundes durch schädliche Stoffe zu tun, den sogenannten „Altlasten im Boden". Stoffe, die in der ungesättigten Bodenzone durch Bindungskräfte oder chemische Umsetzungen festgelegt sind, können durch die entwässerungstechnische Versickerung, bei der mehr als das Zehnfache der natürlichen Niederschlagsmenge auf die Versickerungsfläche aufgebracht wird, remobilisiert werden, so daß die Gefahr besteht, daß sie über das Grundwasser in das Trinkwasser gelangen. Um dieser Gefahr zu begegnen, sollte bei vorhandenen Altlasten oder bei Altlasten-Verdachtsflächen auf die direkte Versickerung verzichtet werden. Dieses bedeutet jedoch nicht unbedingt, daß man hier zum Prinzip der vollständigen Ableitung greifen muß. Eine Möglichkeit besteht z. B. darin, die als Bewirtschaftungsanlage vorgesehene Versickerungsmulde bzw. das Mulden-Rigolen-Element mit einer schwer durchlässigen Bentonit-Matte zu unterlegen und das durchgesickerte Wasser über ein Dränsystem herauszuführen. Damit bleibt die Reinigung des Nieder-

schlagswassers über eine Bodenpassage und die Drosselung der Abflüsse erhalten, die direkte Versickerung in den belasteten Untergrund wird vermieden. Der somit unverschmutzte Drosselabfluß kann dann entweder über ein entsprechend gering dimensioniertes Ableitungssystem aus dem Gebiet herausgeführt oder über sogenannte „Schluckbrunnen" in den altlastenfreien Untergrund bzw. in das Grundwasser eingeleitet werden.

7 Wird das Grundwasser verschmutzt?

Die Befürchtungen, daß durch eine naturnahe Bewirtschaftung der Boden und das Grundwasser unzulässig hoch verschmutzt werden könnte, richtet sich im allgemeinen gegen die Versickerung von Abflüssen hochbelasteter Straßen und aus Gewerbegebieten und im besonderen gegen die Versickerung in Trinkwasserschutzzonen.

Die Reinigungsfähigkeit des (ungesättigten) belebten Bodens wird bisher allgemein unterschätzt. Insbesondere die Bestandteile des Bodens an Humus und Tonmineralien besitzen die Fähigkeit, Stoffe aller Art, auch gelöste, zu filtern, zu adsorbieren, chemisch und biologisch zu binden. Es genügt demnach im allgemeinen eine Passage von wenigen Dezimetern durch eine entsprechend aufbereitete Mutterbodenschicht, um die Regenabflüsse auch von Straßen und Gewerbegebieten weitestgehend zu reinigen. Diese Fähigkeit des humosen und bindigen Bodens bleibt nach den vorliegenden Erkenntnissen bei normal verschmutzten Straßenabflüssen über viele Jahrzehnte erhalten. Diese und andere Erkenntnisse haben zu einer Matrix geführt, in der die verschiedenen Möglichkeiten der entwässerungstechnischen Versickerung den nach Verschmutzungsgrad klassifizierten abflußwirksamen Flächen gegenübergestellt sind (vgl. ATV 1995). Danach und nach anderen Unterlagen gilt die oberirdische Versickerung durch eine belebte begrünte Oberbodenschicht als der bestmögliche Schutz vor einer Verunreinigung des Bodens und des Grundwassers auch in Trinkwasserschutzzonen außerhalb der Schutzzone II. Falls dennoch Bedenken erhoben werden, die dazu führen, daß auf das Prinzip der vollständigen Ableitung zurückgegriffen wird, so ist die Frage zu stellen, wo in diesem Falle die Schmutzstoffe bleiben. Werden sie über ein Mischsystem abgeleitet, so wird ein Teil von ihnen über die Kläranlage in den Klärschlamm verfrachtet. Ein wesentlicher Teil der Stoffe gelangt jedoch über die Mischwasserentlastungen – genau wie der gesamte Stoffhaushalt der Regenentwässerung beim Trennsystem – in die oberirdischen Gewässer. Dort können sie gegebenenfalls einen größeren Schaden anrichten, als wenn sie – so dezentral wie möglich – bei der Versickerung im Boden festgelegt und dort zumindest teilweise abgebaut bzw. zur Unschädlichkeit umgewandelt werden. Es geht also darum, das kleinere Übel zu wählen und es darf nicht darum gehen, das Problem von einem Zuständigkeitsbereich in den anderen zu verlagern.

8 Lohnt es sich, in Bestandsgebieten Flächenteile abzukoppeln und auf eine dezentrale Bewirtschaftung umzustellen?

Die naturnahe dezentrale Regenwasserbewirtschaftung ist nicht nur auf Neubaugebiete bezogen von Interesse, sondern wird – im Sinne von Abkoppelungsmaßnahmen – zunehmend auch als Mittel zur Lösung von Problemen bei vorhandenen Entwässerungssystemen in Betracht gezogen. Daß dieses nicht nur ökologische Vorteile hat, sondern auch ökonomische, ist nicht von vornherein einzusehen, weil aus der Sicht des Kanalnetzbetreibers mit der Abkoppelung bisher angeschlossener Flächen im allgemeinen auch finanzielle Einbußen bei der Regenwassergebühr verbunden sind und weil selbstverständlich die Umstellung selbst auch Kosten verursacht. Es stellt sich also die Frage, ob der „Verlust" an Regenwassergebühren und die Umstellungskosten selbst durch Einsparungen an anderer Stelle kompensiert oder sogar überboten werden können.

Als aktuell zu lösende Probleme bei vorhandenen Entwässerungssystemen sind insbesondere zu nennen:

– Reduzierung der aus Überlaufereignissen der Mischwassernetze resultierenden Gewässerbelastung,

– Beseitigung hydraulischer Engpässe in den Kanalnetzen,

– Sanierung baulich schadhafter Kanäle.

Als geeignetes Mittel zur Lösung des erstgenannten Problems einer zu verbessernden „Mischwasserbehandlung" wird bisher hauptsächlich der Bau von Speicherbecken angesehen. Nach übereinstimmenden Berechnungsergebnissen verschiedener Autoren kann aber z. B. das nach dem ATV-Arbeitsblatt 128 notwendige Speichervolumen um die Hälfte reduziert werden, wenn 20 % der bisher angeschlossenen Flächen abgekoppelt werden. Berücksicht man ferner, daß durch die Abkoppelung im Kanalnetz Speicherraum frei wird, der durch Einstaumaßnahmen zusätzlich ausgenutzt werden kann, kommt man in die Nähe dessen, daß durch Akoppelungsmaßnahmen in der realistischen Größenordnung von 20 % die Wirkung eines Speicherbeckens hinsichtlich der Reduzierung der CSB-Jahresfracht voll ersetzt werden kann. Bei Betrachtung der einzelnen Überlaufereignisse geht die ökologische Auswirkung von Abkoppelungsmaßnahmen dann noch über die der reinen Speicherung hinaus.

Die Abkoppelungsmaßnahmen, die der Mischwasserbehandlung dienen, dienen gleichzeitig auch der Entlastung hydraulisch überlasteter Kanalstrecken. Besonders bei Kanalstrecken, deren Leistungsfähigkeit bei einer Nachweisrechnung (vgl. Neufassung ATV-Arbeitsblatt 118) nur geringfügig unter der erforderlichen Kapazität liegt, läßt sich eine kostenaufwendige Querschnittserweiterung vermeiden.

Letztlich können Abkoppelungsmaßnahmen auch bei der Sanierung baulich schadhafter Kanalstrecken zur Kostenminderung beitragen, indem die Querschnitte der vorhandenen Leitungen verkleinert werden können, was ihre Sanierung durch kostensparende inlining-Verfahren anstelle völlig neuer Leitungen möglich macht.

Ob sich die Abkoppelung eines Teils der bisher angeschlossenen Flächen und deren Umstellung auf das Prinzip der dezentralen Bewirtschaftung nicht nur ökologisch lohnt (dieses dürfte nahezu immer der Fall sein), sondern auch ökonomisch, hängt sicherlich von einer Einzelprüfung der vorliegenden Verhältnisse ab. Allgemein gilt jedoch die Tendenz, daß der ökonomische Nutzen umso größer ist, je mehr Probleme durch die Abkoppelungsmaßnahmen gleichzeitig gelöst werden können.

9 Bereitet die Unterhaltung und Kontrolle der Anlagen Schwierigkeiten?

Ein häufig gebrauchter Einwand gegen die dezentrale Regenwasserbewirtschaftung richtet sich gegen die „Zersplitterung" der Verantwortlichkeiten bezüglich einer ordnungsgemäßen Wartung und Unterhaltung der Anlagen. Da wird zum einen auf die Aufteilung in einen privaten und einen öffentlichen Sektor verwiesen und zum anderen – bezüglich der Anlagen im öffentlichen Bereich – auf die Zuständigkeit verschiedener Fachämter (Grünflächenamt, Tiefbauamt, Stadtentwässerungsamt). Hier muß in der Tat neu nachgedacht werden, um zu vernünftigen Lösungen zu kommen.

Auf privaten Grundstücken liegt die Verantwortlichkeit für die Unterhaltung der Anlagen bei den Eigentümern. Dieses ist nicht als Nachteil zu sehen, sondern hat im Gegenteil den Vorteil, daß der Eigentümer selbst das größte Interesse hat, Schäden, die von einer schlecht unterhaltenen Anlage ausgehen können, zu vermeiden. Die Aufsichtsbehörden können sich darüberhinaus satzungsmäßig das Recht vorbehalten, die Anlagen kontrollieren zu können.

Anlagen im öffentlichen Bereich sind vom Träger der Regenwasserentsorgung, das ist im allgemeinen die Gemeinde, zu unterhalten. Zweckmäßig ist dabei eine Aufteilung der Zuständigkeiten für den oberirdischen Teil einerseits (Grünflächenamt) und den unterirdischen Teil (Stadtentwässerungsamt). Bei kleineren Gemeinden kann die Gesamtunterhaltung und -kontrolle auch privaten Firmen übertragen werden, nach Möglichkeit gemeinsam mit der Straßenreinigung.

10 Bereitet der Betrieb der Anlagen im Winter Schwierigkeiten?

Hinter dieser Fragestellung steht die oft geäußerte Befürchtung, daß ein Regenereignis auf gefrorenen Boden trifft und dabei die Versickerung und damit der Betrieb der Bewirtschaftungsanlagen versagt. Man hat die Vorstellung, daß der Boden im wassergesättigten Zustand gefroren ist und dadurch seine Durchlässigkeit weitgehend eingebüßt hat. Diese Vorstellung ist offensichtlich nicht richtig, wie die Beobachtungen und Meßergebnisse an ausgeführten Anlagen unter Naturregenbedingungen und mittels Flutungsversuchen bei jeweils tief gefrorenen Böden gezeigt haben. Das Phänomen, daß ein gefrorener Boden nur geringfügig weniger durchlässig ist als ein frostfreier Boden, ist noch nicht in Einzelheiten geklärt; doch dürfte dieses damit zusammenhängen, daß der Boden eben nicht im wassergesättigten Zustand gefriert, sondern daß sich der Boden während der Frostperiode dem Fortschreiten der Frosttiefe entsprechend entwässert. Es kann ferner mit der Bildung frostbedingter Risse im Boden zu tun haben. Sollten Versickerungsmulden mit Schnee gefüllt sein, so können sie dennoch Tau- und Regenwasser aufnehmen, da Schnee bekanntlich ein goßes nutzbares Porenvolumen hat. Letztlich steht bei Mulden-Rigolen-Anlagen, die durch einen Muldenüberlauf verbunden sind, immer auch ein Notüberlauf in den frostfreien Rigolenbereich zur Verfügung.

11 Fazit

Die Diskussion der vorstehend aufgeführten hauptsächlich genannten Einwendungen gegen das Konzept der naturnahen dezentralen Regenwasserbewirtschaftung hat gezeigt, daß es keine wirklich grundlegenden Hemmnisse gibt. Allerdings dürfte auch klar sein, daß die Planung einer solchen Regenwasserbewirtschaftung zur Vermeidung von Fehlern und Nachteilen nicht mehr eine nachgeordnete Entsorgungsplanung städtebaulicher Erschließung sein kann, wie es bei der Planung eines konventionellen Misch- oder Trennkanalsystems bisher der Fall war. Vielmehr resultiert aus dem Übergang vom reinen Ableitungsprinzip zum Prinzip der naturnahen Regenwasserbewirtschaftung die Notwendigkeit, daß diese selber Thema und Inhalt städtebaulicher und freiraumplanerischer Konzeptionen wird. Dabei ist die Regenwasserbewirtschaftung als eine Chance zu verstehen, den Bedarf an Siedlungs- und Gewerbeflächen so sicherzustellen, daß der natürliche Wasserhaushalt der bis dahin unbebauten Flächen möglichst wenig verändert wird. Hierzu ist es notwendig, daß in enger und frühzeitiger Abstimmung zwischen den beteiligten Institutionen, wie z. B.

- Stadtplanungsamt, Umweltamt,

- den zuständigen Wasserbehörden,

- Tiefbauamt, Straßenbauamt, Grünflächenamt,

- Entsorgungsverbänden oder -gesellschaften

situationsangepaßte Anforderungen und Lösungsvarianten erarbeitet werden. Die fachspezifischen Detailkenntnisse sind von diesen Institutionen einzubringen und nach Möglichkeit durch eine eigens beauftragte Stelle der kommunalen Verwaltung zu koordinieren. Dabei ist auch das wasserwirtschaftliche Umfeld des zu beplanenden Gebietes zu betrachten. Im weitesten Sinne sollte künftig ein „Genereller Bewirtschaftungsplan Regenwasser", der sich an den Einzugsgebietsgrenzen der natürlichen Gewässer orientiert, die Grundlage bilden.

Warum abkoppeln? –
Für und Wider aus Sicht einer Wohnungsbaugesellschaft

Marcus Collmer

1 Die TreuHandStelle für Bergmannswohnstätten

Die TreuHandStelle für Bergmannswohnstätten im rheinisch-westfälischen Steinkohlebezirk GmbH (THS) mit Sitz in Essen bewirtschaftet mit ihren Tochterunternehmen einen Wohnungsbestand von insgesamt 70.000 Wohneinheiten und gehört zu den großen Wohnungsbaugesellschaften in Deutschland. Wie aus dem Firmennamen abzuleiten ist, besteht das klassische Klientel der THS aus Bergarbeitern und sonstigen Industriearbeitern. Der Hauptbestand befindet sich im Ruhrgebiet, weitere Akquisitionen wurden im Chemiedreieck Halle-Meerseburg sowie im Braunkohleabbaugebiet im Grenzbereich der Bundesländer Thüringen, Sachsen und Sachsen-Anhalt getätigt. Bei der THS werden derzeit durchschnittlich 5.000 Wohneinheiten (WE) im Jahr modernisiert und ca. 400 WE neu errichtet.

Die THS beschäftigt sich mit der Regenwasserversickerung (RWV) seit 1990 und hat inzwischen ca. 30 Projekte unterschiedlichster Art und Größe realisiert. Die frühzeitige Beschäftigung mit der Thematik rührt daher, daß die THS bereits seit 1989 eine interne Umweltberatung aufgebaut hat, welche die ökologische Ausrichtung der Baumaßnahmen und der Bestandsbewirtschaftung vorantreibt und auch die RWV koordiniert. Gemäß der verschärften rechtlichen Vorgaben werden bei THS im Neubau ca 70 % der Gebäude mit einer RWV versehen, während bei der Bestandsmodernisierung dies bisher bei ca. 5 bis 10 % der Projekte geschieht. Ein Grund für die verstärkte Umsetzung im Neubau ist neben den rechtlichen Vorgaben sicherlich die vergleichsweise kostengünstige Realisierung, welche sich durch Einsparungen bei den Kanalanschlüssen ergeben, während bei einer Modernisierung die erforderlichen Anschlüsse und Einleitungsgenehmigungen bereits vorhanden sind.

Die THS betreibt und unterhält die meisten RWV-Projekte selbst im Rahmen der Pflege der Außenanlagen. Einige aufwendige Projekte, wie beispielsweise Küppersbusch (siehe Beispiel 1.8), werden auch durch den Abwasserentsorger betrieben. Daher sind wir bestrebt, möglichst wartungsarme und funktional unkomplizierte Projekte zu bauen, welche keine bzw. nur geringe zusätzliche Pflegeaufwendungen verursachen.

2 Gründe der THS für eine Versickerung

Die RWV ist eine vergleichsweise einfache und wenig anfällige Umwelttechnik; dies demonstrieren zahlreiche Beiträge in diesem Buch. Die meisten Versickerungsprojekte werden im Neubau realisiert. Um jedoch Hochwasserspitzen nachhaltig verringern zu helfen, ist eine Versickerung im vorhandenen Gebäudebestand notwendig, insbesondere in großflächigen Siedlungsbereichen, welche vorrangig im Besitz von Wohnungsbaugesellschaften sind. Die THS möchte sich dieser Verantwortung stellen und treibt daher die Regenwassernutzung und -versickerung in ihren Siedlungsbeständen voran.

Neben diesen grundsätzlichen ökologischen Überlegungen führt eine Regenwasserversickerung jedoch auch zu einer Reduzierung der Betriebskosten der Wohnungen, welche in den vergangenen Jahren stark angestiegen sind und in Einzelfällen bereits 50 % der Nettokaltmiete betragen. Grundsätzlich gehen wir davon aus, daß die Entwässerungsabgaben in den kommenden Jahren überdurchschnittlich ansteigen werden, einerseits, um einen zusätzlichen finanziellen Anreiz für eine Entsiegelung zu schaffen, andererseits, um die zusätzlichen Anforderungen für einen effektiven Gewässerschutz zu finanzieren. Die Preisspanne zwischen den Kommunen in NRW für die jährliche Entwässerung eines Quadratmeters versiegelter Fläche reicht derzeit von 0,90 DM in Herne bis 3,30 DM in Wuppertal (siehe Tafel 1) und wird sich aus unserer Sicht in den nächsten Jahren nach oben angleichen.

Tafel 1: Abwasserhebesätze einiger Kommunen in NRW, Stand 12/97

Städte	Gebühr für Schmutzwasser in DM/m³	Gebühr für Niederschlagswasser in DM/m²	Gebühr für Mischwasser in DM/m³
Bergkamen	4,02	1,56	
Bochum	2,44	1,04	
Bottrop	3,72	30% der Abgaben	5,31
Castrop-Rauxel	3,20	1,45	vorher 4,77
Dortmund	2,98	1,68	
Duisburg	2,56	1,09	
Essen	2,00	1,20	
Gelsenkirchen	2,26	1,38	
Gladbeck	2,30	1,12	
Hamm	2,86	1,54	
Herne	2,27	**0,90**	
Herten	3,75	30% der Abgaben	5,35
Kamen	3,58	1,80	
Lünen	2,40	2,27	
Mülheim	2,71	1,56	vorher 3,27
Moers	3,70	30% der Abgaben	5,30
Oberhausen	3,10	1,26	
Recklinghausen		45% der Abgaben	3,85
Unna	2,62	1,72	
Wuppertal	3,80	**3,30**	
Waltrop	2,26	1,27	vorher 3,68

3 Ausgewählte Projekte im Bestand

Die THS hat seit 1993 eine Reihe an Versickerungsprojekten im Bestand realisiert. Insgesamt wurden bisher ca 40.000 m² versiegelte Fläche von der Kanalisation abgekoppelt. Die folgende Beschreibung konzentriert sich auf drei unterschiedliche Versickerungstypen in unseren Beständen.

3.1 Gelsenkirchen-Schüngelberg

Dieses Versickerungsprojekt in Form eines Mulden-Rigolen-Systems (MRS) wurde in mehreren Bauabschnitten zwischen 1990 und 1998 realisiert und wird im Beispiel 1.8 eingehend beschrieben (Bild 1). Insgesamt wurden ca. 8.000 m² Dachfläche im Bestand und ca. 6.000 m² im Neubau abgekoppelt. In Fachkreisen wird

Bild 1: Muldenausbildung in der Schüngelberg-Siedlung, Gelsenkirchen

Bild 2: Handschwengelpumpe zur Wasserförderung aus einer Zisterne in der Bergarbeitersiedlung Moers-Repelen.

Bild 3: Flachmulde in der Siedlung Tackenberg, Oberhausen

dieses Projekt rege diskutiert, insbesondere wegen des technischen Aufwandes. Aus unserer Sicht ist hierbei anzumerken, daß das Projekt „Schüngelberg" als Forschungsprojekt konzipiert worden ist mit dem Ziel, die grundsätzliche Machbarkeit einer Abflußverzögerung und teilweisen Regenwasserversickerung auch auf schwierigen Böden und unter beengten räumlichen Verhältnissen zu demonstrieren. Aufgrund dessen wurde ein hoher technischer und finanzieller Aufwand betrieben, welcher aus heutiger Sicht nicht erforderlich gewesen wäre. Die Gesamtaufwendungen für das MRS belaufen sich auf Kosten von 3.000 DM/WE, so daß sich dieses Objekt aus betriebswirtschaftlicher Sicht nicht positiv bewerten läßt. (Anmerkung: Auf 1 WE entfallen durchschnittlich 30 m² befestigte Fläche A_{red}). Dennoch übertrifft das MRS aus technischer Sicht die Erwartungen bezüglich Retention und Versickerungsleistung bei weitem und war und ist nach wie vor als Demonstrations- und Forschungsprojekt hervorragend geeignet, was sich am ungebrochenen Interesse bei der Besichtigung dieses Projektes zeigt.

Die Mieterinformation und -beteiligung erfolgte durch das Büro „Wohnbundberatung". Dies war aufgrund des hohen Anteils von ca 70 % an türkischen Mietern im Altbau und der hiermit verbundenen sprachlichen und kulturellen Barrieren sinnvoll und hilfreich. Auf diesem Wege konnten die Mieterinteressen gebündelt und die Funktionsweise des MRS vermittelt werden. Grundsätzlich ist diese Form der Mieterbeteiligung jedoch sehr aufwendig und bei durchschnittlichen Modernisierungsmaßnahmen nicht erforderlich.

3.2 Moers-Repelen

Im Rahmen der Modernisierung einer denkmalgeschützten Bergarbeitersiedlung mit insgesamt 362 Wohneinheiten wurden zur Bewässerung der Mietergärten zwischen 1995 und 1998 regenwassergespeiste Zisternen errichtet (Bild 2). Der Überlauf ist an eine RW-Versickerung angeschlossen; ein Notüberlauf ist nicht vorhanden. Die Mieter haben die Möglichkeit, über Handschwengelpumpen Gießwasser zu fördern, auf

Frischwasseranschlüsse im Außenbereich konnte somit verzichtet werden. Insgesamt wurden ca 20.000 m² versiegelter Flächen von der Kanalisation abgekoppelt.

Die Baukosten für dieses Zisternensystem betragen 2.000 DM/WE, wovon eine Förderung von ca. 30 % der Kosten erfolgte. Die jährlichen Einsparungen an Entwässerungsgebühren belaufen sich auf derzeit 80 DM/WE, weiterhin werden ca. 20 DM/WE an Frischwasserkosten eingespart. Demgegenüber stehen wiederum geringe jährliche Wartungs- und Reinigungkosten der Zisternen von ca. 4,00 DM/WE. Im Rahmen der Modernisierung erfolgte eine Mieterbeteiligung bei der Freiflächenplanung und Ausführung. Insgesamt erfährt dieses Projekt eine hohe Mieterakzeptanz, da das Regenwasser gleichzeitig einer ökologischen Nutzung zuführt wird.

3.3 Oberhausen-Tackenberg

Im Rahmen einer Gebäudemodernisierung mit Wohnumfeldverbesserung wurde 1997 für 121 WE eine Regenwasserversickerung in einfachen Flachmulden und Gräben geplant und errichtet (Bild 3). Insgesamt werden 4.500 m² Fläche von der Kanalisation abgekoppelt. Das Niederschlagswasser wird von den Fallrohren in offenen Pflasterrinnen über eine Strecke von 5 bis 10 Metern den Versickerungsbereichen zugeleitet. Die Anlage ist ohne Notüberlauf konzipiert und funktioniert einwandfrei. Die Muldenbereiche werden konventionell im Rahmen unserer Gartenpflege betreut.

Die veranschlagen Gesamtkosten von 450 DM/WE konnten zu 80 % aus Fördermitteln durch die Emschergenossenschaft abgedeckt werden. Dem Eigenanteil von 83 DM/WE stehen jährliche Einsparungen an Entwässerungsgebühren von derzeit 50 DM/WE gegenüber, so daß sich dieses Projekt sehr gut wirtschaftlich darstellen läßt. Die Mieter wurden im Rahmen der Wohnumfeldmaßnahme über Bau und Funktion der RWV informiert. Auch hier ist eine hohe Mieterakzeptanz gegeben. Diverse Projekte einer ähnlichen Mulden- bzw. Flächenversickerung wurden zwischenzeitlich realisiert bzw. sind in Planung.

4 Ergebnisse

4.1 Planung und Ausführung

Die bisherigen Regenwasserversickerungsprojekte bestätigen Befürchtungen bzgl. der technischen Machbarkeit und Umsetzung nicht. So konnte weder eine Verschlammung von Mulden noch das Auftreten von Wasserschäden im Gelände oder an Gebäuden festgestellt werden. Im Gegenteil: Die realisierten Maßnahmen übertreffen bezüglich der Versickerungsleistung unsere Erwartungen und zeigen, daß die RWV in vielen Bereichen als autarkes System ohne Notüberlauf möglich ist.

Im Wohnungsbau müssen Regenwasserversickerungsanlagen natürlich ein größtmögliches Maß an Sicherheit, Haltbarkeit aber auch an Wartungsfreiheit aufweisen. Während Projekte in Eigenheimsiedlungen teilweise recht pragmatische, originelle und sehr kostengünstige Lösungen hervorbringen, sind Planungen im Wohnungsbau mit entsprechend höheren Kosten verbunden. Bezüglich der Planung von Versickerungsanlagen ist jedoch festzustellen, daß trotz zahlreicher Beispiele an vielen Anlagen Optimierungspotential sowohl in technischer als auch in finanzieller Hinsicht besteht; dies zeigt uns, daß auch von planerischer Seite ein anderer Umgang mit Regenwasser verinnerlicht werden muß.

Die Planung einer RWV sollte frühzeitig und in Kombination mit einer Gebäudemodernisierung oder Wohnumfeldverbesserung erfolgen. Bei rechtzeitiger Detailplanung ergeben sich hierdurch erhebliche Synergien. So kann beispielsweise die Anordnung von Fallrohren auf die Versickerungsanlage abgestimmt werden. Aber auch die Geländeprofilierung sowie die Abstimmung der Pflasterarbeiten in Höhe und Gefälle auf die Versickerung verursachen nur geringe Mehrkosten und sind größtenteils durch eine Wohnumfeldmaßnahme bereits abgedeckt. Insgesamt können hierdurch die durch die Versickerung bedingten Kosten um bis zu 40 % reduziert werden.

4.2 Finanzielle Ergebnisse

Unter finanziellen Gesichtspunkten lassen sich einfache Versickerungsprojekte einer Mulden-

oder Flächenversickerung mit Kosten unter 500 DM/WE realisieren. Aufwendigere Versickerungssysteme bzw. Systeme zur Regenwassernutzung verursachen entsprechend höhere Kosten (siehe die angeführten Beispiele) wobei der Gestaltung und damit auch den Kosten keine Grenzen gesetzt sind. Derzeitige Förderprogramme der Emschergenossenschaft, des Landes oder der Kommunen entsprechen auf die Wohneinheit umgerechnet einem durchschnittlichen Zuschuß von 300 DM, so daß mit Eigenmitteln von mindestens 200 DM/WE gerechnet werden muß. Durch eine RWV werden 10 bis 30 % der Entwässerungsgebühren eingespart, dies führt derzeit zu einer Betriebskostenreduzierung in einer Größenordnung von 30 bis 100 DM/WE jährlich. Rein monetär können daher günstige Projekte bereits nach 2 Jahren einen Gewinn ausweisen, dies gilt jedoch nur für einen Eigenheimbesitzer. Für ein Wohnungsunternehmen ist bisher eine Refinanzierung der Eigenmittel aus einem Teil der eingesparten Entwässerungsabgaben nicht möglich, da einmalige Investitionen nicht als laufende Betriebskosten ausgewiesen werden können. Auch sind die Spielräume für eine Mieterhöhung, beispielsweise in öffentlich geförderten Wohnungen, für eine Refinanzierung der Eigenmittel meist nicht gegeben. Gerade öffentlich geförderte Reihenhaussiedlungen sind jedoch für Versickerungsmaßnahmen bestens geeignet. Einen Durchbruch bei der Umsetzung von Versickerungsprojekten wird es daher erst geben, wenn ein Teil der Einsparungen an Entwässerungsgebühren zur Refinanzierung der Versickerungsmaßnahme aufgewendet werden kann. THS prüft derzeit verschiedene Finanzierungsmodelle, betritt hierbei jedoch rechtliches Neuland.

Aufgrund dieser Rahmenbedingungen favorisiert THS derzeit Projekte im Bestand, bei denen eine kostengünstige Mulden- bzw. Flächenversickerung realisierbar ist (Bild 4).

5 Hemmnisse

Neben der für Wohnungsbaugesellschaften finanziell unbefriedigenden Situation erweist sich aus unserer Sicht die Genehmigung bzw. die fehlende Unterstützung einiger Kommunen als Hemmnis. Während wir bei unseren Bemühun-

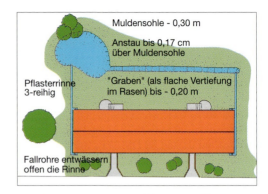

Bild 4: Schematische Darstellung einer Flachmulde, wie sie bei der THS favorisiert wird

gen zumeist Unterstützung seitens der Kommunen finden, konnten jedoch vereinzelt auch Projekte aufgrund von umfangreichen Auflagen zur Bodenuntersuchung nicht realisiert werden. Zwar sind in einer Region mit starker industrieller Tätigkeit orientierende Altlastenuntersuchungen unerläßlich, jedoch sollte man das Kind nicht mit dem Bade ausschütten und beispielsweise in 30 und mehr Jahre alten Siedlungsbeständen, welche bisher und auch zukünftig den Niederschlägen ausgesetzt sind, ohne konkreten Altlastenverdacht unter jeder geplanten Versickerungsmulde eine Eluatanalyse fordern.

Auch äußern einige Kommunen mehr oder weniger offen ihre Ablehnung von Versickerungsprojekten, mit der Begründung, daß dies zu „ungerechten" Reduzierungen von Entwässerungsabgaben führe, da der Fixkostenanteil für die vorhandene Kanalisation nach wie vor gegeben ist. Diese Überlegungen mögen aus kaufmännischer Sicht für isolierte Versickerungsmaßnahmen zutreffen, werden Projekte jedoch großflächig realisiert, führt dies in jedem Falle zu einer gesamtwirtschaftlichen Entlastung bei der Entwässerung, auch innerhalb der kommunalen Grenzen.

Ebenso werden hygienische Bedenken wegen nicht mehr ausreichender Spülung der Kanalisation angeführt. Unserer Ansicht nach dienen solche Argumente vor allem zum Festhalten an überalteten Entwässerungskonzeptionen. Generell lassen sich definierte Abwassermengen wirtschaftlicher und besser behandeln als durch Regenwasser stark schwankende Abflüsse. Auch sind die hygienischen Probleme eines bei Hochwasser überflutenden Mischwassersystems mit den oben angesprochenen hygienischen Beeinträchtigungen nicht vergleichbar.

Zahlreiche Kommunen schließen in Ihrer Entwässerungssatzung eine Reduzierung der Entwässerungsabgaben gänzlich aus, falls ein Notüberlauf an das Kanalnetz gegeben ist. Aus unserer Sicht wird dabei verkannt, daß auch eine Retention bzw. eine Teilreduzierung von Vorfluten zu einer Entlastung der Kanalisation selbst bei Starkregenereignissen führt. Auch zeigen bisherige Projekte mit Notüberlauf, daß in vielen Fällen dieser Notüberlauf bisher nicht genutzt worden ist. So könnte bei solchen Projekten die Retention- bzw. Versickerungsleistung ermittelt und zumindest eine anteilsmäßige Reduzierung der Entwässerungsabgaben als Anreiz gewährt werden, wie dies derzeit bei unserem Projekt in Gelsenkirchen Schüngelberg erfolgt.

Grundsätzlich – dies sei hier noch einmal erwähnt – finden wir zumeist eine breite Unterstützung der Kommunen für die RWV und wir hoffen, daß die obigen Beispiele Einzelfälle bleiben.

Für viele unserer Mieter ist ein anderer Umgang mit Regenwasser ungewohnt. So ist es bei neuen Projekten bereits vorgekommen, daß zeitweise in Mulden stehendes Regenwasser als „Fehlplanung" in den Aussenanlagen moniert worden ist, oder es wurden Versickerungsmulden von Mietern nachträglich zugeschüttet, bzw. als Hügelbeet und ähnliches zweckentfremdet. Diese Erfahrungen zeigen uns, daß zum Gelingen der Maßnahme eine ausreichende Mieterinformation im Vorfeld unabdingbar ist. Um unsere Mieter über die Nutzung und den Betrieb einer Regenwasserversickerung aufzuklären, haben wir daher eine Informationsbroschüre erstellt, welche maßnahmenbegleitend in den Beständen verteilt wird.

Auch zeigen uns die obigen Erfahrungen, daß der Sicherheitsaspekt und mögliche Gefahren durch in Mulden anstehendes Wasser nicht zu vernachlässigen sind. Während ein privater Gartenteich eine Tiefe von 80 cm und mehr aufweist, dimensionieren wir unsere Mulden auf eine maximale Anstauhöhe von 30 cm. Hierbei ist die Anlage so flächig zu gestalten, daß im Regelfalle keinerlei Anstau auftritt. Diese internen Vorgaben lassen eine Muldenversickerung nur noch in Beständen mit ausreichend Freifläche zu, erscheinen uns jedoch im öffentlich zugängigen Bereich geboten.

6 Fazit

Eine Regenwasserversickerung bzw. -nutzung ist im Bestand fast überall möglich. Dies belegen zahlreiche Beispiele von THS und anderen Wohnungsbaugesellschaften. Je nach örtlichen Gegebenheiten schwankt der erforderliche technische und damit auch finanzielle Aufwand jedoch erheblich. Eine finanziell einigermaßen ausgeglichene Situation ist derzeit nur bei Projekten mit einer einfachen Mulden- oder Flächenversickerung unter Inanspruchnahme von Fördermitteln gegeben. Eine Kostenreduzierung ergibt sich bei rechtzeitiger Versickerungsplanung in Kombination mit einer Gebäudemodernisierung und Wohnumfeldmaßnahme.

Um ein verändertes Bewußtsein im Umgang mit Regenwasser zu erzielen, wäre aus pädagogischer Sicht eine Regenwassernutzung bzw. eine Regenwasserführung in Form von Wasserspielplätzen einer rein technischen Wasserbehandlung durch eine Versickerung vorzuziehen. Diese Maßnahmen verursachen jedoch weit höhere Investitionskosten, welche bei der derzeitigen finanziellen Situation nur in Sonderprojekten zu realisieren sind.

Unmerklich beseitigt, selbstverständlich eingebunden, grandios inszeniert – Facetten der Akzeptanz von Regenwasser in der Emscher-Region

Gudrun Beneke

1 Hat Wasser eine Lobby?

Wie keine andere ökologische Maßnahme hat die dezentrale Regenwasserbewirtschaftung im gesamten Bundesgebiet innerhalb kürzester Zeit eine rasante Verbreitung erfahren. So gibt es in der Zwischzeit kaum eine größere Kommune, in der nicht wenigstens in einem Neubaugebiet der Niederschlag flächendeckend zur Versickerung gebracht bzw. dezentral zurückgehalten wird. Dieser Prozeß nahm in der Emscher-Region seinen Ausgang; er wurde maßgeblich durch die Veröffentlichungen der IBA zum Thema Regenwasser und durch die breite Auseinandersetzung um das für die Siedlung „Gelsenkirchen-Schüngelberg" (Beispiel 1.7) geplante Mulden-Rigolen-System befördert. Ebenso ist die Anfang 1996 in Kraft getretene Änderung des Landeswassergesetzes, mit der Nordrhein-Westfalen das erste Bundesland wurde, das eine Versickerung gesetzlich vorschreibt, ohne die Aktivitäten an der Emscher undenkbar. Und es gibt neben dem Schüngelberg inzwischen ein weiteres Projekt, das schon jetzt Geschichte ist – die Siedlung Küppersbusch (Beispiel 1.8), ebenfalls in Gelsenkirchen gelegen und wegen der aufgeständerten Rinnen in der Fachwelt nicht minder bekannt. Wie verhalten sich nun all diese Geschehnisse zu denen im Bundesgebiet und was bedeuten sie für den weiteren Umgang mit Regenwasser? Zeichnen sich ähnliche Entwicklungen ab oder läßt sich für den Emscher-Raum ein Entwicklungsvorsprung konstatieren?

Fest steht, auch andernorts gibt es eine Reihe interessanter Projekte, nur wird darüber in den einschlägigen Publikationen wenig berichtet. Daß in einer dieser Städte der Bau von Regenwasserkanälen bald der Vergangenheit angehören wird, ist unwahrscheinlich. Befunde aus Fallstudien zu – über das gesamte Bundesgebiet verstreuten – Beispielen zeigen, daß trotz des enormen Engagements, das für die Realisierung der untersuchten Projekte aufgebracht wurde, die generelle Akzeptanz dieser Maßnahmen bei nahezu allen relevanten Akteuren in letzter Konsequenz recht gebrochen ist (BENEKE 1998a). Zwar werden die ökologischen Vorzüge einer dezentralen Regenwasserbewirtschaftung weitgehend anerkannt, aber die direkt erfahrbaren Vorteile für die an einer Umsetzung beteiligten Akteure sind nicht so überwältigend, als daß die Ableitung des Regenwassers in den Kanal – eine Technik auf die ja Stadtplanung und Stadtentwicklung seit der Industrialisierung im wahrsten Sinne des Wortes baut – nun grundsätzlich revidiert werden würde. Zweifelsohne hat ein Umdenken eingesetzt und die Chance, daß sich Kommunen und Investoren in Neubauvorhaben bei Kostenvorteilen für eine Regenwasserbewirtschaftung entscheiden, ist groß. Allerdings werden sie nicht immer optimale Bedingungen vorfinden, und wenn sich keine Kostenvorteile abzeichnen, dann wird in der Mehrheit der Fälle die bisherige Form der Regenwasserbeseitigung beibehalten. Einer grundlegenden Neuordnung der Regenwasserbeseitung stehen derzeit folgende Gründe entgegen:

– Regenwasser ist ein sehr anspruchsvolles Freiraumelement, es braucht Platz und zwar nicht nur irgendeinen beliebigen, sondern Ableitungselemente müssen im Gefälle und Speicherelemente am Tiefpunkt angeordnet werden. Bei unverändert steigenden Grundstückpreisen und einer zunehmenden Rationalisierung von Arbeitsprozessen, geraten flächenwirksame und kleinteilige, planungsintensive Maßnahmen leicht ins Hintertreffen.

– Die gesamte Wasserwirtschaft ist von ihrer Organisation her auf eine Stadtentwässerung über das Kanalnetz eingestellt; das heißt, die gesetzlich zementierte Trennung zwischen Regenwasserbewirtschaftung als Bestandteil von Stadtentwässerung einerseits und Gewässerentwicklung andererseits in völlig voneinander unabhängige wasserwirtschaftliche Aufgabenbereiche, die zudem noch durch jeweils eigendynamische Bürokratien repräsentiert werden, lassen sich nicht von heute auf morgen aufheben (BENEKE 1998b).

– Wasser hat keine Lobby. So ist es immer noch einfacher, Flächen für eine neue Straße als in größerem Umfang Flächen für eine dezentrale Regenwasserbewirtschaftung zu beanspruchen.

– Die Bevölkerung hat eine große Distanz zum Thema Wasser bzw. Abwasser; nur eine Minderheit weiß um die Defizite im Entwässerungssystem, so daß aus dieser Richtung nur wenig Anstöße zur Beförderung derartiger Ansätze erwartet werden können.

Treffen all diese Schwierigkeiten noch auch auf den Umgang mit dem Regenwasser in der Emscher-Region zu, oder gelang es hier bereits, sie zu überwinden? Die folgenden, dieser Frage nachgehenden Ausführungen, haben den Charakter einer Einschätzung. Sie basieren auf Erkenntnissen aus der bereits erwähnten und vom BMBF geförderten Studie zur „Soziale(n) Akzeptanz und kommunalpolitischen Duchsetzbarkeit einer naturnahen Regenwasserbewirtschaftung", mit der auch einige Projekte in der Emscher-Region einer eingehenderen Betrachtung unterzogen wurden. Außerdem wurden für den hier vorliegenden Beitrag punktuelle Recherchen in Form von Gebietsbesichtigungen, „Zaungesprächen" mit Bewohnern und Telefoninterviews mit professionell in Regenwasserprojekte involvierten Akteuren durchgeführt.

Die Entwicklung der Regenwasserbewirtschaftung im IBA-Raum hebt sich in drei Punkten von der im Bundesgebiet ab. Erstens hat die Notwendigkeit, die als Abwasserkanäle genutzten Flüsse zu Gewässern zurückzubauen, zur Folge, daß die praktische Auseinandersetzung mit der Dezentralisierung der Regenwasserbeseitigung über kleinräumige Projekte hinausgeht, der Wasserhaushalt einer Region als Ganzes in den Blick genommen wird und auch großräumigere Überlegungen im Umgang mit Regenwasser angestellt werden (LONDONG 1993, 1994). In der

Folge davon, nimmt der Niederschlag, der von den Versickerungsanlagen in den Siedlungen nicht mehr aufgenommen werden kann, zumindest in einigen Fällen nicht mehr den Umweg über den Kanal und die Kläranlage, sondern er gelangt auf direktem Weg und an der Oberfläche in ein bestehendes offenes Gewässer (vgl. Beispiele Landschaftspark Duisburg-Nord 3.5, Duisburg-Innenhafen 3.4, Gelsenkirchen-Schüngelberg 1.7, Erin, Castrop-Rauxel 2.3). Dieser Schritt ist bedeutsam, weil die Wasseraufsichtsbehörden entgegen ihren Gepflogenheiten dem Entstehen neuer Gewässer und der Zunahme von Einleitstellen in bestehende Gewässer zustimmten.

Zweitens weist der Einzugsbereich der Emscher inzwischen eine vergleichweise hohe „Regenwasserbewirtschaftungsdichte" auf. Damit ist hier das Thema innerhalb der Institutionen der Wasserwirtschaft wesentlich präsenter als in anderen Regionen. Ähnliche quantitative und qualitative Fortschritte sind nur noch in Berlin zu verzeichnen, wo in nahezu allen nach der Wiedervereinigung neu entstandenen Stadtteilen die Versickerung bzw. verzögerte Ableitung des Regenwassers unabdingbar war und auch neue Wasserläufe hin zu bestehenden Oberflächengewässern geschaffen wurden.

Und drittens liegen in der Emscher-Region noch Besonderheiten hinsichtlich des städtebaulichen Kontextes vor, in dem die Regenwasserprojekte realisiert wurden. Während der bundesweite Trend von Maßnahmen in neu erbauten mehrgeschossigen Wohnsiedlungen und in Stadterweiterungsgebieten auf zuvor landwirtschaftlich genutzen Flächen bestimmt ist, wurden entsprechend der IBA-Programmatik weitergehende Herausforderungen angenommen, nämlich die Regenwasserbewirtschaftung in Bestandsgebieten, in Reihenhaus-Neubauprojekten und auf reaktivierten Industriebrachen. Unter dem Blickwinkel der Akzeptanz werden nun diese Ausweitungen eingehender betrachtet.

2 Umstellung der Regenwasserbeseitigung im Bestand

Wegen des Bestandsschutzes und einer nach geltendem Recht zumeist ordnungsgemäßen Abwasserbeseitigung gibt es keinerlei rechtliche Handhabe, auf bebauten Parzellen die Grundstückseigentümer zu einer Umstellung der Regenwasserbeseitigung zu veranlassen. Auf der Grundlage von Freiwilligkeit wurde im Planungsraum der IBA die Regenwasserbewirtschaftung in Bestandsgebieten auf zwei Ebenen vorangetrieben, im Zuge der ökologischen Modernisierung von alten Bergarbeitersiedlungen und über einen Wettbewerb der Emschergenossenschaft, bei dem Projekte finanziell unterstützt werden, die eine ortsnahe Rückhaltung und Versickerung geringfügig verschmutzter Niederschlagswässer von Dach-/Hof- und Platzflächen zum Ziel haben.

Für einen anderer Umgang mit dem Regenwasser in *denkmalgeschützten Bergarbeitersiedlungen* stehen die Projekte Gelsenkirchen-Schüngelberg (Beispiel 1.7), Bottrop-Welheim (Beispiel 1.1) und Oberhausen-Stemmersberg (Beispiel 1.13). Sie boten sich dafür an, weil eine umfassende Sanierung des Gebäudebestandes und der Außenanlagen vorgesehen war und weil sie – in der Gartenstadttradition stehend – mit ihrem hohen Grünflächenanteil gute Voraussetzungen für eine Integration von Regenwassermaßnahmen eröffnen. Eine Gegenüberstellung der Akzeptanzkonstellationen in Gelsenkirchen-Schüngelberg und Oberhausen-Stemmersberg verdeutlicht, was sich seit Beginn der IBA bis heute zum Regenwasser getan hat. Wie schon eingangs angedeutet, ist die Schüngelberg-Siedlung (Beispiel 1.7) ein Schlüsselprojekt und dies aus mehreren Gründen: Zum einen wurden neue technische Lösungen getestet, indem die bis dahin praktizierten Möglichkeiten eines anderen Umgangs mit dem Regenwasser um den Aspekt der dezentralen Rückhaltung eine Erweiterung erfuhren. Zum anderen galt es zu klären, inwieweit die Umsetzung von Rückhaltemaßnahmen und deren direkte Anbindung an ein Gewässer mit dem bestehenden wasserrechtlichen Instrumentarium vereinbar ist und drittens war zwischen der Stadt und der Emschergenossenschaft auszuhandeln, wer Eigentümer der Versickerungs- und Rückhalteflächen außerhalb der Bergarbeitersiedlung bzw. im Einleitungsbereich in das zu renaturierende Fließgewässer werden soll. Dieses Projekt konnte überhaupt nur los-

gelöst vom gängigen Verwaltungshandeln mit Hilfe eines intermediären Verfahrens, einem Aufgebot an verwaltungsexternen Experten und im Beisein von hochrangigen Politikern und hochrangigen Vertretern der Verwaltung gedeihen. Die Tatsache, daß in dieser Siedlung durch learning by doing die ersten Erfahrungen mit vernetzen Anlagen gesammelt und die Gestaltungsmöglichkeiten in einem Bestandsgebiet ausgelotet wurden, hat allen Beteiligten sehr viel Geduld abverlangt.

In der Siedlung Oberhausen-Stemmersberg (Beispiel 1.13) werden wasserwirtschaftlich nicht minder ehrgeizige Zielsetzungen verfolgt, aber da ein Teil der Grundsatzprobleme in der Zwischenzeit ausgeräumt ist, kann die IBA-Planungsgesellschaft sich in ihrem Engament stärker auf die Verknüpfung von ökologischen und sozialen Zielsetzung konzentrieren. Über eine Beteiligung an den Planungen zur Gebäudesanierung und zur Umgestaltung des Wohnumfeldes hinaus beabsichtigen die Mieter, die Anlagen zur Niederschlagsbeseitigung im Selbstbau zu errichten; des weiteren wollen sie die Pflege der Außenanlagen und damit auch der Entwässerungseinrichtungen in Gruppenselbsthilfe übernehmen. Dafür wurde ein Verein gegründet, der es ihnen u. a. ermöglicht, Fördermittel für Maßnahmen bei der Emschergenossenschaft (siehe Beitrag BECKER/PRINZ) zu beantragen. Im Gegensatz zur Schüngelberg-Siedlung, wo die Mieter trotz Bewohnerbeteiligung und Umwelttag eine große Distanz zum Regenwasserbewirtschaftungskonzept und letztendlich nur eine sehr diffuse Vorstellung von den wasserwirtschaftlichen Zusammenhängen haben, eröffnet die Mieterinitiative in Oberhausen Stemmersberg unter Umständen für Teilgruppen wesentlich breitere Einsichten. Es ist davon auszugehen, daß dieses Konzept insbesondere Vorruheständler und von Arbeitslosigkeit Betroffene anspricht, weil dadurch die mit der Bestandserneuerung einhergehende Mieterhöhung etwas abgefedert und einer Nebenkostenerhöhung entgegengewirkt werden kann. Diesem Projekt ist zu wünschen, daß die Umsetzung der Maßnahmen in entwässerungstechnischer und freiraumplanerischer Sicht „tadellos" gelingt, weil es dann hinsichtlich der Akzeptanz ein besonders wertvolles „Anschauungsobjekt" werden könnte. Weiterhin ist von Interesse, wie sich das Engagement seitens der Bewohnerschaft zum Wunsch von Mietern, möglichst wenig Verpflichtungen im Wohnbereich einzugehen, verhält. Wird es als Zwangsvergemeinschaftung empfunden, auf die man sich aus finanziellen Gründen einlassen muß, oder werden derartige Konzepte als ein Angebot zu mehr Selbstverwirklichungsmöglichkeiten im Mietwohnungsbau und als sinnvoller Anküpfungspunkt für die Gestaltung nachbarschaftlicher Beziehungen aufgefaßt?

Wenn der dort zu erprobende Selbstbau und die zu erprobende Selbstverwaltung klappen und dies von den Bewohnern überwiegend positiv besetzt wird, dann stellt sich die Frage der Übertragbarkeit und es ließe sich die gegenwärtige Debatte um Probleme der Pflege und Instandhaltung zumindet für einen Teil der zukünftigen Regenwasserprojekte unter völlig veränderten Vorzeichen führen.

Der Wettbewerb der Emschergenossenschaft (siehe Beitrag BECKER/PRINZ) bot den Kommunen die Möglichkeit, sich losgelöst von den Anforderungen der IBA an Wohnungsmodernisierung und Wohnumfeldverbesserung einer Regenwasserbewirtschaftung in Bestandsgebieten anzunehmen. Er wurde seit 1994 jährlich ausgeschrieben. Bis zum Jahr 1996 gingen bei der Emschergenossenschaft 36 Bewerbungen ein; davon wurden 20 in das Förderprogramm aufgenommen (DAVIDS/TERFRÜCHTE 1997). Die zunächst mäßige Reaktion auf diesen Wettbewerb deutet bereits darauf hin, daß die Umstellung der Regenwasserbeseitigung in Bestandsgebieten nicht gerade auf der Prioritätenliste der kommunalen Institutionen der Stadtentwässerung steht, was sich auch darin wiederspiegelt, daß sie nicht einmal in der Hälfte der beantragten Projekte federführend in Erscheinung treten; die meisten Anträge kommen aus den Umweltämtern. Bemerkenswert ist zudem, daß das Förderprogramm nahezu ausschließlich von Gemeinden in Anspruch genommen wird, für die ein anderer Umgang mit dem Regenwasser nicht mehr absolutes Neuland ist. Die Städte Dortmund und Essen warben z. B. mit vier bzw. sechs

Projektgebieten gehäuft Mittel aus diesem Topf ein.

Die größte Resonanz finden parzellenweise durchführbare und finanziell gestützte Abkoppelungsbestrebungen der Kommunen in *Einfamilienhaussiedlungen*, vorausgesetzt es wird vor Ort eine kostenlose Beratung und Hilfestellung bei der Abwicklung des Genehmigungs- und Zuschußverfahres angeboten (siehe Beispiel Essen-Schönebeck 1.5). Der tatsächliche Verzicht auf eine Regenwasserableitung in den Kanal erfolgt in erster Linie aufgrund von Wirtschaftlichkeitsüberlegungen, das heißt die Investitionen werden nur getätigt, wenn sie sich in einem überschaubaren Zeitraum durch Gebühreneinsparungen amortisieren. Nach bisher vorliegenden Erfahrungen ist davon auszugehen, daß mit dem Fördermodus (10,– DM pro m² abgekoppelter Fläche) zwischen 10 % und 20 % der in die Informationskampagne einbezogen Grundstückseigentümer für eine Umstellung gewonnen werden können (DAVIDS/TERFRÜCHTE 1997, KAISER 1998). Ergebnisse aus Hameln-Tündern deuten darauf hin, daß die Beteiligung von Grundstückseigentümern unter Umständen mit einer Intensivierung der Beratung erhöht werden könnte (ADAMS 1996).

Sieht man von den besonderen Umständen ab, unter denen es zu der Regenwasserbewirtschaftung in den oben genannten denkmalgeschützten Bergarbeitersiedlungen kam, so zeigen Wohungsunternehmen von sich aus wenig Neigungen, in ihren *mehrgeschossigen Mietwohnungsbauten*, die zum Teil einen hohen Grünflächenanteil aufweisen und durchaus für eine Errichtung von Versickerungsanlagen in Frage kommen, die Regenwasserbeseitigung umzustellen; es sind damit Investitionskosten verbunden, die nicht auf die Mieten umgelegt werden können und sich somit auch nicht refinanzieren lassen. Zusätzlich kommen Gebühreneinsparungen nicht den Wohnungsbaugesellschaften sondern den Mietern zugute. Auch über das Förderprogramm der Emschergenossenschaft gelang es nur begrenzt Wohnungsunternehmen zu mobilisieren. Die Unternehmen, die sich daran beteiligen (Allbau AG Essen, Veba Wohnen Dortmund, Gewo Castrop Rauxel, Margarethe-von-Krupp-

Stiftung Essen) tun dies vorwiegend aus Image-gründen (DAVIDS/TERFRÜCHTE 1997). Im Gegensatz zu den Neubauvorhaben des Geschoßwohnungsbaus, wo das Regenwasser häufig für eine gestalterische Auflockerung bzw. zur Verlebendigung des Wohnumfeldes Verwendung findet, bleibt der in den Bestandsgebieten anfallende Niederschlag freiraumgestalterisch ungenutzt. Daß die Wohnungsunternehmen unauffällige Lösungen bevorzugen, mag ökonomische Gründe haben, kann aber auch darauf zurückzuführen sein, daß für gravierende Veränderungen im Wohnumfeld ein Mieterbeteiligungsverfahren durchgeführt werden müßte und Wohnungsgesellschaften, die keine entsprechende Unternehmskultur haben, diesen Weg scheuen.

3 Regenwasserbewirtschaftung in Neubau-Reiheneinfamilienhaussiedlungen

Für eine parzellenweise Regenwasserbeseitigung sind Reihenhausgrundstücke in der Regel zu klein und grundstücksübergreifende Lösungen stehen der individualistischen Flächenkonzeption von Reihenhausprojekten entgegen, zumal auch nicht jeder Käufer an einer Fläche in Teileigentum, über die er nur in Absprache mit Nachbarn verfügen kann, interessiert ist. Im Gegensatz dazu findet sich der Stellenwert, den die IBA der Entwicklung sozialer Netze und Nachbarschaften einräumt, auch in Reihenhausprojekten wieder.

Durch einen gruppenorientierten Planungs- und in der Projektfamilie der Selbstbausiedlungen auch gemeinschaftlich organisierten Bauprozeß richteten sich die IBA-Projekte an einen Käuferkreis, der an gemeinschaftlichen Wohnformen interessiert ist und der auch entsprechenden eigentumsrechtlichen Regelungen für grundstücksübergreifende Anlagen zur Regenwasserbewirtschaftung aufgeschlossen gegenüber steht. Trotz aller Gemeinschaftsorientierung bleibt natürlich der Wunsch der Bauwilligen, über eine Fläche am Haus verfügen zu können, die noch den Begriff „Garten" ansatzweise rechtfertigt. Soll dies respektiert werden, so zeigt sich anhand der in diesem Buch vorgestellten Eigenheimreihenhausprojekte Duisburg-Hagenshof (Beispiel 1.4), Gelsenkirchen-Laarstraße (Beispiel 1.6), Lünen-Braumbauer (Beispiel 1.12),

Waltrop „Im Sauerfeld" (Beispiel 1.14), Gladbeck „Rosenhügel" (Beispiel 1.9), daß eine oberflächige Regenwasserbewirtschaftung sich nicht bedingungslos in flächensparende Reihenhausvorhaben integrieren läßt. Nur in Duisburg Hagenshof (Beispiel 1.4) erfolgt die Bewirtschaftung des auf den Dachflächen anfallenden Regenwassers ausschließlich auf privaten Flächen, wobei die Dächer bereits begrünt sind, ein kleiner Teil dieser Dächer noch in Sickerschächte entwässert und trotz einigermaßen wasserdurchlässiger Böden unter den Mulden noch Rigolen liegen. Das heißt, die genannten Projekte sind so konzipiert, daß sich für potentielle Käufer das Problem des Flächenbedarfs für die Regenwasserbewirtschaftung wenn überhaupt nur eingeschränkt stellt. Von daher konzentrieren sich für die Bewohner die Akzeptanzfragen auf die Qualität der Detailplanung und Bauausführung der Maßnahmenelemente. Sie läßt vereinzelt zu wünschen übrig; Rinnen, die äußerst umständlich zu reinigen sind sowie Ableitungssysteme, bei denen das Wasser mehr steht als fließt bzw. die falsche Richtung nimmt oder angrenzende Flächen überspült sowie Kinderspielflächen, die länger naß bleiben, wecken schnell den Wunsch, wieder an den Kanal angeschlossen zu werden. In Eigenheimprojekten ist davon auszugehen, daß – wenn Mängel vom Bauträger nicht einigermaßen befriedigend behoben werden können – die Eigentümer in Selbsthilfe Verrohrungen vornehmen und ihr Regenwasser ungenehmigt in das öffentliche Entwässerungsnetz einleiten werden.

Auch wenn bei zwei IBA-Reihenhausprojekten die Regenwasserbewirtschaftung weitgehend auf städtischen Grundstücken erfolgt, so ist davon auszugehen, daß Kommunen in Zukunft dafür öffentliche Flächen nur zur Verfügung stellen werden, wenn sie sich in ohnehin für den Stadtteil erforderliche Grünräume integrieren lassen. Das heißt, die Zukunft der Regenwasserbewirtschaftung in Reihenhausprojekten wird maßgeblich vom Engagement der Bauträger abhängen. Der in NRW gesetzlich vorgeschriebenen Umsetzung innerhalb von neu zu errichtenden Reihenhausprojekten werden sie vorerst nur widerwillig nachkommen. Sie müssen sich mit einem erhöhten Planungsaufwand arrangieren. Da sie aus Gründen der Vermarktbarkeit den Grundstücksanteil pro Haus nur begrenzt werden erhöhen können, muß das Problem des Platzbedarfs über ein ausgeklügeltes Flächenmanagement im städtebaulichen Entwurf gelöst werden. Und sie werden ihren Kunden beibringen müssen, daß ohne Gemeinschaftsflächen für die Regenwasserbewirtschaftung nichts mehr geht.

4 Regenwasserbewirtschaftung auf reaktivierten Industriebrachen

Unter dem Leitmotiv „Arbeiten im Park" wurden und werden ehemalige Zechen- und Stahlstandorte hergerichtet und in eine neue Nutzung überführt. Sie bilden den strukturpolitischen Kern für den ökologischen, wirtschaftlichen und sozialen Umbau des Emscher-Raumes. Je nach Konzeption sind sie Ort für überregional bedeutsame Wissenschaftseinrichtungen und Dienstleistungsunternehmen, Zentrum für Unternehmensgründer oder Sammelbecken für ökologisch ausgerichtete Handwerks- und Kleinbetriebe. An einigen dieser Standorte wird das Regenwasser städtebaulich zur Geltung gebracht, so z. B. in den Projekten Duisburg-Innenhafen (Beispiel 3.4), Zeche Holland, Bochum (Beispiel 2.1), Erin, Castrop-Rauxel (Beispiel 2.3) und Wissenschaftspark-Gelsenkirchen (Beispiel 2.4). Gemeinsam ist ihnen eine mehr oder minder ausgeprägte Altastenproblematik, weswegen eine Versickerung allenfalls auf Teilflächen möglich ist und das Regenwasser hauptsächlich gespeichert wird. Zudem ist für diese Gewerbeparks ein hoher Grünflächenanteil kennzeichnend, in den diese Speicherflächen weitläufig eingebettet werden konnten.

Mit der umfangreichen finanziellen Unterstützung des Landes bei der Reaktivierung der Industriebrachen und mit der IBA-Prämisse, dort nicht nur Arbeitsplätze zu schaffen sondern auch Landschaft wieder aufzubauen, entfällt ein wesentliches Akzeptanzproblem, das normalerweise in Gewerbegebieten auftritt, nämlich der Flächenbedarf. Er ist ansonsten in zweifacher Hinsicht eine Hürde; zum einen entgehen den Kommunen Einnahmen, weil sie die für die Regenwasserbewirtschaftung benötigten Flächen nicht verkaufen können; zum anderen gehen ihnen Flächen für die Ansiedlung von Gewer-

betrieben verloren, die für die wirtschaftliche Entwicklung einer Stadt von zentraler Bedeutung sind. Im Gegensatz dazu besteht die Strategie der IBA darin, die schwierigen Hinterlassenschaften der alten Industrien mit mehr als nur mittelmäßigen Konzepten zu überwinden und finanzkräftige Investoren gerade mit einem attraktiven Umfeld zu gewinnen.

Diese Herangehensweise brachte in den genannten Fällen beeindruckende Freiraum- und Regenwasserkonzepte hervor, deren ästhetische Wirkung auf Elementen mit einem vergleichmäßigten Wasserspiegel beruht und die auch auf die Freude hindeuten, die allen beteiligten Planern ein anderer Umgang mit dem Regenwasser bereitete. Zweifellos wissen auch die Unternehmen dieses durch Wasser geprägte Ambiente zu schätzen. Daß hier tatsächlich Regenwasser im Spiel ist, wird jedoch nur in einem der genannten Fälle, in Bochum auf der Zeche Holland (Beispiel 2.1), offensichtlich. Dort ist ein oberirdisches Zuleitungs-, Sammel- und Ableitungssystem entfaltet, das die Wasserwege weitgehend offenlegt und aus dem auch ersichtlich wird, über welche Dächer und Anlagenelemente der „Wasserbogen" gespeist wird. In den anderen Beispielen ist der Bezug zum Regenwasser verloren gegangen; weiß man davon, läßt die Existenz eines isolierten, ständig mit Wasser gefüllten Elementes erahnen, daß unter der Erde ein aufwendiges Wassermanagement betrieben wird, sei es, daß der Niederschlag in Zisternen gesammelt wird und mit Pumpen die Gefälleprobleme kompensiert werden, sei es, daß die Verbindungen zwischen den sichtbaren Elementen durch eine stattliche Anzahl von Rigolensträngen mit Drosselabflüssen hergestellt wurden.

So oder so ist es erfreulich, daß sich die Kommunen mit den Projekten „Arbeiten im Park" engagiert des Regenwassers und seiner Einbettung in die Freiräume angenommen haben. Vor dem Hintergrund der Debatten zu diesem Thema in anderen Städten bleibt jedoch die bange Frage nach der Pflege und Instandhaltung. Immerhin obliegt den Kommunen in Zukunft die Unterhaltung dieser ausgedehnten und als Kunstwerke konzipierten Außenanlagen, die sich eben nicht mit einer schlichten Rasenmähaktion kostensparend abhaken lassen. Die Einbindung des

Wassers verschärft erfahrungsgemäß Kostenprobleme, die Kommunen ohnehin schon mit der Pflege öffentlicher Freiflächen haben, und wirft zudem Zuständigkeitskonflikte zwischen Grünflächenamt und Tiefbauamt auf. Ist die Stadtentwässerung ein Eigenbetrieb, hat sie sich vermutlich schon davon distanziert. Die Funktionsfähigkeit sowie die gestalterische Bedeutung der Regenwassermaßnahmen steht und fällt damit, ob in den Kommunen jemand bestimmt ist, der sich um den Betrieb und die Unterhaltung kümmern wird, der den technischen Zusammenhang der einzelnen Anlagenelemente kennt und auch die Ästhetik im Blick hat. Die Tatsache, daß in den Projekten häufiger keiner der beteiligten Akteure genau weiß, wie die Regenwasserbewirtschaftung letztendlich im Detail umgesetzt wurde, gibt zu der Befürchtung Anlaß, daß es im Störungsfall zu unliebsamen Überraschungen kommen könnte.

5 Resümee und Ausblick

Ohne Frage – mit den Regenwasserprojekten in der Emscher-Region sind neue Akzente gesetzt. Dank der IBA wurde das Tabu der Berücksichtigung von Maßnahmen in Einfamilienhausprojekten aufgehoben, die Bedeutung des Themas „Regenwasser als Bestandteil von Stadtlandschaft" mit eindrucksvollen Beispielen unterstrichen und – was nicht genug gewürdigt werden kann – die Auseinandersetzung zu einer dezentralen Regenwasserbewirtschaftung im Bestand um ein beachtliches Stück vorangetrieben. Zugleich wurde das gestalterische Spektrum jenseits der Mitte um pragmatische Lösungen einerseits und um visionär anmutende Entwürfe andererseits erweitert. Damit trägt der Emscher-Raum seiner bisherigen Vorreiterrolle in Sachen „Regenwasser" unverändert Rechnung. Gleichwohl konnten und können auch die Akteure im IBA-Planungsraum historisch gewachsene und zutiefst ineinander verwobene Strukturen von Stadtentwässerung und Stadtplanung nicht abschütteln; sie werden auch noch eine ganze Weile der weiteren Auseinandersetzung anhaften. Insofern gibt es zwischen der Akzeptanz von Regenwasserprojekten in der Emscher-Region und im Bundesgebiet keine grundlegenden Unterschiede.

Beim Versuch, über das Erreichte hinauszudenken und Vorstellungen davon zu entwickeln, wie eine Stadt aussehen könnte, in der das Regenwasser im größeren Umfang oberflächig bewirtschaftet wird, erhebt sich die Frage, ob die räumliche Organisation des anfallenden Wassers weiterhin in enger Abhängigkeit von Akzeptanzkonstellationen in städtebaulichen Teilstrukturen erfolgen sollte. Sie fordern zum Teil zu extremen und auf Dauer wahrscheinlich unbefriedigenden Umgangsweisen heraus: Während in kleinteilig parzellierten Gebieten die Tendenz nahe liegt, das Regenwasser „unauffällig wegzudrücken", verführen Projekte mit großen zusammenhängenden Freiflächen dazu, es "grandios zu inszenieren". Müßte nicht der Dringlichkeit der Ressourcensicherung folgend der nächste Schritt darin bestehen, dem Wasser einen seinen „Seinsbedingungen" gemäßen, eigenwertigen Raum zuzugestehen? Es könnte Aufgabe der nächsten Internationalen Bauausstellung sein, den Stellenwert des Wassers über einzelne Projekte hinaus zu reflektieren und die Möglichkeiten seiner selbstverständlicheren Verankerung in gesamtstädtischen Raumstrukturen auszuloten.

Die Gestaltungskraft des Regenwassers in Landschaft und Städtebau – Ästhetik als Botschafterin

Annette Nothnagel

1 Gehört das Regenwasser ins Rohr?

In den letzten 100 Jahren ist im Zusammenhang mit Stadterweiterung und Ausbau des Abwassersystems die Denaturierung des Wasserkreislaufes massiv vorangeschritten:

Auf der städtebaulichen Ebene ist durch Flächeninanspruchnahme für Bebauung, insbesondere Verkehrstrassen, das Oberflächenwasser in immer größerem Maße dem Abwassersystem einverleibt worden. In den Ballungsräumen lassen sich vielfach die ehemaligen Bachläufe für Aufmerksame nur noch in den Straßennamen wiederfinden. Auch im Hochbaubereich ist die schnelle und unsichtbare Ableitung des Regenwassers von den Dächern und befestigten Flächen Standard geworden.

Das Naturelement Wasser, das mit seiner Dynamik und Kraft schon immer Ehrfurcht und Angst bei den Menschen hervorrief, sollte technisch beherrschbar werden – „Ziel war die Durchsetzung der ‚Hygienischen Stadt'" (IPSEN 1998a). Dieser Anspruch an die Ingenieure in Verbindung mit der Unterschätzung von Gefahren hat in einer Kette von Wechselwirkungen immer höhere Standards wasserbaulicher Maßnahmen hervorgerufen.

Gleichzeitig ist das Wasser als Bestandteil der natürlichen Lebensumwelt gewissermaßen aus dem Blick geraten, was zur Folge hatte, daß Bebauung sich in Bereiche hineinbegeben hat, die althergebracht für eine Besiedlung nie geeignet waren: Auen, Überschwemmungsbereiche, Quellbereiche etc. In den Stadtkernen wurde durch die schnelle Ableitung des Regenwassers dichtere Bebauung ermöglicht. Dies alles hatte erneut eine Verstärkung ingenieurtechnischer Maßnahmen zur Eindämmung des Wassers zur Folge.

Die Definition des Niederschlags als Abwasser in den Köpfen der Verantwortlichen bis hin zu den gesetzlichen Regelungen führte zu standardmäßiger Ausführung von Entsorgungsmaßnahmen, die sachlich in vielen Einzelfällen nicht begründbar sind. Wie sollte es sonst z. B. zu enorm kostenaufwendigen und ökologisch folgeträchtigen Kanalisationsmaßnahmen entlang von Straßen in der Landschaft kommen, die traditionell über die Schulter in die angrenzenden Grünflächen entwässert haben?

Auch die als Begründung oftmals herbeizitierte Schadstoffproblematik wurde somit nur aus dem eigenen Gesichtskreis hinaus verlagert; nämlich von dem diffusen Eintrag in einen lebendigen Boden, der auch gewisse Selbstreinigungskräfte aufweist, hin zum technisch organisierten Reinigungsverfahren der Kläranlagen, die in ihrem Schadstoffgehalt potenzierte Rückstände erneut in die Umwelt entlassen. Ganz abgesehen von den Schadstofffrachten, die im Hochwasserfall ungeklärt in die Gewässer gelangen.

Nicht zuletzt zieht die schnelle Ableitung des Regenwassers massive Rückhalte- und Hochwasserschutzmaßnahmen und damit Denaturierung von Gewässern nach sich (Bild 1).

Der Umgang mit dem Wasser ist u. a. gekennzeichnet vom Vorrang technischer Lösungen gegenüber sozialen Absprachen, Delegation der Verantwortung des Einzelnen an die Leistungsverwaltung, Entwertung von Alltagswissen gegenüber Wissenschaft, Entkopplung symbolischer Bedeutungen von materiellen Regulierungen. Doch „das Modell der industriell-urbanen Stadt nähert sich seinem Ende" (JAHN/SCHRAMM 1998).

Die heutige Diskussion über nachhaltige Stadtentwicklung an der Jahrhundertwende ebnet Wege zu einem neuen Naturverständnis, das neben die beistehenden Großinfrastrukturen dezentrale, kleinräumige Kreislaufsysteme stellt.

2 Regenwasser sichtbar machen!

Das Plädoyer des neuen Umgangs mit Regenwasser ist, dem Wasser wieder Raum in den Köp-

Bild 1: Regenwasser-Unterwelt: Gesucht wird die Alternative

fen und der Umwelt zu geben. Dies setzt zunächst eine Loslösung von der Entsorgungsmentalität und dem Glauben an die unbegrenzte technische Beherrschbarkeit voraus. Die Diskussion führt hin zu mehr Vertrauen in die Leistungskraft der Natur und Nähe des Einzelnen zu den Konsequenzen der eigenen Lebensumstände. Damit gibt es aber auch neue Möglichkeiten von (Natur-)Erfahrung, Verantwortungsübernahme und damit Schaffung neuer Formen der Gefahrenabwehr (Bild 2). Konkret gesagt: Nach einer ersten Überschwemmung des eigenen Gartens wird der Eigentümer die verstopfte offene Ableitungsrinne in Zukunft sicher rechtzeitig reinigen.

Der neue, dezentral organisierte Weg des Regenwassers fernab der unterweltlichen Kanalisation hat viel mit Sichtbarkeit und Verständlichkeit des Gesamtsystems zu tun. Das Regenwasser beansprucht Fläche und Aufmerksamkeit und stellt somit eine alte Gestaltungsaufgabe für Architektur und Freiraumplanung wieder neu. Anspruch der Regenwassermaßnahmen sollte sein, den Weg des Niederschlags von der befestigten Fläche bis ins Gewässer offen zu zeigen. Dies ist angesichts des großen Flächenbedarfs in den Städten nicht immer (unmittelbar) möglich. Daher hat die Gestaltung auch die Funktion, über Bilder Unsichtbares (mittelbar) verständlich zu machen.

Die gestalterische Sprache der in diesem Buch vorgestellten Projekte ist sehr unterschiedlich. Der Spannungsbogen reicht von dem künstlich betriebenen Bach in „natürlicher" Optik bis zum aufgeständerten Rinnensystem; der Maßstab vom städtebaulichen Konzept bis zum Ausführungsdetail.

Ein besonderes Thema stellen die unsichtbaren Maßnahmen der Regenwasserabkopplung dar: Das Fallrohr verschwindet wie gewohnt in der Erde, Schachtdeckel lassen nicht erkennen, ob

Kanalisation oder Versickerungsanlage sich darunter verbergen. Haben technische Notwendigkeiten zu dieser Form der Regenwasserbewirtschaftung geführt oder sind hier alte Gewohnheiten der Entsorger am Werk?

Anliegen dieses Beitrages ist, beispielhaft gestalterische Konsequenzen des neuen Umgangs mit Regenwasser für Städtebau, Architektur und Freiraum darzustellen und in Bezug auf eine neue, dem Thema angemessene Ästhetik zu befragen.

Dies kann nur eine „Ästhetik der Ökologie sein, durch die das gesellschaftliche Naturverhältnis in den Städten erfahrbar werden soll. Nicht nur intellektuelle Einsicht in Zusammenhänge, sondern körperlich sinnliches Verstehen soll den Diskurs über die Zukunft des Städtischen bestimmen" (IPSEN 1998b).

3 Regenwasser im Städtebau

Für die Gestaltungskraft des Regenwassers im Städtebau stehen zwei Maßnahmentypen bzw. -ebenen:

– Die Vernetzung

– Die Wasserfläche als dominantes Gestaltungselement

3.1 Die Vernetzung

Ein vernetztes Regenwasser- bzw. Gewässersystem kann Rückgrat eines Freiraumverbundes von den privaten Gärten über öffentliche Grünflächen bis hin zur Landschaft sein. Die Suche nach offenen Ableitungswegen für das Regenwasser bis hin zum nächsten bestehenden Gewässer ist Anlaß für das städtebauliche Konzept, einen hohen Grünflächenanteil in starker räumlicher Differenzierung vorzusehen. In den Neubausiedlungen der IBA bezieht man sich dabei sehr stark auf die im Ruhrgebiet traditionelle Form der Gartenstadtsiedlung, die auch für Abkopplungsmaßnahmen im Bestand sehr gute Voraussetzungen bietet; so wie auch die stark durchgrünten Zeilen-Siedlungen der 50er und 60er Jahre.

Die Realisierung von Regenwassermaßnahmen in den Siedlungen steht bei der IBA im Verbund

Bild 2: Die Taucher im Landschaftspark Duisburg-Nord haben auch Verantwortung für das Regenwassersystem übernommen.

mit weiteren ökologischen und auch sozialen Aspekten:

– Mietergärten als privat nutzbare Freiräume und Hofsituationen als halböffentliche Bereiche schaffen Verantwortungsbereiche der Nutzer auch für das Regenwasser. Öffentliche Grünzüge in Vernetzung zu übergeordneten Grünstrukturen bieten Raum für zentrale Versickerungs- und Retentionsanlagen.

– Autofreie Siedlungen ermöglichen geringere Ausbaustandards der Erschließungswege. Gründächer als Bestandteile des ökologischen Bauens im Zusammenhang mit der weitgehenden Verwendung ökologisch unbedenklicher Materialien können integraler Bestandteil eines Regenwasserkonzepts sein.

– Die Organisation von Mietermitbestimmung und Siedlungsgemeinschaften bis hin zum Grabelandverein, der Verantwortung für Grünflächen und damit auch für die Regenwassermaßnahmen übernimmt, schaffen soziale Netze vor Ort.

Neben dem Flächenbedarf besteht der größte Einfluß der naturnahen Regenwasserbewirtschaftung auf die städtebauliche Struktur sicherlich im Zusammenhang mit der Gefällesituation und der Versickerungsfähigkeit des Bodens. Vergleichbar zum „Bauen mit der Sonne" – bei dem die Ausrichtung der Gebäude die Hauptrolle spielt – wirken die Anforderungen des „Bauens mit dem Regenwasser" in die städtebauliche Ebene hinein (Bild 3).

Bild 3: Kinderbeteiligung bei der Planung der Gartenstadt Sesekeaue: Es wird mit dem Wasser gebaut.

Weit vor der Beteiligung der Fachingenieure müssen in der Planung die Voraussetzungen für ein Regenwassersystem geschaffen werden: Durch die Berücksichtigung der natürlichen Gegebenheiten Boden, Topographie und vorhandenes Gewässersystem.

Ein Beispiel für die Vernetzung in der Siedlung kann die *Gartenstadt Seseke Aue* (Beispiel 1.1) sein. Hier findet sich eine differenzierte Freiraumstruktur mit einem vielfach verzweigten System von offenen Regenwasserrinnen bis hin zu einem Bachlauf. Von den Fallrohren fließt das Regenwasser sichtbar durch die Vorgärten, entlang von Erschließungswegen und Mietergärten zwischen den Häuserzeilen und wird in der keilförmigen öffentlichen Grünfläche zusammengefaßt. Hier ist der „Bach" zusammen mit den Wasserspiegeln der Retentionsteiche wesentliches Gestaltungselement. Angesichts der denaturierten Böden, es handelt sich um eine ehemalige Zechenfläche, ist von Versickerung weitgehend abgesehen worden. Das Regenwasser wird durch eine Pumpe umgewälzt und speist einen künstlichen Bachlauf. Es wird das Bild eines Baches erzeugt, der in seiner Lage und Ausrichtung auch an das übergeordnete Gewässer Seseke angeschlossen ist. Mit dieser Gestaltung wird die Geschichte des murmelnden Baches erzählt und von den Siedlungsbewohnern als Teil der Natur wahrgenommen.

Die technische Realität ist eine andere: Die „Quelle" funktioniert mittels einer Solarpumpe, der Bachlauf ist durch eine Dichtung von Boden und „Aue" getrennt, die Verbindung zur Seseke besteht in dem Abschlag überschüssigen Wassers, es ist keine wechselseitige Durchgängigkeit gegeben. Dennoch wird das Element Wasser hier zum Gegenstand von Naturerfahrung und das Anliegen der Vernetzung wird vermittelt.

Eine ganz andere gestalterische Sprache hat das Regenwassersystem des *Gewerbe- und Wohnparks Zeche Holland* (Beispiel 2.1). Auch hier wird der Lauf des Regentropfens vom Fallrohr über Retentionsbereiche, Rinnen, Wasserflächen bis hin zum Gewässer nachvollziehbar gemacht.

Besonders gut erfahrbar ist die Einbindung der zentralen Wasserfläche in das Zu- und Ableitungssystem. Von breiten Grünschneisen beglei-

Bild 4: Regenwassereinleitung in Speichersee

tete Regenrinnen leiten den Niederschlag an deutlich gekennzeichneten Punkten in den Teich ein (Bild 4); die Stelle des unterirdisch organisierten Notüberlaufes ist durch die Absenkung des begleitenden Weges in Verbindung mit dem Ableitungsgraben gekennzeichnet. Der anschließende Wassergraben stellt die Verbindung zum nächsten Gewässer her, das allerdings im Zusammenhang des denaturierten Emschersystems noch verrohrt ist.

Das gesamte Regenwassersystem auf Zeche Holland einschließlich der Retentionsbecken an den Bestandsgebäuden kopiert nicht die Natur, sondern ist deutlich als künstliche Anlage gestaltet. Dennoch ist es durch den klar erkennbaren Netzzusammenhang und die zu erwartenden naturähnlichen Ausprägungen im Detail – die Lebendigkeit der Wasserfläche selbst, Ausprägun-

Bild 5: Wasserfächen inszenieren Architektur. Nachtlicht von DAN FLAVIN im Wissenschaftspark Gelsenkirchen

Bild 6: Die Wasserachse setzt der Verkehrserschließung eine angemessene Gestaltungskraft entgegen

gen von Feuchtbereichen mit entsprechenden Pflanzenvorkommen, wassergebundene Lebewesen – als Teil der natürlichen Lebensumwelt erlebbar.

3.2 Die Wasserfläche als dominantes Gestaltungselement

Durch den neuen Umgang mit Regenwasser wird die Gestaltung von öffentlichen Freiräumen im Zusammenhang mit weitgehend öffentlichen Gebäudekomplexen durch großen Wasserflächen wiederbelebt. Diese großen Wasserbecken mit Rückhaltefunktion sind Mittel der städtebaulichen Ordnung und Anwort des Freiraums auf die Architektur. Sie

– strukturieren Stadterweiterungsgebiete und vermitteln dabei z. B. zwischen Wohnbebauung und Gewerbe (Beispiel 2.1 Zeche Holland),

– stellen unmaßstäblichen Gebäudekomplexen aus den 70er/80er Jahren eine angemessene Kraft entgegen (z. B. Stadtteilpark City Bergkamen, 3.2),

– akzentuieren und inszenieren Architektur (z. B. Wissenschaftspark Gelsenkirchen, 2.4) (Bild 5),

– schaffen starke Strukturen, die auch die architektonische Vielfalt und Unordnung eines sich entwickelnden Gewerbegebietes tragen (z. B. Erin, 2.3) (Bild 6).

Gestaltungsaufgabe ist hierbei die Schaffung großflächiger, dauerhafter Wasserspiegel im Unterschied zu den kleinteilig vernetzten Systemen, wo Wasser oft nur temporär und mittelbar erlebt werden kann.

Die Landschaftsarchitektur steht im Vordergrund und motiviert zu der erheblichen Flächeninanspruchnahme, die Regenwasserbewirtschaftung ist Nutznießer.

Neue und alte technisch-gestalterische Probleme bei diesen künstlichen Gewässern sind insbesondere die größtmögliche Sicherung vor Ertrinken durch differenzierte Organisation der Wassertiefen und Zugänglichkeiten sowie eine Ufergestaltung, die durch die Retentionsfunktion bedingte Wasserspiegelschwankungen bis zu 25 cm oder mehr ertragen kann.

Beispielhaft läßt sich hier insbesondere der sogenannte Wasserbogen auf dem Gelände der ehemaligen *Zeche Holland* anführen, bei dem die Ufergestaltung in angemessener Weise gelöst wurde. Die Befestigung der weichen „Uferkante" mit Pflaster verhindert die Zerstörung der Dichtung durch Betreten. Die Stufen an der harten Kante, die mehr oder weniger unter Wasser stehen, erlauben ein gefahrloses Herantreten an das Wasser und lassen den schwankenden Wasserstand nach Regen- oder Trockenzeiten deutlich ablesen (s. Bild 2 unter 2.1).

4 Regenwasser in der Architektur

Der neue Umgang mit dem Regenwasser wirkt bei der Architektur auf die Dachgestalt und die Organisation von Regenwasserableitung:

– Retentionsfunktion von Gründächern,

– Vermeidung der Bedachungsmaterialien Zink und Kupfer,

– außenliegende Regenwasserableitung bis hin, zu offenen Fallrohren,

– Überdachung von Gebäudekomplexen.

Die auf das Gebäudeinnere bezogenen Themen Regenwassernutzung und Gestaltung mit Regenwasser im Innenraum haben bei der IBA eine untergeordnete Rolle gespielt.

Das für das Thema Architektur im Zusammenhang mit IBA aufzuführende Projekt *Küppersbusch* (Beispiel 1.8) ist zur Zeit sicher noch ein – von vielen als extrem empfundenes – Einzelbeispiel; es macht dennoch deutlich, welche Innovationskraft auch für architektonische Gestaltung im neuen Umgang mit Regenwasser steckt. Hier ist gar nicht der Versuch unternommen worden, sich an natürliche Vorbilder von Wasserläufen und Wasserflächen anzulehnen. Vielmehr wird das Wasser auf direktem Wege in hoch aufgeständerten Rinnen dem zentralen Versickerungsbereich zugeleitet. Dennoch entsteht im Regenfall durch die glucksenden Wasserströme, plätschernden Wasserfälle und prasselnden Regentropfen sowie vergängliche Wasserflächen in der Versickerungslinse ein „Naturschauspiel" eigener Art (Bild 7).

Das Beispiel Küppersbusch sollte für Siedlungen, die nicht den Raum für die starke Durchgrünung bieten, oder auch bei schwierigen Gefälleverhältnissen, Anregung sein, auch ungewöhnliche Wege für das Wasser aufzusuchen.

Bild 7: Wege des Regenwassers auf Küppersbusch

Bild 8: Wasserrinne als Grenzziehung mit Überbrükkung, (Erin)

Bild 9: Retentionsbereich mit Biotopqualität (Kläranlage Bottrop)

5 Regenwasser im Freiraum

Auch wenn viele freiraumbezogene Aspekte in
den Überlegungen schon für den Städtebau eine
Rolle spielten, soll dem Zusammenhang zwischen Regenwasserabkopplung und Grüngestaltung ein eigener Abschnitt gewidmet werden, da
nirgendwo so stark wie hier die Integration der
beiden Bereiche bis ins Detail hinein gefragt ist;
und es sind große Chancen einer gegenseitigen
Bereicherung sowohl in der Sache wie auch bei
den handelnden Personengruppen gegeben.

Die Wasserrinnen und Wasserflächen übernehmen im Wesentlichen folgende Funktionen im
Freiraum:

– Spielanlaß und Ort der Kontemplation für
Jung und Alt,

– Grenzziehungen zwischen privat und öffentlich, naturnah und nutzungsorientiert, Autoverkehr und Fußgängerbereich etc. (Bild 8),

– Anreicherung der Biotopvielfalt (Bild 9),

– als silberner Faden in der Vernetzung zwischen den Teilen und dem Ganzen, privat und
öffentlich, Stadt und Landschaft.

Voraussetzung für die bereichernde Wirkung des
Regenwassers in den Grünflächen ist, daß nicht
das Erfordernis der schnellstmöglichen Entsorgung im Vordergrund steht, sondern die Möglichkeiten des Spiels mit dem Wasser angenommen werden. Dabei bewegt man sich immer im
Grenzbereich zwischen dem technisch Notwendigen einerseits und – durch romantisierende
Vorstellungen von Pseudonatürlichkeit motivierte – überzogenen Gestaltungsmaßnahmen andererseits. Zu der inhaltlichen Gratwanderung
kommen technisch bedingte Probleme, die die
Ausformung der Maßnahmen beeinflussen:

Es treten stark wechselnde Wasserabflüsse auf,
so daß die Gestaltung Raum für verschiedene
Zustände bieten muß; für den starken Regenfall
dimensionierte Betonrinnen können bei Trockenheit recht trostlos aussehen.

Die sichtbare Führung des Regenwassers über
weite Strecken erfordert die Herstellung eines
konstanten Gefälles. Das macht Schwierigkeiten von dem gestalterischen Entwurf bis hin zur
exakten Umsetzung auf der Baustelle.

Die Stabilisierung der Wasserqualität relativ kleiner Wasserkörper in Verbindung mit den durch
das Regenwasser eingetragenen Stoffen erfordert
sehr großes Know-how und teilweise erhebliche Investitionen in das technische Drumherum.

5.1 Wegebeläge, Pflasterungen

In Verbindung mit den Maßnahmen der Regen-
wasserversickerung erfahren wasserdurchlässige
Wegebeläge bzw. großfugige Pflasterungen eine
Renaissance. Dies ist sicher eine der einfachsten
Maßnahmen, Regenwasser direkt am Ort des
Anfalls versickern zu lassen; gleichzeitig bekom-
men die Flächen eine andere Optik, was auch
das Verhalten der Nutzer steuert.

Wassergebundene Wege werden von Autofahrern
nicht mit größter Selbstverständlichkeit befahren, großfugig gepflasterte Parkplätze, die sich
in schönster Weise begrünen, vermitteln das Gefühl, daß der Ölwechsel doch besser an anderer
Stelle gemacht werden sollte.

Es erfolgt eine Differenzierung in Haupterschlie-
ßung und Bereiche für den ruhenden sowie fuß-
läufigen Verkehr.

Bild 10: Plasterfugen begrünen sich

Diese Form der Gestaltung hat einen ganz anderen Informationswert als die Regenwasserentsorgung von einer durchgängig versiegelten Fläche mittels einer unsichtbaren Versickerungsanlage, die über einen Gully bedient wird.

5.2 Versickerungsflächen, Mulden

Die technischen Rahmenbedingungen für die Gestaltung von Versickerung heißen in der Regel:

– Vermeidung von Verdichtung durch Befahren oder sonstige übermäßige Nutzung,

Bild 11: Mulden in kunstvoll gestalteter Topographie

– Erhaltung der Vegetationsschicht, d. h. unter anderem nur kurzzeitige Wasserbedeckung,

– Schutz vor Ertrinken durch geringe Tiefe und sanfte Modellierung.

Diese Ansprüche sind bei ausreichendem Platz durch einfache Flächenversickerung und extensive Muldengestaltung umsetzbar; Abstandsflächen im Geschoßwohnungsbau brauchen teilweise nicht einmal baulich umgestaltet zu werden, ein Rahmen aus Kantensteinen macht den Privatgarten zu einer großen Versickerungsmulde. Das hat für den Uneingeweihten häufig den Effekt, daß die Funktion der Anlage für das Regenwasser nicht erkennbar ist („Wie Sie sehen, sehen Sie nichts").

Um so mehr Bedeutung gewinnen die Punkte, an denen das Wasser in die Versickerungsanlage

Bild 12: Kaskaden in „architektonischen" Mulden

Bild 13: Landschaftlich modellierte Mulden

Bild 14: Kantensteine fassen die gestuften Muldenränder

Bild 15: Sickerteich mit Dauerstau

eingeleitet wird. Der Regelfall ist die gepflasterte Rinne vom Fallrohr in die Versickerungsanlage hinein. Gestaltungsaufgabe ist hier, bei angemessener Schlichtheit die Bedingungen der Örtlichkeit zu berücksichtigen und die ästhetische Anmutung der Situation bis ins Detail zu führen:

– Kontinuität in der Materialverwendung vom Gebäude bis in den Freiraum hinein,

– Ablesbarkeit der Höhensituation, z. B. durch Kaskaden,

– Aufnahme von Gestaltungsachsen aus Architektur und Landschaft,

– Angemessene Gestaltung der Übergangssituation von der harten Rinne in die weiche Mulde.

Auch die Modellierung der Mulde selbst sollte im Kontext der umgebenden Gebäude Sinn machen. Hier reichen die Gestaltungsmöglichkeiten von der landschaftlichen Rasenmodellierung bis hin zu den harten Kanten der steingerahmten Versickerungsbecken (Bilder 11 bis 14).

Eine Variation des Muldenthemas ist das Spiel mit den Wasserständen durch Kaskadengestaltung. Je nach Regenstärke steht das Wasser in einer oder mehreren Mulden über längere Zeit und macht den Weg des Regentropfens sichtbar.

Gerade im privaten und halböffentlichen Bereich findet man schließlich die Versickerungsteiche mit Dauerstau (Bild 15). Der ständige Wasserstand führt ganz andere Versickerungsbedingungen herbei als sie bei der bewachsenen Mulde gegeben sind und verursacht damit auch Probleme im Betrieb. Die Wasserfläche als Mittel der Gartengestaltung scheint jedoch besonders reizvoll für die Eigenheimbewohner zu sein, korrespondierend zu den großen Wasserbecken im öffentlichen Bereich.

5.3 Wasserrinnen

Die Gestaltungsvielfalt bereits gebauter Regenwasserrinnen ist fast unüberschaubar und sicher nicht ohne Zusammenhang mit dem Ort und seiner Architektur zu verstehen. Es sollen daher hier nur einige Schlaglichter auf Ausführungsbeispiele – ihre Funktion, ihre Anmutung – geworfen werden.

Bild 16: Wegbegleitende Rinne

Bild 17: Architektonische Regenwasserrinne mit stehendem Wasser

Die architektonische Rinne

Gradlinige und harte Rinnen setzen im Grunde Architektur im Freiraum fort. Häufig betonen sie Grenzsituationen zwischen erweitertem Innenraum (Terrasse, Vorgarten) und dem Grünbereich oder sind wegbegleitend angelegt (Bild 16). In Trockenzeiten ist ihre Funktion manchmal schwer ablesbar; da sind oftmals Gestaltungsdetails hilfreich – z. B. wie geringfügig vertiefte und dadurch länger mit Wasser gefüllte Bereiche oder blau gefliste Rinnen (Bilder 17 und 18).

Bild 18: Rinne mit blauen Fliesen

Bild 19: Aus Sorge vor Unfällen überdeckte Rinne

Steilwandige und teilweise sehr tiefe Kastenrinnen fordern die Diskussion über Unfallgefahren heraus und werden daher oftmals entgegen der planerischen Zielsetzung nach der Projektrealisierung überdeckt (Bild 19).

In Stein geformte Mäander stellen Fließformen des Wassers, wie man sie aus der Natur kennt, in einen ganz anderen Materialzusammenhang und reduzieren die Aussage auf eine symbolhafte (Bild 20). Gleichzeitig wird die Lebendigkeit des Elements Wasser pur in den Mittelpunkt gestellt: wie es strömt und sich Wellen bilden, wie es sich anhört, wie es sich anfühlt. Diese Wasserrinnen dienen vorwiegend als Spielanlaß und gestalterische Akzentuierung besonderer Orte, z. B. als künstliche Quellbereiche und Einleitungspunkte in unsichtbare Ableitungswege für das Regenwasser.

Die grüne Rinne

Das Wasser tritt hier eher mittelbar in Erscheinung, da auch bei gedichteten Rinnen selten Wasserpfützen entstehen. Es bilden sich vielmehr mehr oder weniger feuchte Bereiche im Zusammenhang einer Grünfläche aus, die mittelbar erfahrbar sind: durch feuchteliebende Pflanzen, Matschbereiche etc..

„Burg"-Gräben, deutlich ablesbare lineare Mulden im Grenzbereich zwischen Privatgärten und öffentlichem Grün, überbrückt mit Stegen, Trittsteinen, Spielkonstruktionen differenzieren die Funktionsbereiche.

5.4 Das Wasserspektakel

Nicht zuletzt wird das Wasser um seiner selbst willen inszeniert. Wer kennt nicht die Anziehungskraft des herabstürzenden, spritzenden, sprudelnden Wassers? Naßwerden als Furcht und Faszination – Kostbarkeit des Wassers als Nahrungsmittel für Mensch, Tier und Pflanze – die Veränderung der Umwelt durch das Wasser: Erde wird Matsch, Licht wird Farbe, Lärm wird Ton.

Hier findet sich das uralte Motiv des Schmuckbrunnens mit seiner nützlichen und seiner spielerischen Seite wieder.

Der neue Umgang mit dem Regenwasser gibt viele Anlässe, Wasserspektakel zu schaffen und

Bild 20: Steinerner Mäander

Bild 21: Handschwengelpumpe im Regenwassersystem

damit Orte zu gestalten, wo das Wasser in Erscheinung tritt oder den sichtbaren Weg verläßt.

– Handschwengelpumpen geben das in Zisternen gespeicherte Regenwasser bereitwillig an
tatkräftige Kinder und Erwachsene heraus,
zu Spiel und Gartenbewässerung (Bild 21).

– Künstliche Quellpunkte und Wasserspeier
sind Kunst, Wasserspielplatz, Ort der Verdunstung und anderes zugleich (vgl. 1.11/3.3).

– Schluck- und Schlürfbrunnen ersetzen Gully's
und machen aufmerksam: Hier wird nicht
entsorgt, sondern dies ist Teil eines Wasserkreislaufes (Bild 22).

– Abstürze und Kaskaden verwandeln glatte
Wasserflächen in spritzende Tropfen, ruhige
Ströme in rasende Wasserfälle.

Es kann an dieser Stelle natürlich nicht davon
abgesehen werden, daß hier in Teilen mehr Vision als Wirklichkeit beschrieben wird. Allein die
Kraft des Regenwassers reicht für diese gestalterischen Höhepunkte oft nicht aus. Z. B. sind
Wasserspektakel gerade dann besonders schön,
wenn es eben nicht regnet. Oder statt der erwarteten kräftigen Wasserströme tröpfelt es beschei-
den bis hin zur völligen Austrocknung, weil mehr
Wasser verdunstet als erwartet oder vollkommen
ungeplant versickert.

Da sind intelligente Lösungen gefragt, die auch
vor Kompromissen nicht zurückschrecken. Sind
Wasserspektakel gestalterisch gewollt, müssen
technische Kunstgriffe erlaubt sein: Wasserspei-
cher, regenerativ betriebene Pumpen, Ergänzung
mit Grundwasser.

Dieser Weg ist z. B. bei den Projekten Dienstleistungspark Duisburg-Innenhafen (3.4), Wissenschaftspark Gelsenkirchen (2.4) und Landschaftspark Nordstern (3.7) gewählt worden.

Bild 22: Schluckbrunnen im Regenwasserkreislauf

6 Resümee

Es lohnt sich, viele Gedanken und auch ein wenig Geld auf die Frage der Gestaltung von Regenwassersystemen zu verwenden.

Dazu folgende thesenhafte Begründung:

- Ein System, das sich durch sein Erscheinungsbild selbst erklärt, stößt bei den Nutzern und Verantwortlichen eher auf Akzeptanz.

- Die gestalterische Integration von Regenwassermaßnahmen in den Freiraum eröffnet dem Regenwasser oft auch technisch gesehen neue Wege, die investitionsträchtige Tiefbaumaßnahmen vermeiden helfen. So kann bei der Einbeziehung von Grünflächen als Retentionsräume auf betongebaute Sicherheiten in weitem Maße verzichtet werden, auch die pure Sichtbarkeit der oberflächigen Ableitung führt zu schlichten Lösungen der Gefahrenabwehr und Unterhaltung.

- Umgekehrt eröffnet das Gestaltungspotential wasserbezogener Maßnahmen für die Landschaftsarchitektur eine neue Ideenvielfalt und angesichts neuer Förderprogramme für Regenwasserabkopplung für die Projektträger oft auch zusätzliche Finanzierungsmöglichkeiten für Freiraumgestaltung.

Hat man sich zur Annahme der Gestaltungsaufgabe Regenwasser entschlossen, gilt es insbesondere zwei Klippen zu überwinden.

Keine Gestaltung nur um der Gestaltung willen!

Zahlreiche Beispiele, in denen sich das Regenwasser munter seinen Weg außerhalb der vorgesehenen Rinnen- und Versickerungseinrichtungen sucht, zeigen, daß die gestalterischen Überlegungen in vielen Fällen stärker auf Gefällesituationen und dynamischen Fließwege abgestellt werden müssen. Überschwemmte Spielplätze, vernäßte Wege auf der einen Seite und leere Wasserrinnen, Rückhalteteiche auf der anderen Seite zeigen, daß hier noch viel aus bisherigen Erfahrungen gelernt werden kann.

Die Gestaltung soll eine Botschaft vermitteln!

Diesbezüglich gibt es in den bisher ausgeführten Projekten noch viele Brüche, die deutlich machen, daß das junge Kind naturnahe Regenwasserbewirtschaftung mit einem Bein noch stark im Kanalisationsbau steckt und auf der anderen Seite den Spagat zur Einbindung der natürlichen Dynamik in weiche Gestaltungsformen sucht. Kanalrohre aus Beton schauen unmotiviert aus „natürlichen" Kiesschüttungen hervor, bis sie die Gnade der üppigen Begrünung erfahren, in groß ausgebauten Retentionsanlagen ist oft genug nur eine Pfütze zu finden, und nicht zuletzt verschwindet noch all zu oft das Regenwasser auf dem Weg in die Versickerungsanlage in einem Gullydeckel, der aussieht wie jeder beliebige Kanalisationsanschluß.

Es bleibt die Frage nach der inhaltlichen Form der Ästhetik für die neuen Wege des Regenwassers. Hier ist wieder der Bogen zu schlagen zu dem eingangs angesprochenen Nachdenken über ein neues Naturverständnis. Es geht um nachhaltiges Wirtschaften auf der Grundlage gesellschaftlicher Übereinkünfte, es geht um Ökologie in der Stadtkultur. Das bedeutet auch, daß der Widerspruch Ökologie – Urbanität aufzuheben ist. IPSEN (1998 b) wendet sich mit seiner Definition von ökologischer Ästhetik deutlich gegen die „Simulation von Natur" und die „Verländlichung der Stadt", wie er sie in der Gartenstadtbewegung sieht. „Ökologische Ästhetik wird zur Vermittlung des Widerspruchs zwischen der gemachten Welt des Städtischen und der sich selber machenden Welt der Natur" (ebenda).

Was heißt das nun für die betrachteten Regenwassermaßnahmen mit ihrer Formensprache von symbolhaft streng bis pseudo-natürlich?

Regenwassersysteme brauchen Raum und lassen sich am besten in eine differenzierte Grünvernetzung integrieren. Ist das die Verländlichung der Stadt? Nein, ein Stück Gartenkultur, ja Stadtkultur. Ökologische Ästhetik heißt hier Stadtlandschaft mit den Mitteln der Gartenkunst neu zu bauen, nicht den ländlichen Raum zu imitieren. So sind uns die Begriffe Kaskade, Wasserspeier, Schmuckbrunnen aus den historischen Gärten wohl bekannt. Nur – so wie es den Gegensatz der steinernen Stadt und der Landschaft vor der Stadt nicht mehr gibt (Die Brachen in der Stadt bieten mittlerweile den Raum für die Natur eigener Art, der auf dem Land nicht mehr zu finden ist.) sind auch neue Gestaltungsformen

Bild 23: Regenwasser zwischen Grün und Grau

menschengemachter Natur gefragt. Die Durchmischung und das Nebeneinander von Wildnis und Kultur sind die neuen Herausforderungen.

Die Gestaltungskraft des Regenwassers in der Stadtlandschaft führt zwei Pole zusammen: Die akzentuierende Künstlichkeit einerseits, die natürliche Dynamik andererseits.

Deutlich künstliche bzw. künstlerische Gestaltungsschwerpunkte sind da gefragt, wo sie – insbesondere die zwei folgenden – Botschaften vermitteln:

– Die Vernetzung der Wege des Wassers

   Die sorgfältige Gestaltung der Verknüpfungspunkte des Systems vermittelt sinnliche Erfahrungen über den Weg des Wassers und schlägt die Brücke zwischen der lokalen Betroffenheit des Einzelnen und der globalen Gewässersituation. Ökologie ist hier die Annäherung an den natürlichen Wasserkreislauf und nicht der künstlich geformte gewundene Bach.

– Das Regenwasser als kostbares Gut

   Der Zusammenhang zwischen dem Regen – dem wir draußen auf den Wegen, in Rinnen, in Teichen begegnen – und dem Wasser – das wir zum Baden, Spielen, Waschen für die Gartenbewässerung nutzen – wird gestaltet. Brunnen, Pumpen, Wasserbecken fordern zum Kontakt mit dem derzeit noch definitionsgemäß als Abwasser bezeichneten Niederschlags auf.

Der künstliche Bach in natürlicher Optik hat in diesen Bedeutungszusammenhängen allenfalls als Zitat seinen Platz.

Die Natur wird sich neben den Gestaltungsschwerpunkten da entfalten, wo man ihr Raum läßt und sie nicht „wegpflegt": die feuchteliebenden Pflanzen in grünen Rinnen, Moos auf feuchten Steinen etc..

Die gebauten Beispiele zeigen eine Vielfalt von Gestaltungsideen auf dem Weg zu einer den Regenwasserprojekten eigenen Ästhetik und sie machen Mut, von den Projekten aus weiterzudenken bis hin zur gesamtstädtischen Ebene. Hin zu einem wiederhergestellten geschlossenen Gewässersystem – gebildet aus revitalisierten Bächen und neu geschaffenen Fließwegen bis in den innerstädtischen Straßenraum hinein. In dieser Vision hat das Regenwasser seinen festen Platz.

Kreative Lösungen für schwierige Standorte – Regenwasserabkopplung geht immer und überall

Herbert Dreiseitl

1 Mehr als Versickerung und Rückhaltung

Aktuelle Regenwasserbewirtschaftung wird oft auf heute gängige Klischees wie Versickerung oder teilweise Rückhaltung mit „Notüberlauf" in den Kanalabfluß reduziert. In einfachen Situationen mag sich der Planer und Ingenieur auf sicherem Terrain bewegen, doch größere Wagnisse werden nur von wenigen eingegangen.

Allzugroß ist noch die Verunsicherung, daß das bisherige Prinzip der raschen und sicheren Ableitung, über Jahrzehnte an unseren Hochschulen gelehrt, nun nicht mehr gelten soll und möglichst zu vermeiden sei. Angesichts knapper Haushaltsmittel und entsprechend geringer Honorare ... wer wagt sich hier noch auf wirkliches Neuland.

Wasser ist nun einmal ein nicht leicht zu begreifender Stoff voller Überraschungen und Risiken. Unkonventionelle Lösungen fordern hier besonders ein erhöhtes Maß an Kreativität und Vorausschau. Und es geht dabei um mehr als nur Regenwasser in Neubausiedlungen in Mulden, Rigolen und Teichen zurückzuhalten und zu versickern. Davon gibt es zum Glück doch bereits einige gute Beispiele.

Es muß aber auch darauf hingewiesen werden, daß in jüngster Zeit gerade interdisziplinäre Arbeitsgemeinschaften von Landschaftsarchitekten, Ingenieuren und Künstlern erfreulich kreative Beispiele hervorgebracht haben. Die IBA Emscher Park hat mit ihrem Werkstattcharakter Raum für Ideenvielfalt geboten. Leider sind solche Beispiele noch die Ausnahme, nicht zuletzt aus den oben angedeuteten Gründen, doch ist der Trend, wie in vielen Wettbewerben gefordert und aus der Nachfrage von Investoren zu ersehen, unverkennbar.

Kritisch anzumerken ist auch, daß gute kreative neue Konzepte nur dann eine Chance auf eine überzeugende Realisierung besitzen, wenn der Bauprozeß und die daran Beteiligten motiviert sind und eine hohe Qualität anstreben. Dies betrifft besonders die Bauausführung und damit

verbunden Management und Bauleitung. Diese letztgenannten Hürden sind oftmals größere Hemmnisse als es Standortschwierigkeiten sind.

Im Folgenden werden drei Beispiele in einem sehr städtischen Umfeld dargestellt. Das Erstere ein Stadthaus mit Büros, Café, Restaurant und Läden in Nürnberg, beim zweiten Beispiel handelt es sich um die Bebauung am Potsdamer Platz, Berlin Mitte, von Daimler Benz und das dritte Beispiel ist der Hauptbahnhof Gelsenkirchen. Damit wird der Bogen vom Emscherraum zu anderen Regionen geschlagen.

Während die beiden erstgenannten Projekte bereits realisiert sind, ist das Beispiel Hauptbahnhof Gelsenkirchen noch Wunsch und Inhalt einer Studie, deren Umsetzung derzeit noch offen ist.

2 „Prisma" – Regenwasser im Glashaus in Nürnberg

2.1 Projektbeschreibung

Licht, Luft und Wasser in einem dynamisch-harmonischen Verhältnis mit Wärme und Kühle, sind Grundelemente eines gesunden Innenraumklimas. Die technisch aufbereitete Luft üblicher Kaufhäuser und Bürogebäude läßt diese Qualität oft vermissen und ruft eher Kopfweh, Müdigkeit und in Folge auch Erkrankungen der Atemwege hervor.

Das „Prisma" in Nürnberg, ein nach stadtökologischen Kriterien gebauter Wohn- und Gewerbekomplex am Plärrer/Rothenburger Straße, mit 61 Wohneinheiten, 32 Büros, 9 Geschäften, einem Bistro-Cafe und dem integrierten städtischen Kindergarten weist in eine andere Richtung.

Zwei winkelförmig angeordnete 6-stöckige Baukörper öffnen sich mit zwei großen Glashäusern zu einem begrünten Innenhof. Sie schirmen den Lärm der stark befahrenen Stadtstraßen ab und nutzen Licht und Wärme der Süd-Südwest-Orientierung. Die Gebäudeteile werden durch licht-

Bild 1: Gestaltung mit Regenwasser im Prisma-Gebäude

Bild 2: Wasser – Glaskunst – Wand

durchflutete mehrstöckige Glasinnenräume verbunden. Diese bergen die Erschließung, und das darin stattfindende soziale Leben erhält im Zusammenspiel mit Pflanzen, Farben, Licht, Klang und Wasser die besondere Atmosphäre (Bild 1).

Regenwassernutzung, Speicherung und die Versickerung des nicht genutzten Regenwassers unter den Gebäuden, eine Anlage, die in dieser Art und Dimension eine Neuheit darstellt. Doch über die Regenwasserbewirtschaftung eines Stadtgebäudekomplexes hinaus wird Regenwasser für die Klimatisierung der Innenräume verwendet. Ein Wasser-Glaskunstprojekt bestehend aus 6 Klimawänden, trägt durch Führung und Konditionierung der Luft entscheidend zur natürlichen Klimatisierung der 15.000 m³ fassenden Glashäuser bei (Bild 2, s. auch Bild 6).

Sämtliches Regenwasser, das auf über 4.000 m² Dachflächen fällt, wird über bepflanzte Rinnen in den oberen Stockwerken gesammelt, teilweise offen durch die Glashäuser geführt und schließlich in einer Zisterne mit einem Regenwasserspeichervolumen von knapp 300 m³ gespeichert.

Die Wasseraufbereitung vor Erreichen des Regenwasserspeichers erfolgt gezielt durch bepflanzte Reinigungsbiotope und Spezialfilter. Das so gesammelte Regenwasser wird hier nicht etwa nur als Toilettenspülung und Trinkwasserersatz genutzt, sondern vor allem im Kreislauf durch Wasseranlagen im Innen- und Außenraum geführt, die mit den Klimawänden, Wasserläufen durch Grünanlagen und Teichen intensiv zur Erzeugung eines gesunden Klimas beitragen.

Das restliche Regenwasser gelangt als Überlauf aus der Speicherzisterne gereinigt in die unter den Fundamenten des Gebäudes gelegene Versickerungsanlage.

Sechs Klimawände der 15 m hohen Glashäuser, Wasserfälle zwischen einer Mauerscheibe und einer davor liegenden Glaswand leiten die von außen kommende Luft in einem Wasserluftkanal in den Innenraum. Dabei wird die heute oft stark belastete Stadtluft gefiltert, gereinigt und durch die erzeugte Verdunstungskühle angenehm temperiert. Die Luft wird deutlich spürbar in den Raum geführt, das Wasser über Tosbecken und Wasserläufe gesammelt und einem zentralen Teich zugeführt, über dem sich eine Cafe-Terasseninsel befindet.

Mit einer intelligenten Steuerung und einem geringen Energieverbrauch dient diese natürliche Klimaanlage als Frischluftreservoir für die angrenzenden Läden und Büros.

In den ersten beiden Jahren konnte sich das Konzept sowohl in der Regenwasserbewirtschaftung wie in der neuartigen Klimaanlage erfreulich gut bewähren.

2.2 Projektdaten

Inbetriebnahme:	1997
Volumen des Glashauses:	ca. 15 000 m³
entwässerte Dachfläche:	ca. 4 000 m²
Regenwasserzisterne:	ca. 200 m³
Sprinkelzisterne:	ca. 50 m³
Umlaufzisterne:	36 m³

2.3 Planung und Ausführung

– Bauherr:
  Karlsruher Lebensversicherungs AG

– Städtebau und Gebäudearchitektur:
  Joachim Eble Architektur, Tübingen

– Wassertechnik, Kunst und Grüngestaltung:
  Atelier Dreiseitl, Überlingen

3 Das Urbane Gewässer am Potsdamer Platz, Berlin-Mitte, mit integrierter Regenwasserbewirtschaftung

3.1 Allgemeines

Wasser wird am Ausgang dieses Jahrhunderts zu einem zentralen ökologischen Thema im Städtebau. Dabei stehen viele Ziele wie Grundwasserneubildung, Vermeidung von Hochwasserspitzen, Schonung der Wasserresourcen durch Brauchwassernutzung und Verbesserung des Stadtklimas im Vordergrund.

Als wegweisendes und in dieser Dimension und Art bisher einzigartiges Projekt wird im „Urbanen Gewässer" am Potsdamer Platz der neue Umgang mit ökologischen Ressourcen sichtbare Realität. Hoher ökologischer Nutzen ist aber immer nur eine Hälfte eines Ganzen. In einer so exponiert und zentral gelegenen Wasserfläche wie am Potsdamer Platz muß auch die Beziehung der Menschen zum Wasser in die planerischen Überlegungen mit einbezogen werden, d. h. sie muß ermöglicht und gefördert werden. Mit der Synthese von Ökologie und Ästhetik bildet sich hier die Chance eines neuen Standpunktes.

Das Urbane Gewässer im Rahmen des Daimler Benz-Projektes Potsdamer Platz weist eine Gesamtfläche von ca. 1,2 ha auf. Das Gesamtvolumen des Gewässers beläuft sich auf ca. 12.000 m³, die maximale Tiefe beträgt 1,80 m und die Uferlänge summiert sich auf über 1,7 km.

3.2 Regenwasser als Ressource

Grundgedanke des Regenwasserkonzeptes ist, das Regenwasser dort zu belassen, wo es anfällt, d.h. in diesem Fall innerhalb des Grundstückes. Im Rahmen einer integrativen Regenwasserbewirtschaftung wurden deshalb, auf die speziellen Bedingungen am Potsdamer Platz ausgerichtet, verschiedene Maßnahmen in das Konzept mit einbezogen:

– Dachbegrünung
  Ein Rückhalt von Regenwasser bis zu 80 % wird durch die Begrünung von Dächern erreicht. Von den insgesamt ca. 50.000 m² Dachflächen wurden deshalb ca. 17.000 m² begrünt.
  Bei den sonstigen Dachflächen ohne Dachbegrünung wurde auf Materialien Wert gelegt, die keinen gefährdenden Einfluß auf das Dachabflußwasser haben. Auf Kupfer- und Zinkabdeckungen wurde deshalb verzichtet.

– Speicherung und Wiederverwendung
  Was die Dachbegrünung nicht zurückhält, wird in fünf Zisternen mit einem Gesamtvo-

Bild 3: Schilfbepflanzung im Urbanen Gewässer am Potsdamer Platz

lumen von ca. 2.600 m³ dunkel und kühl gespeichert. Dieses Wasser steht für den Betrieb des Urbanen Gewässers, Grünbewässerung und Toilettenspülungen zur Verfügung. Im Jahresdurchschnitt immerhin ca. 7.700 m³.

– Retention
Um Starkregenereignisse verzögert in den seitlich verlaufenden Landwehrkanal abschlagen zu können, wird ständig ein festgelegter Anteil der Zisternen (ca. 900 m³) als Puffervolumen vorgehalten. Zusätzlich kann das Hauptgewässer bis zu 15 cm eingestaut werden, was allein schon einem Puffervolumen von ca. 1.300 m³ entspricht. Bei Überschreiten dieses Puffervolumens wird das Regenwasser gedrosselt in den Landwehrkanal abgeschlagen.

Um diese Maßnahmen zu optimieren und um die anfallenden Regenwassermengen quantifizieren zu können, wurde mit Daten der letzten 30 Jahre eine hochkomplexe Computersimulation durchgeführt. Als Ergebnis konnte man unter anderem sehen, daß das Hauptgewässer nur drei Mal in zehn Jahren in den Landwehrkanal entwässert. Dabei wird eine maximale Einleitung von 3 l/(s · ha) eingehalten, was dem Abfluß einer unbebauten Fläche entspricht.

3.3 Das Reinigungskonzept

Grundlage für das ästhetische Aussehen einer Wasserfläche innerhalb eines dicht besiedelten Stadtraumes ist die Wasserqualität. Um dem Urbanen Gewässer diese Qualität bzw. Reinheit auch in den kritischen Sommermonaten zu geben, wird das Wasser unterschiedlichen Reinigungsstufen innerhalb eines Kreislaufsystems zugeführt.

Wenn das Regenwasser von den Dächern grob gefiltert in die Zisternen kommt, können sich dort Schwebstoffe absetzten. Das so vorgerei-

Bild 4: Wellenstrukturen beleben die Wasserflächen

nigte Wasser wird danach über Reinigungsbiotope in das Gewässer eingespeist. Das Wasser sickert dabei durch schilfbepflanzte Substratkörper und wird einer physikalischen und biologisch/chemischen Reinigung unterzogen. Diese bewachsenen Uferstreifen flankieren das Gewässer parallel zum Reichpietschufer sowie am obersten Ende vor der Potsdamer Straße und schaffen damit einen Puffer zu den befahrenen Straßen (Bild 3).

Über ein Mikrosieb mit einer Maschenweite von 15 Mikrometer und einen Mehrschichtfilter werden aus dem Gewässer bei nicht ausreichender Reinigung über die Reinigungsbiotope kleinste Algen abgefischt. Dadurch werden dem Gewässer zugleich Nährstoffe entzogen, wodurch weiteres Algenwachstum reduziert wird. Um in je-

dem Bereich des Gewässers innerhalb von 48 Stunden einmal einen vollständigen Wasseraustausch zu erreichen, wurde die optimale Lage der Zu- und Abläufe im Urbanen Gewässer mit Hilfe einer Strömungssimulation ermittelt.

Ziel dieser Maßnahmen ist es, ein Gleichgewicht zwischen natürlichen Prozeßabläufen und den steuernden Eingriffen durch technische Anlagen zu erzielen und dadurch auf den Einsatz chemischer Zusätze zu verzichten.

Ökologische Prozesse sollen erlebbar sein. Man kann sehen, wie sich die Pflanzen im Lauf der Jahreszeiten entwickeln und verändern. Insekten, Schnecken und kleinste Wasserlebewesen werden sich ansiedeln und ein limnologisches dynamisches System wird sich mit der Zeit einstellen.

3.4 Die Gestaltung

Die Gestaltung der Wasserflächen beschränkt sich auf wenige Elemente, die immer auch eine bestimmte Funktion erfüllen.

Die Wasseroberflächen werden nicht nur durch Windanregung differenzierte Wellenmuster zeigen, sondern durch spezielle Wellenstufen vor dem Musical-Theater rhythmische Wellenstrukturen entstehen lassen. Im Piazzabereich fließt das Wasser von beiden Seiten über lineare Wellenkaskaden. Auch hier wird durch eine besondere Rhythmik das Wasser in Schwingungen versetzt. Diese Kaskaden haben neben dem ästhetischen Wert den Zweck, das Wasser mit Sauerstoff anzureichern (Bild 4).

Alle besonderen Strömungsdetails wurden im Originalmaßstab mit realer Wassermenge im Modell entwickelt. Nur so kann die angestrebte Synergie zwischen Ökologie und Ästhetik überzeugend erreicht werden.

3.5 Projektdaten

angeschlossene Dachflächen		48 500 m²
Wasserfläche:	ca.	12 000 m²
Wasservolumen:	ca.	12 000 m³
geringste Gewässertiefe:		0,27 m
größte Gewässertiefe:		1,85 m
Reinigungsbiotop Oberfläche:	ca.	1.700 m²
Speichervolumen Wasserbecken:	max.	3 000 m³
Speichervolumen der Nebenspeicher in den Gebäuden:	ca.	3 000 m³
Inbetriebnahme:		Oktober 1998

4 Hauptbahnhof Gelsenkirchen

4.1 Allgemeines

Die Bahnhöfe an der Strecke der „Köln-Mindener-Eisenbahn" werden als „Eingangstore" zur IBA Emscher Park aufgewertet. Der Hauptbahnhof Gelsenkirchen und seine direkte Umgebung sind, obwohl erst knapp 10 Jahre alt, gestalte-risch und funktional überholt. Die Situation bedarf dringend einer Sanierung, um diesen zentralen Bereich in Gelsenkirchen wieder zu beleben.

Für Reisende ist der Bahnhof die Visitenkarte einer Stadt. Ein freundlicher und interessant gestalteter Bahnhof ist wie eine einladende Geste. Durch eine lebendige Atmosphäre soll der Bahnhof in Gelsenkirchen wieder stärker mit der direkt angrenzenden Innenstadt verbunden werden.

Wasser, Licht und Grün sind dazu geeignete Elemente. Durch frühe Integration in das architektonische Grundkonzept könnte in Gelsenkirchen eine sichtbare Verbindung dieser Elemente entstehen und damit mit der Verwendung von Regenwasser an einem schwierigen Standort eine neue funktionale und ästhetische Qualität entstehen.

Die Bahngleise 1 und 2 sowie der Bahnsteig 1 sind inzwischen stillgelegt.

Ziel der Umgestaltung in der Bearbeitung durch das Architekturbüro Böll, Essen, sollte die Akzentuierung und Gewichtung der Zugänge, die gestalterische Aufwertung sowie die bessere Anbindung des Bahnhofs an die Stadt sein. Dem Regenwasser sollte im neu gestalteten Bahnhof eine wichtige funktionale und gestalterische Rolle zukommen.

Das neue Gesicht des Bahnhofes soll durch klare, übersichtliche Elemente geprägt werden. Zum Thema „ökologischer Umgang mit Regenwasser" kann hier im Zuge der Baumaßnahmen eine teilweise Entsiegelung von Flächen mit der Rückhaltung und Nutzung von Regenwasser verbunden werden. Auf den stillgelegten Gleisbereichen besteht die Möglichkeit, Flächen zu entsiegeln und mit der Begrünung eine zusammenhängende zentrale Grünfläche neu zu schaffen.

Das gestalterische Moment kann die Inszenierung von Regenwasser an Glasfassaden des Nordzuganges sein. Damit könnte auch der Effekt der Klimatisierung von Innenräumen mit dem Rückhalt und der Nutzung des Regenwassers verknüpft werden.

4.2 Das Regenwasserkonzept

Ein innovatives Konzept verbindet hier ökologisch orientierte Maßnahmen der Rückhaltung

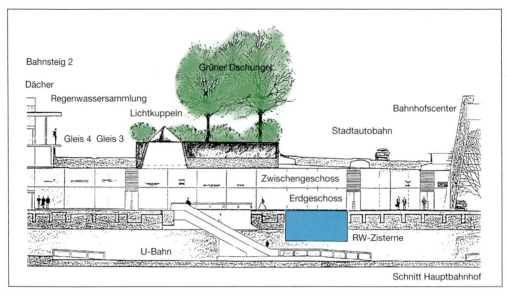

Bild 5: Regenwasserkonzept für den Hauptbahnhof Gelsenkirchen

von Regenwasser und gezielte Gestaltungsmaßnahmen mit hohem Erlebniswert im öffentlichen Raum.

Das Sammeln des Niederschlagswassers erfolgt von den Überdachungen der Bahnsteige 2, 3 und 4. Die Flächen der Bahngleise selbst werden nicht an das System angeschlossen, da dieses Wasser eine zu hohe Verschmutzung aufweist. Ein Brauchwasserkreislauf versorgt Toilettenanlagen, Wasserwände und Bewässerungsanlage für Bahnsteig 1 mit gereinigtem Wasser (Bild 5).

Das Regenwasser kann bei der vorhandenen Trennentwässerung zum Teil im bestehenden Rohrsystem (Regenfallrohre) nach unten geleitet und durch neue Leitungssysteme, welche in eine Zisterne münden, gesammelt und gespeichert werden. Um Grobpartikel und Schmutzstoffe aus dem Kreislauf der Regenwassernutzung fernzuhalten, durchläuft das Regenwasser vor der Zisterne eine mechanische Reinigungsstufe.

Ein Überlauf wird an eine Versickerungseinheit oder an einen Kanalanschluß geführt. Die Möglichkeit einer Versickerung ist durch weitere Untersuchungen zu prüfen.

Durch Nutzungsänderungen und Umlagerungen werden die Flächen der Bahngleise 1 und 2 sowie des Bahnsteiges 1 frei für einen „Grünen Dschungel". Ein Grünstreifen mit Bäumen und Büschen, bewässert mit Regenwasser, eine wichtige und sinnvolle Grünzäsur inmitten der Stadt. Nach einer Initialpflanzung kann eine dynamische Entwicklung durch die Natur stattfinden. Eingriffe beschränken sich auf die Gewährleistung der Verkehrssicherung für die angrenzenden Flächen.

Nebeneffekt der Regenwassernutzung, -speicherung, -verdunstung und -versickerung ist die positive Wirkung auf die städtebauliche Gestaltung durch ein räumliches, grünes Band mit positiven Auswirkungen auf das Mikroklima und Geräuschdämpfung.

Am südlichen Eingang werden für die Fassade des Servicecenters Wasserwände vorgeschlagen (Bilder 6 und 2). Beobachtungen an natürlichen Wasserfällen, wo mit dem fallenden Wasser auch gut temperierte Frischluft in Bewegung gesetzt wird, können auch für Klimatisierungseffekte in Gebäudekomplexen genutzt werden. Aufbereitetes Wasser, in einem internen Kreislauf geführt, fällt dabei in einem Spalt zwischen zwei Glasflächen mehrere Meter tief. Der in diesem Spalt liegende Luftkanal steht über eine steuerbare Öffnung direkt mit dem Außenraum in Verbindung. Dabei wird Frischluft fühlbar in den Innenraum gesaugt und gleichzeitig gefiltert sowie befeuchtet. Die Öffnung kann im Winter geschlossen werden, so daß hier nur eine Umwälzung der Innenraumluft stattfindet.

Der Blick vom Innenraum durch die Wasserwand zeigt bei Tag und Nacht ein Wechselspiel zwischen Lichtreflektionen im fallenden zerstäubenden Wasser mit den Farben und der Struktur der Glaswände. Parallel geführtes Licht läßt die Membran- und Tropfenstruktur des Wassers bewegt aufblitzen. Wasserklänge erzeugen ein leises Rauschen, das Gespräche intimer macht und den Alltagslärm schluckt.

5 Gemeinsames

Den drei Beispielen ist gemeinsam, daß die Investoren und die für die Genehmigungen zuständigen Baubehörden an eine solche Bewirtschaftung des Niederschlagwassers zunächst nicht dachten. Eine sinnvolle Integration der Regenwasserbewirtschaftung in solche komplexe urbane Bauvorhaben auf engstem Raum war schlichtweg nicht vorstellbar. Erst Entwurfsstudien brachten die Integration und Verwendung des Regenwassers in die Projekte ein.

Entscheidend ist auch, daß die Bewirtschaftung des Niederschlagwassers dann aber nicht nur als eine technisch notwendige Pflicht gesehen, sondern daß darin gerade eine Chance erkannt wurde. Eine Chance für ein Gestaltungsthema, das den ökologischen Zielen entspricht und diese in den urbanen Kontext stellt. Eine Chance, Was-

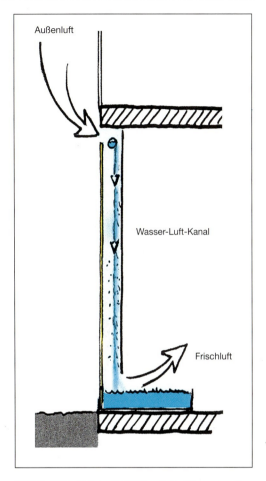

Bild 6: Klimatisierende Wirkung der Wasserwand

ser wieder erlebbar zu machen und Städtern näher zu bringen.

Immer und überall sind solche oder ähnliche Lösungen möglich.

Regenwasser auf Industriebrachen – Die Altlastenpoblematik

Peter Wülfing

1 Das Problem

Der abwassertechnische Umbau des Emscher-Systems bietet die Chance, den Umgang mit Regenwasser zu überdenken und nach neuen Wegen zu suchen: Abkehr vom direkten, schnellen Ableitungsprinzip und Zuwendung zum ökologisch orientierten Umgang mit Regenwasser (EMSCHERGENOSSENSCHAFT 1991). Dabei soll so wenig wie nötig gesammelt und soviel wie möglich versickert bzw. zurückgehalten werden. Gleichzeitig soll Wasser als prägendes Gestaltungselement umgesetzt werden, um die Standorte zu einem einmaligen unverwechselbaren Erlebnis werden zu lassen.

Für die Umsetzung dieser Ziele waren die vorgefundenen Randbedingungen alles andere als günstig: Altstandorte, die langjähriger intensiver industrieller Nutzung unterlagen und in hohem Maße mit Bodenverunreinigungen versehen sind, von denen Gefährdungen für die Umwelt, insbesondere die menschliche Gesundheit, ausgehen. Diese Altstandorte mit ihren umweltgefährdenden Bodenverunreinigungen werden definitionsmäßig auch als Altlasten bewertet und bezeichnet (DER RAT DER SACHVERSTÄNDIGEN 1989). Zusätzlich erschwerende Randbedingungen waren Bauherren und Behördenvertreter mit meist konventionellen Praxiserfahrungen und übervorsichtigem Skepsisverhalten beim Umgang mit Wasser auf Altlastenflächen.

Dennoch hat der neue Umgang mit Regenwasser auch vor ehemaligen brachliegenden Industrie- und Zechenlandschaften nicht Halt gemacht. Die Praxisbeispiele ERIN und HOLLAND zeigen, daß Maßnahmen zur „naturnahen" Regenwasserbewirtschaftung auch auf Altlastenflächen sich nicht grundsätzlich ausschließen, sondern sinnvoll gestaltet und durchgeführt werden können.

2 Die Standorte

Am Standort ERIN (s. Beispiel 2.3) wurde seit der Gründung der Zeche 1867 bis zur Stillegung 1983 Kohle gefördert (Bild 1). Für Zechenstandorte typische, oft flächenhaft verteilte Bodenverunreinigungen u. a. mit PAK, BTX, Cyaniden, Ammonium und Schwermetallen waren die Folge. Zum Teil hatten die Belastungen bereits das i. M. zwischen 2 und 4 m unter Geländeoberkante anstehende Grundwasser erreicht (EBEL 1994).

Auf der Grundlage der historischen Nutzungsrecherche wurde im Rahmen des Abschlußbetriebsplanes ein Nutzungskonzept mit folgenden Schwerpunkten erarbeitet:

– Dienstleistungsbereich im östlichen, dem Stadtzentrum zugewandten Teil des Standortes auf ehemaligen Produktionsflächen ohne Nebengewinnungsanlagen,

– Gewerbepark im Westteil auf ehemaligen Koks- und Kohlelagerflächen,

– Grünflächen in der Mitte und in Randbereichen im ehemaligen Bereich der Nebengewinnungsanlagen.

Die daraus resultierende städtebauliche Gliederung wird durch ein Erschließungsachsenkreuz in den Haupthimmelsrichtungen geprägt: Am Ostende ist ein „Tor zur Stadt" entstanden, während das westliche Ende der Hauptachse den Übergang in die Landschaft vermittelt.

In dieser Ost-West-Hauptachse ist ein offener Wasserlauf als weiteres prägendes Gestaltungselement in Form eines höhenmäßig abgestuften Grabensystems gebaut worden. Die Achse wird vom Reinwasserlauf des Obercastroper Baches begrenzt gespeist und mit großen Teilen des am Standort anfallenden Regenwassers beaufschlagt (s. Beispiel 2.3).

Auch auf dem ehemaligen Zechen- und Kokereigelände HOLLAND in Bochum-Wattenscheid erfolgt die Wiedernutzbarmachung der Fläche durch Ansiedlung von Gewerbe- und Wohneinheiten. Die Erschließung vollzieht sich in un-

Bild 1: Historische Aufnahme der Zechenanlage Erin, Castrop-Rauxel

Bild 2: Wasserflächen inszenieren die neue Architektur auf dem ehemaligen Zechengelände

mittelbarer Nähe zur Wattenscheider Innenstadt. Grundlage des städtebaulichen Konzeptes ist eine Zonierung von außen nach innen: Wohnungen in Form von Zeilengebäuden rahmen das im Zentrum des Areals entwickelte Gewerbegebiet von zwei Seiten ein (s. Beispiel 2.1).

Die Gewerbeflächen werden weiterhin durch eine sichelförmige, künstliche Teichanlage und eine breite Grünzone von der angrenzenden bestehenden Wohn- und Gewerbebebauung getrennt. Die großflächige Teichanlage dient zur Aufnahme und Rückhaltung großer Teile des Niederschlagswassers des Standortes. Die Größe und Anordnung der Grünfläche im nördlichen Bereich wird entscheidend von den vorhandenen Bodenbelastungen und den damit verbundenen Nutzungsrestriktionen bestimmt.

Auch dieser Standort ist geprägt durch Verunreinigungen mit kokereispezifischen Schadstoffen, u. a. PAK in erheblichen Konzentrationen. Darüber hinaus wurde eine Beeinträchtigung des Grundwassers durch Schadstoffe festgestellt mit Tendenz einer auf Dauer weiteren Verschlechterung der Grundwasserqualität (GRÜNING 1998).

3 Die Planungsziele

Im Rahmen der Wiedernutzbarmachung der beiden Industriebrachen wurde die Neuregelung der Standortentwässerung erforderlich. Als „IBA"-und „Emscher"-Projekt waren für den konzeptionellen Umgang mit Regenwasser folgende Zielsetzungen von besonderer Bedeutung:

– getrennte Fassung und Ableitung von Abwasser und natürlichem Abfluß,

– naturnahe Regenwasserbewirtschaftung mit Belebung des natürlichen Wasserkreislaufes.

Als wesentlicher Grundsatz konnte daher die Abkehr vom direkten Ableitungsprinzip mit der Hinwendung zu abflußvermeidenden und abflußverzögernden Maßnahmen definiert werden. Der Niederschlagsabfluß ist möglichst nahe an seinem Entstehungsort zu speichern und, falls die Voraussetzungen dafür vorliegen, zu versickern.

Ausgehend von den annähernd gleichen Standortbedingungen bzgl. der Verfügbarkeit von Wassser als Gewässer sind Planungsgrundsätze entwickelt worden, die u. a. auf dem Umgang mit Wasser als Gestaltungselement aufbauen. In Verbindung mit der Freiraum- und Landschaftsplanung soll Wasser als Gestaltungselement die Standorte prägen (PRIDIK/WÜLFING 1991).

Zur Verbesserung der Altlastensituation sind grundsätzlich Sanierungsmaßnahmen zu ergreifen. Hierzu zählen die sogenannten Dekontaminationsmaßnahmen, die auf eine Beseitigung oder Verminderung der Schadstoffe im Boden oder Grundwasser abzielen sowie die sogenannten Sicherungsmaßnahmen. Diese Maßnahmen sollen langfristig die Ausbreitung der Schadstoffe verhindern oder vermindern, z. B. durch Einkapselung. Zur Ermöglichung der angestrebten Nutzung wurde bzgl. der vorgefundenen Bodenbelastungen eine Kombination von Sanierungsmaßnahmen unter folgender allgemeinen Zielsetzung durchgeführt (EBEL 1994):

– Unterbrechung der Gefährdungspfade,

– Dekontamination von Verunreinigungen, die zu einer Verunreinigung von Schutzgütern führen können,

– Verbleib und/oder Umlagerung von verunreinigten Böden innerhalb der Grünflächen unter Einbeziehung in die Landschaftsgestaltung.

4 Die Gestaltung

Der Gewerbe- und Landschaftspark ERIN wird durch den in der Mitte liegenden „Landschaftspark" in zwei seperate Gewerbebereiche gegliedert. Die Lage und Modellierung des Landschaftsparks wurde zwangsläufig durch die Altablagerungen festgelegt bzw. durch die vorgesehene Umlagerung des stark kontaminierten Untergrundes vorgegeben. Die Entwässerung im östlichen Baubereich erfolgt in einem konventionellen Trennsystem. Die Abflußspitzen werden in einem rd. 0,7 ha großen Rückhalteteich zentral aufgefangen und gedrosselt in die neu gestaltete Gewässerführung in der Ost-West-Hauptachse eingeleitet. Aufgrund der Altlastensituation wurde im östlichen Teil auf Versickerungsmaßnahmen grundsätzlich verzichtet.

Für den westlichen Baubereich sind bereichsweise Versickerungen im belastungsfreien Untergrund zugelassen. Dies führte zur Konzeptionierung eines erweiterten Trennsystems. Das Niederschlagswasser der ständig frequentierten Verkehrsflächen und von offenen Arbeits- und Lagerflächen wird nach mechanischer Vorbehandlung in den für den Westbereich zentralen Rückhalte- und Versickerungsteich geleitet. Niederschlagswasser von Dachflächen und unbelasteten Hofflächen wird über ein oberflächennahes Ableitungssystem abgeführt. Das Ableitungssystem besteht aus Entwässerungsrinnen und -mulden und leitet das Regenwasser direkt in die wasserführende Ost-West-Hauptachse bzw. über Versickerungsmulden in den Untergrund. Bedingt durch die konstruktive Gestaltung erfolgt eine gezielte „Überdimensionierung" der Graben- und Muldensysteme. Das Fassungsvermögen kann entsprechend für Rückhaltemaßnahmen genutzt werden.

Bild 3: Historische Aufnahme der Schachtanlage Holland in Wattenscheid; im Vordergrund links das jetzt von ECO-Textil genutzte ehemalige Verwaltungsgebäude

Bild 4: Neue Nutzung des Verwaltungsgebäudes der ehemaligen Zeche Holland; im Vordergrund seitlich Flächen für die Regenwasserbewirtschaftung

Der Standort HOLLAND wird in einem qualifizierten Mischsystem entwässert. Niederschlagswasser von Verkehrs- und Hofflächen wird über ein konventionelles Kanalsystem abgeleitet. Zum Auffangen von Niederschlagswasser von Dach- und Freiflächen steht ein sichelförmiger, künstlicher Rückhalteteich zur Verfügung. Zu- und Ablauf des Niederschlagswassers erfolgt wiederum über ein oberflächennahes Rinnen- und Muldensystem, das in enger Abstimmung mit der Freiraum- und Landschaftsplanung entwickelt worden ist.

5 Anforderungen aus der Altlastensituation

Die Sanierungskonzepte zur Sicherung der Altlastensituation wurden entsprechend den geplanten verschiedenartigen Folgenutzungen entwickelt und abgestimmt. Unter dem Aspekt der bereits festgestellten Verunreinigungen im Grundwasser stand der vorsorgliche dauerhafte Schutz des Grundwassers im Vordergrund. Die Sanierungsmaßnahmen konzentrierten sich auf bereichsweise durchgeführte Dekontaminationen mit anschließendem Wiedereinbau der abgereinigten Materialien, gesicherter Umlagerung der belasteten Bodenmassen in gesondert technisch aufbereitete Bereiche innerhalb der Grünflächen sowie auf Teileinkapselungen und gezielten Abdeckungsmaßnahmen. Der vertikale Zutritt von Niederschlags- und Sickerwasser zu den verunreinigten Bodenbereichen soll verhindert werden.

Daraus resultierte, daß auf dem ehemaligen Kokerei- und Zechengelände HOLLAND die Möglichkeit der Versickerung kategorisch abgelehnt und untersagt wurde. Deshalb mußte man sich allein auf die Rückhaltung konzentrieren. Auf dem Standort ERIN wurde nur im belastungsfreien Untergrund die Möglichkeit der Niederschlagswasserversickerung im westlichen Randbereich zugelassen.

6 Die Entwicklungen

Die ersten planerischen Versuche zur Standorterschließung ERIN erfolgten zum Jahreswechsel 1990/91. Dem Wunsch nach planerischer Umsetzung einer ökologisch orientierten Regenwasserbewirtschaftung standen allgemeine Erkenntnisse und planerische Erfahrungen im Umgang mit abflußvermeidenden und abflußverzögernden Maßnahmen auf „Normalflächen" gegenüber. Der besondere und neue Anreiz lag in der Entwicklung, im Aufbau und in der Abstimmung neuer Konzepte und Maßnahmen für Standorte mit besonderen bis kritischen Bedingungen.

Die ursprüngliche Entwässerungskonzeption auf dem ERIN-Gelände sah die Gestaltung eines qualifizierten Trennsystems vor. Schmutz- und Regenwasser von Straßen sollte über ein konventionelles Trennsystem abgeleitet werden. Für Niederschlagswasser von Dach- und Hofflächen wurde ein spezielles oberflächennahes Ableitungssystem konzipiert, bestehend aus folgenden Systembestandteilen:

– Entwässerungsrinnen,

– Entwässerungsmulden,

– Klärteiche,

– Rückhalteteiche,

– Gewässer in der Ost-West-Hauptachse.

Die Entwässerungsrinnen sollten die in einem herkömmlichen Kanalnetz üblichen Grundleitungen ersetzen. Die Entwässerungsmulden wurden landschaftsplanerisch in die Gewerbebereiche mit eingebunden. Die Planung sah eine variable Trassierung nach Möglichkeit auf der Grundstücksgrenze sowie auf den „Rückseiten" der Grundstücke vor. Vor Einleitung des Niederschlagswassers in die zentralen Rückhalteteiche bzw. in die Gewässerachse wurden Klärteiche erforderlich. Die Klärteiche waren dezentral angeordnet und lagen z. T. auf Privatgelände.

Für die Entwicklung und Notwendigkeit von neuen wasserwirtschaftlichen Maßnahmen zum Umgang mit Regenwasser war bei fast allen Beteiligten grundsätzlich Einsicht und Einigkeit vorhanden. Auf der Umsetzungsebene und vor allem bei der Prüfung der Genehmigungsfähigkeit des neuen Konzeptes offenbarten sich jedoch offene Fragen und Unsicherheiten. Die Bedenken richteten sich insbesondere auf die generelle offene Wasserführung in Gewerbegebieten, die Wirksamkeit und Kontrollierbarkeit von offenen Regenklärbecken (Klärteichen) auf privaten Grundstücken, deren Funktionsfähigkeit und den damit verbundenen ordnungsgemäßen

Betrieb. Über allem stand aber die Sorge und Unsicherheit, offene Wasserflächen über sanierten und teilsanierten Altablagerungen zuzulassen.

Für die offenen Fragen wurden vom Planer, Bauherrn und zukünftigen Betreiber in interdisziplinären Arbeitskreisen aller „Emscherpark"-Beteiligten Lösungen und Antworten erarbeitet. Es konnten jedoch wegen allgemein fehlender Erfahrungen nicht alle Unsicherheiten ausgeräumt werden. Die Klärung der verbleibenden Unklarheiten mußte somit über die praktische Anwendung erfolgen.

Aufgrund der Altlastensituation wurden für Bereiche mit offenen Wasserflächen schärfere Anforderungen an die Sanierung des Untergrundes gestellt als in den übrigen Bereichen. Ersatzweise wurde eine dauerhafte Abdichtung aller vorgesehenen Rinnen, Mulden und Teiche sowie der Gewässerachse gefordert mit Qualitätsanforderungen gemäß Deponiestandards zur Dauerhaftigkeit und der Festigkeit gegen Durchwurzelung. Die grundsätzlichen Bedenken der Behördenvertreter schlossen eine Empfehlung zum Verzicht auf jede offene Wasserflächen ein. Es wurde zur Konzeptionierung eines herkömmlichen dichten Kanalsystems geraten. Für die geplante Gewässerführung über die Ost-West-Hauptachse wurde die Umwandlung in eine öffentliche Grünfläche vorgeschlagen.

Nach mehreren Abstimmungsrunden konnte mit dem zuständigen Behörden eine einvernehmliche Lösung gefunden werden: In den von Altablagerungen betroffenen Bereichen werden grundsätzlich alle mit Wasser bespannten Flächen gegen den Untergrund ausreichend und dauerhaft geschützt ausgebildet. Für den besonders mit Altablagerungen versehenen östlichen Teil des Standortes ERIN wird aufgrund der besonderen Anforderung und Situation auf ein oberflächennahes Ableitungssystem verzichtet. Der zentrale Rückhalteteich für den östlichen Bereich mit seiner abflußvermindernden und abflußverzögernden Funktion bleibt Bestandteil der durchgeführten Entwässerungskonzeption. Für den westlichen Gewerbeteil wurde auf Basis der dort erkennbaren entspannten Altlastensituation die Ausführung einer oberflächennahen Ableitungssituation genehmigt.

Die ingenieurmäßige Bearbeitung zur Standorterschließung HOLLAND wurde im Sommer 1992 begonnen. Gegen den vorliegenden städtebaulichen Entwurf mit Darstellung eines Gewässers in Form eines großflächigen „Wasserbogens" lagen generelle Bedenken der zuständigen Umweltbehörde gegen die Lage in kontaminierten Bereichen vor. Doch schon mit Vorstellung der ersten wasserwirtschaftlichen Konzepte zusammen mit der IBA im Dezember 1992 konnte generelles Einvernehmen mit der Umweltbehörde hinsichtlich der weiteren planerischen Vorgehensweise erreicht werden: keine Versickerung von Niederschlagswasser auf dem gesamten, ehemaligen Zechengelände sowie sichere Abdichtung der offenen Wasserflächen einschließlich aller vorgesehenen offenen Zu- und Ablaufmulden gegen den Untergrund. Der Vorschlag zum Einbau einer 2-lagigen mineralischen Dichtung wurde als „schicke Sache" akzeptiert.

Die Genehmigungsplanung wurde Ende 1993 eingereicht, ohne daß an der wasserwirtschaftlichen Konzeption Änderungen vorgenommen wurden. Die Abwasserableitung erfolgt in einem qualifizierten Mischsystem mit Abkopplung aller Dachflächen über ein oberflächennahes abgedichtetes Muldensystem mit Einleitung und Rückhaltung in einem künstlichen Rückhalteteich. Die Flächenabkopplung erfolgt unter Einbindung eines Großraumparkplatzes für rd. 400 Fahrzeuge.

Die Prüfung der wasserwirtschaftlichen Genehmigungsfähigkeit der Standorte ERIN und HOLLAND lag im Zuständigkeitsbereich der selben Umweltbehörde.

7 Die Erfahrungen

Neben den konzeptionellen Entwicklungen der Entwässerungssysteme war die konstruktive Gestaltung der geforderten Dichtungssysteme ein Hauptbestandteil vieler Abstimmungsgespräche. Unter Berücksichtigung der Altlastensituation wurden erste behördliche Vorstellungen von einer kontrollierbaren Dichtung formuliert. Die Dichtigkeitseigenschaften sollten von einem festzulegenden Verantwortlichen in regelmäßigen Abständen überprüft werden. Dazu sollte das

Dichtungssystem zweilagig mit einer dazwischenliegenden Dränschicht und fest definierten Meßstellen ausgeführt werden. Diese Forderung entsprach sicherlich den zum damaligen Zeitpunkt (1991) diskutierten deponietechnischen Sicherheitsmaßstäben für eine kontrollierbare Kombidichtung, die im Deponiebereich eine Ableitung von hoch belastetem Deponiesickerwasser in den Untergrund nachweislich unterbinden sollten. Auf dem ERIN-Gelände dagegen sollte der belastete Untergrund vor ggf. eindringendem unbelastetem Niederschlagswasser geschützt werden.

Alternativ konnten die ständig bespannten Wasserflächen der Niederschlagsentwässerung auch mit einer einfachen Dichtung gegen den Untergrund versehen werden. Dieses war jedoch nur genehmigungsfähig, wenn für die Dekontaminationsmaßnahmen ein wesentlich „schärferer", d. h. geringer Sanierungsschwellenwert akzeptiert würde. Diese Vorgehensweise hätte zu einer wesentlichen Vergrößerung der Aushub- und Entsorgungsmassen geführt und wäre in dem zur Verfügung stehenden, begrenzten Finanzrahmen nicht realisierbar gewesen.

Darüber hinaus wurde im Laufe der Diskussionen und der Abstimmungsgespräche darauf hingewiesen, daß an Dichtungsmaßnahmen unter Fließgewässern im Altlastenbereich schärfere Anforderungen zu stellen sind als unter stehenden Wasserflächen für die Niederschlagswasserbewirtschaftung. Besonderer Augenmerk galt der Erosionsbeständigkeit, der Langlebigkeit und der Auslegung für das zu erwartende Hochwasserereignis.

Nach kontroversen Diskussionen und langwierigen Abstimmungsgesprächen konnte bzgl. der konstruktiven Gestaltung der Entwässerungselemente eine gemeinsame Lösung gefunden werden. Die dauerbespannten Wasserflächen werden mit einer doppelten Dichtung, bestehend aus einer Kunststoffdichtungsbahn und einer mineralischen Dichtungsschicht, ausgebildet. Für den Dichtungsaufbau unter der Gewässerführung wurden im Bereich der Altablagerungen mit Hinweis auf den bevorzugten hohen Sanierungs-Schwellenwert eine mehrschichtige mineralische Dichtung in einer Gesamtstärke von d = 0,80 m

vorgesehen. Die Kontrolle der eingebauten Dichtungssysteme wird über ein Grundwassermonitoringprogramm gewährleistet. Für das gewählte oberflächennahe Muldensystem war die Ausbildung mit einer Kunststoffdichtungsbahn oder einer mineralischen Dichtungsbahn ausreichend und genehmigungsfähig.

Die Suche und Abstimmung nach genehmigungsfähigen Lösungen für den Standort ERIN war Grundlage und Enscheidungsbasis für die qualitativ gleichwertige Ausbildung der Gestaltungselemente am Standort HOLLAND.

Grundsätzlich zeigen die dargestellten Entwässerungskonzeptionen, daß Abkopplung von Regenwasser auch auf Standorten mit Altlasten möglich und umsetzbar ist. Unter Nutzung der Systemteile oberflächennahe Ableitung, Speicherung und gedrosselte Ableitung sowie ggf. Versickerung lassen sich verschiedene Kombinationsmöglichkeiten entwickeln und auf den jeweiligen Standort anpassen.

Die abgestimmten konstruktiven Lösungen sind geprägt von den zuvor erwähnten Unsicherheiten im bewußten Umgang mit Wasser über Altlastenflächen. Dazu zählt auch die Vereinbarung, daß für das Einzugsgebiet des oberflächennahen Ableitungssystems am Standort ERIN eine gleich große hydraulische Reserve im Kanalnetz berücksichtigt werden mußte.

Mittlerweile läuft über die Gewässerachse am Standort ERIN Wasser und am Standort HOLLAND ist der sichelförmige Wasserbogen mit Niederschlagswasser aufgefüllt. Veränderungen der Grundwasserqualität sind nicht zu erwarten und konnte auch bisher nicht festgestellt werden.

Weitere Maßnahmen zum ökologisch ausgerichteten Umgang mit Regenwasser auf Altlastenflächen sind erforderlich. Dazu wird finanzielle Unterstützung weiterhin nötig sein. Ein bißchen weniger an Materialstärken im Dichtungsaufbau und im Dichtungssystem ist vielleicht ein bißchen mehr an finanzieller Unterstützung für weitere sinnvolle Abkopplungsmaßnahmen, auch unter Berücksichtigung des allseits gegenwärtigen Besorgnisgrundsatzes gemäß WHG.

Die aktuellen rechtlichen Rahmenbedingungen für die ortsnahe Niederschlagswasserbeseitigung – Hilfe oder Hemmnis für einen neuen Umgang mit Regenwasser?

Jörg-Michael Günther, Ernst-Ludwig Holtmeier

1 Der rechtliche Rahmen

Die Versickerung von Niederschlagswasser ist kein neues Thema. Schon im alten Ägypten hatte man in der Pharaonenzeit erkannt, daß es abwassertechnisch sinnvoll sein kann, Niederschlagswasser auf ausgetrockneten Feldern in der Nilebene zu verrieseln. Für die Versickerung von Niederschlagswasser in Wohngebieten sprechen in der heutigen Zeit eine Vielzahl von ökonomischen und ökologischen Gründen. Indem man unbelastetes Niederschlagswasser möglichst am Anfallsort oder in seiner Nähe dem natürlichen Wasserkreislauf zuführt, wird bekanntermaßen z. B. ein Beitrag zur Grundwasserneubildung in unseren Siedlungsgebieten geleistet, die Hochwassergefahr reduziert und ein Teil der Rückhaltevolumen in und außerhalb von Kanalisationsnetzen entbehrlich (GRUBER 1997, *Rechtliche Aspekte der Versickerung in Baugebieten, in NuR 1997, S. 521ff.*). Der Gesetzgeber von Nordrhein-Westfalen sah sich deshalb 1995 veranlaßt, die Regelungen über die Niederschlagswasserbeseitigung mit neuen Zielsetzungen und Regelungsinstrumentarien zu versehen. Eine Trendwende in der Abwasserbeseitigung wurde eingeleitet, versickerungsfreundliche gesetzliche Vorgaben gemacht. Durch den § 51a LWG wurde erstmalig eine gesetzliche Grundpflicht zur Versickerung oder Verrieselung vor Ort oder ortsnahen Einleitung von Niederschlagswasser in ein Gewässer eingeführt (Wassergesetz für das Land NRW (LWG) in der Neufassung vom 25.6.1995 (GV. NW. S. 926/SGV NW. 77); vgl. dazu auch den Runderlaß des Ministeriums für Umwelt, Raumordnung und Landwirtschaft, MURL, Niederschlagswasserbeseitigung gemäß § 51 a des LWG vom 18.5.1998, Ministerialblatt NRW vom 23.6. 1998, S. 654. Einige andere Bundesländer sind zwischenzeitlich diesem Ansatz für einen neuen Umgang mit Regenwasser gefolgt. Vgl. die Übersicht über die entsprechenden Länderregelungen (ROTH 1998, *Versickerung von Niederschlagswasser in der Entwässerungssatzung fördern, der städtetag, 1998, S. 277*).

Der vorliegende Beitrag zielt darauf ab, unter Berücksichtigung erster praktischer Erfahrungen mit der neuen Vorschrift den aktuellen rechtlichen Rahmen für die Regenwasserbewirtschaftung aufzuzeigen. Dabei soll dargestellt werden, wie sich die aus dem Wasser-, Bau- und Naturschutzrecht und kommunalem Satzungsrecht ergebenden juristischen Randbedingungen als hilfreich für die abwassertechnische Neuorientierung erweisen und wo es noch Hemmnisse gibt, die zukünftig legislativ beseitigt werden sollten. Im Vordergrund der Betrachtungen steht dabei das Landesrecht von Nordrhein-Westfalen, insbesondere das Landeswassergesetz (im folgenden: LWG). Gleiche oder ganz ähnliche Rechtsfragen stellen sich aber auch für die übrigen Bundesländer. Abgerundet werden die Betrachtungen durch einen zusätzlichen Blick auf die Vorgaben des europäischen Wasserrechts und die Wasserpolitik der Europäischen Kommission.

2 Der Begriff des Niederschlagswassers

Wenn man sich mit den rechtlichen Rahmenbedingungen für die Niederschlagswasserbeseitigung befaßt, ist eingangs die Frage zu beantworten, was denn überhaupt Niederschlagswasser im wasserrechtlichen Sinne ist. Das Wasserhaushaltsgesetz enthält weder eine spezielle Definition des Niederschlagswassers noch des allgemeinen Abwasserbegriffes. Niederschlagswasser stellt aber nach dem historisch gewachsenen Abwasserbegriff jedenfalls unstreitig Abwasser im Sinne des Wasserhaushaltsgesetzes dar. Es ist nach den Vorgaben des § 18 a Abs.1 WHG so zu beseitigen, daß das Wohl der Allgemeinheit nicht beeinträchtigt wird.

Eine nähere Begriffsbestimmung des Niederschlagswassers findet sich hingegen in § 51 Abs.1 LWG, wonach es sich bei Niederschlagswasser um „das von Niederschlägen aus dem Bereich von bebauten und befestigten Flächen abfließende und gesammelte Wasser" handelt [*]. Hierunter fällt auch das Niederschlagswasser, das auf Straßenoberflächen anfällt und für dessen Beseitigung nach § 53 Abs. 3 LWG außerhalb im Zusammenhang bebauter Ortsteile der Träger der Straßenbaulast zuständig ist. Durch das Merkmal „gesammelt" wird sichergestellt, daß unter den Abwasserbegriff fallendes Niederschlagswasser dem Regelungsregime der §§ 51 a ff. LWG vollumfänglich unterliegt. Niederschlagswasser, welches von Flächen ohne weitere technische Einrichtungen, d. h. wild abfließt und versickert, fällt hingegen nicht hierunter. Ergänzend sei darauf hingewiesen, daß sich der dargestellte Niederschlagswasserbegriff im wesentlichen auch mit der Definition im Abwasserabgabengesetz des Bundes und anderer Bundesländer – wie etwa Hessen und Rheinland-Pfalz – deckt.

3 Die Grundpflicht zur Versickerung, Verrieselung oder Einleitung von Niederschlagswasser in ein Gewässer

Mit dem § 51 a LWG wurde eine gesetzliche Grundpflicht zur Versickerung oder Verrieselung oder ortsnahen Einleitung von Niederschlagswasser in ein Gewässer eingeführt. Niederschlagswasser von bebauten und befestigten Flächen soll möglichst ortsnah dem natürlichen Wasserkreislauf zugeführt werden, wenn es von Schadstoffen unbelastet ist und die örtlichen und insbesondere hydrogeologischen Bedingungen auf Dauer eine entsprechende Niederschlagswasserbeseitigung ermöglichen. Diese grundsätzliche Pflicht zur ortsnahen Niederschlagswasserbeseitigung gilt nach der Stichtagsregelung in

§ 51 a Abs.1 LWG für Grundstücke, die nach dem 1.1.1996 erstmals bebaut, befestigt oder mit dem Schmutzwasser an die öffentliche Kanalisation angeschlossen werden. Vergleichbare Vorschriften finden sich z. B. in Hessen und Thüringen (§ 44 Hessisches Wassergesetz, § 49 Thüringer Wassergesetz). Das Saarland hat mit § 49 a des Saarländischen Wassergesetzes sogar eine mit § 51 a LWG fast identische Vorschrift eingeführt.

Wenn auf Grundstücken bereits vor dem Stichtag das Niederschlagswasser entsprechend ortsnah beseitigt wurde, ergeben sich durch die Neuregelung keine Änderungen. Sofern Grundstücke schon an einen Kanal angeschlossen sind, steht es der Kommune rechtlich frei, eine Umstellung auf ortsnahe Niederschlagswasserbeseitigung im Einzelfall zu erlauben. In der Regel wird allerdings schon aus Gebührenaspekten heraus wenig Neigung bei den Kommunen zur Umstellung bestehen. Sie werden kaum einzelne Grundstücke ohne entsprechende wasserrechtliche oder satzungsrechtliche Pflicht aus dem Anschlußverhältnis entlassen.

Zu erwähnen ist in dem Zusammenhang, daß im Unterschied zur alten Regelung des § 51 Abs. 2 Nr. 3 LWG a.F., welche nur für überwiegend zu Wohnzwecken genutzte Gebiete galt, der § 51 a LWG alle bebauten und befestigten Grundstücksflächen – also auch Gewerbegebiete etc. – umfaßt. Die dortigen Dach-und Parkplatzflächen sind in die neue Strategie der Versickerung einbezogen. Auch Straßenflächen und andere öffentliche Verkehrsflächen fallen unter den Grundstücksbegriff der Vorschrift.

§ 51a LWG sieht als primär zu realisierende Formen der Niederschlagswasserbeseitigung das Versickern, Verrieseln oder die ortsnahe Einleitung in ein Gewässer vor. In der Praxis tauchte dabei immer wieder einmal die Frage auf, ob in dem Zusammenhang bei diesen drei Varianten ein grundsätzlicher Vorrang der Versickerung vom Gesetzgeber gewollt war und dementsprechend die beiden anderen Alternativen der Niederschlagswasserbeseitigung nur zum Zuge kommen, wenn eine Versickerung auf dem Grundstück aus fachlichen oder rechtlichen Gründen ausscheidet. Aus dem Wortlaut des

---

[*] zum Abwasserbegriff vgl. OVG Münster, ZfW 1986, 255; BVerwG, NVwZ 1986, 204; NISIPEANU, Wasserrechtliche Beurteilung der Versickerung von Niederschlagswasser aus durchlässigen Verkehrsflächen, NuR 1993, 407; HONERT/RÜTTGERS/SANDEN, LWG, 4. Aufl. 1996, S. 161; vgl. auch die Definition in § 2 Abs. 1 AbwAG; § 51 Abs.1 LWG Rheinland-Pfalz; § 51 Abs.1 Hessisches Wassergesetz

Gesetzes ist aber zweifelsfrei zu entnehmen, daß der nordrhein-westfälische Landesgesetzgeber von einer grundsätzlichen Gleichberechtigung aller drei Möglichkeiten ortsnaher Niederschlagswasserbeseitigung ausgegangen ist. Lediglich über die Allgemeinwohlklausel in der Vorschrift kann es nach den jeweiligen örtlichen Verhältnissen ausnahmsweise so sein, daß z. B. Aspekte des Hochwasserschutzes und der Grundwasseranreicherung für eine Versickerung bzw. Verrieselung sprechen. Über den Begriff des „Wohls der Allgemeinheit" sind insofern alle wasserwirtschaftlichen Fragestellungen abgedeckt, aber auch andere Gesichtspunkte des öffentlichen Wohls wie etwa der Natur- und Landschaftsschutz und die Gesundheit der Bevölkerung. Wasserwirtschaftlich kann es z. B. im Einzelfall nicht allgemeinwohlverträglich sein, zahlreiche punktuelle Versickerungen in einem konkreten Gebiet vorzusehen, obwohl dort z. B. gemeindlich betriebene zentrale Mulden- Rigolen-Systeme besser dem Grundwasserschutz dienen. Bei der wasserwirtschaftlichen Betrachtung ist nämlich die Mulden- und Flächenversickerung, die das Schutzpotential des Bodens stärker einbezieht als eine Rigolen-, Rohr- oder Schachtversickerung, tendenziell stärker grundwasserschützend. Auch die Beschaffenheit des Niederschlagswassers, die grundsätzlich nach Herkunftsbereichen eingestuft werden kann, spielt eine wichtige wasserwirtschaftliche Rolle (Runderlaß des MURL zu § 51a LWG, Ziffer 12).

Entscheidend ist, daß jeweils situationsangepaßte, allgemeinwohlverträgliche Lösungen für einen neuen Umgang mit Niederschlagswasser gefunden werden, für die es gerade im Rahmen der IBA-Projekte viele gute Beispiele gibt. Zu erwähnen ist auch, daß eine Versickerung in Wasserschutzgebieten einer besonders intensiven Prüfung bedarf. Die besondere Schutzwürdigkeit des Gebietes ist zu beachten, so daß z. B. der Einsatz von punktuellen Versickerungsanlagen dort regelmäßig ausgeschlossen sein dürfte. Einige Bundesländer – wie etwa Hessen – autorisieren Gemeinden ausdrücklich gerade *nicht* dazu, innerhalb von Wasserschutzgebieten durch Satzung eine Versickerung von Niederschlagswasser vorzusehen. Dies scheint unter Vorbeugeaspekten ein richtiger legislativer Weg zu sein.

Bei der praktischen Umsetzung des § 51a LWG stellt sich die Frage, was denn im Rechtssinne eine Versickerung oder Verrieselung „vor Ort" ist. Da nähere Hinweise auf den diesbezüglichen gesetzgeberischen Willen aus den Gesetzgebungsunterlagen nicht hervorgehen, erscheint es geboten, sich bei der Auslegung dieser unbestimmten Gesetzesbegriffe an den Zielsetzungen der Norm zu orientieren. Da das Gesetz auf eine möglichst weitreichende Verbreitung ortsnaher Niederschlagswasserbeseitigungsmodelle abzielt, wäre es zu einschränkend, den Begriff nur auf das jeweilige Einzelgrundstück zu beschränken. Wenn sich z. B. bei einem größeren Baugebiet eine zentrale Versickerung oder Verrieselung des dort anfallenden Niederschlagswassers für mehrere Grundstücke als eine wasserwirtschaftlich sinnvolle Lösung erweist, stellt dies nach hiesiger Ansicht durchaus auch im gesetzlichen Sinne noch eine Niederschlagswasserbeseitigung „vor Ort" dar (vgl. VG Düsseldorf, Urt. v. 10.12. 1997, 5 K 264/97 – wiedergegeben in Mitt. NWStGB vom 20.6.1998, S. 224). Dem Gesetz sind ebenfalls keine Einzelheiten zu der Frage zu entnehmen, wann von der Möglichkeit einer „ortsnahen Einleitung" ausgegangen werden kann. Ähnlich wie bei dem Begriff „vor Ort" erscheint es verfehlt z. B. nur dann eine „ortsnahe Einleitung" anzunehmen, wenn sich das in Betracht kommende Gewässer unmittelbar im Umfeld des zu entwässernden Grundstücks – quasi hinter der Grundstücksgrenze – befindet. Sachgerecht erscheint es vielmehr, auf das Wassereinzugsgebiet des jeweiligen konkreten Baugebietes abzustellen. Einleitungen in diesem Bereich können dann in der Regel noch als ortsnah zu beurteilen sein, wobei sich allerdings im Einzelfall natürlich unter Kosten- und technischen Aspekten Zumutbarkeitsfragen für den Bürger stellen können.

4 Ausnahmen von der gesetzlichen Grundpflicht zur ortsnahen Niederschlagswasserbeseitigung

Wer als Gesetzgeber bei der Niederschlagswasserbeseitigung eine weitreichende Umorientierung von Bürgern, Behörden, Planern und der Wasserwirtschaft verlangt und einen neuen Umgang mit Regenwasser legislativ einfordert, kann dies schon aus verfassungsrechtlichen Gründen (Eigentumsschutz) grundsätzlich nur mit Wirkung für die Zukunft tun. Es muß deshalb für bestehende oder planerisch und genehmigungstechnisch abgeschlossene Kanalisationsnetze Bestandsschutzregelungen geben, da sich sonst in nicht vertretbarer Weise Investitionen zum Schaden der Allgemeinheit nicht amortisieren und Gebühren im Abwasserbereich noch massiver ansteigen als dies leider ohnehin der Fall ist. Mit § 51 a Abs. 4 S. 2 LWG wird deshalb für vor dem 1.7.1995 genehmigte Kanalisationsnetzplanungen eine Sonderregelung getroffen, deren Wirksamkeit zwischenzeitlich auch von einem nordrhein-westfälischen Verwaltungsgericht ausdrücklich bestätigt worden ist (vgl. VG Düsseldorf, Urt v. 10.12.1997, 5 K 264/97 – wiedergegeben in Mitt. NWStGB vom 20.6.1998, S. 224). Derartige Planungen können weiterhin realisiert werden, wenn eine Umstellung auf ortsnahe Niederschlagswasserbeseitung mit einem „unverhältnismäßigen technischen oder wirtschaftlichen Aufwand verbunden wäre". Der Gesetzgeber wollte so verhindern, daß durch die Aufgabe des Anschlusses des Niederschlagswassers an ein bestehendes bzw. das Nichtanschließen an ein genehmigtes und vor der Realiserung stehendes Mischsystem zu erheblichen Gebührenverschiebungen führt. Außerdem ist zu berücksichtigen, daß auch ansonsten möglicherweise Betriebszustände auftreten könnten, welche bei der zugrundeliegenden Planung nicht berücksichtigt werden konnten und die zu abwassertechnischen Problemen führen. Insofern sind bei der Prüfung des Aufwandes einer Umstellung z. B. die Kosten für eine etwaig erforderliche Anpassung der Anlagen an die geänderte Belastung und die Kosten für veränderte Betriebsweisen zu berücksichtigen.

Bei Trennkanalisationen ist es im Unterschied zu Mischkanalisationen hingegen so, daß sie bereits konkret 1996 realisiert sein mußten, damit das entsprechende Niederschlagswasser über § 51 a Abs.4 S.1 LWG von der Verpflichtung nach § 51a Abs. 1 LWG ausgenommen ist. Dies bedeutet aber nicht im Rückschluß, daß damit Trennsysteme wasserrechtlich nicht mehr realisiert werden können. Erweist sich nach näherer

Prüfung der Möglichkeiten ortsnaher Niederschlagswasserbeseitigung, daß diese wegen der konkreten örtlichen und insbesondere hydrogeologischen Verhältnisse wasserwirtschaftlich nicht sinnvoll oder möglich sind, können als situationsangepasste Lösungen durchaus stattdessen auch künftig noch Trennsysteme herangezogen werden. Eine Art allgemeine Sperre für solche Formen der Niederschlagswasserbeseitigung gibt es trotz Geltung der Grundpflicht zur ortsnahen Niederschlagswasserbeseitigung nicht.

5 Die Abwasserbeseitigungspflicht für das Niederschlagswasser

Für die Praxis von zentraler Bedeutung ist die Frage, wer für das Niederschlagswasser konkret abwasserbeseitigungspflichtig ist. Das LWG enthält hierfür eine spezielle Regelung. In § 51 a Abs. 2 LWG wird der gesetzliche Übergang der Abwasserbeseitigungspflicht für Niederschlagswasser von der Gemeinde auf den Nutzungsberechtigten festgelegt, wenn auf dessen Grundstück eine ortsnahe Niederschlagswasserbeseitigung in Form der Versickerung und Verrieselung möglich ist. Neben diesen konkreten fachlichen Kriterien spielen ferner für die Feststellung der Abwasserbeseitigungspflicht die planerischen Aussagen der Gemeinde in der Bauleitplanung und in der Entwässerungsplanung eine Rolle und welche satzungsrechtlichen Festlegungen vorliegen. Anders als vor der Novelle des LWG im Jahre 1995, die zur Einführung des § 51 a LWG führte, sind bezüglich der Abwasserbeseitigungspflicht keine besonderen Freistellungs- und Übertragungsakte mehr erforderlich, wenn die dargestellten Voraussetzungen für einen Übergang der Abwasserbeseitigungspflicht vorliegen. Bleibt hingegen die Abwasserbeseitigungspflicht bei der Gemeinde, hat sie wiederum aufgrund der gesetzlichen Verpflichtung zu versuchen, ihrerseits eine möglichst ortsnahe Niederschlagswasserbeseitigung zu realisieren.

Die Feststellung, ob auf Grundstücken eine Versickerung oder Verrieselung möglich ist und der Nutzungsberechtigte damit abwasserbeseitigungspflichtig wird, setzt entsprechende Ermittlungen über die Versickerungsfähigkeit etc. voraus, so daß sich die Frage stellt, wer entsprechende Ermittlungen durchzuführen und die Kosten hierfür zu tragen hat. Im Rahmen der Aufstellung von Bebauungsplänen ist davon auszugehen, daß die Gemeinde die notwendigen abwassertechnischen Grundlagen zu ermitteln hat und die entsprechenden Kosten ihr zur Last fallen. Ob man diese Kosten als normale Planungskosten ansieht oder ob sie in den Abwassergebührenhaushalt fallen, ist bislang nicht abschließend geklärt. Es spricht alles dafür, sie als „normale" Planungskosten zu betrachten. Die Ermittlungspflicht muß auch die Gemeinde treffen, wenn sie z. B. von der Möglichkeit nach § 51 a Abs. 3 S. 1 LWG Gebrauch macht und eine spezielle Niederschlagswasserbeseitigungssatzung für bestimmte Gemeindebereiche erläßt. Hingegen wird man eine Ermittlungspflicht des Nutzungsberechtigten eines Grundstückes annehmen müssen, wenn er sich mit seinem angeschlossenen Grundstück von einem Regenwasserkanal oder Mischsystem abtrennen und auf ortsnahe Niederschlagswasserbeseitigung umstellen möchte. Hier kann nämlich nicht unberücksichtigt bleiben, daß die Gemeinde bereits in der Vergangenheit unter regelmäßig hohem Kostenaufwand in Erfüllung ihrer Abwasserbeseitigungspflicht für eine kanalmäßige Erschließung des Grundstückes gesorgt hat. Es wäre insofern geradezu widersinnig, wenn die Gemeinde noch Kosten dafür aufwenden sollte oder müßte, daß zum Schaden des Gebührenhaushaltes ein Abklemmen vom funktionierenden Kanal fachlich begründet werden soll. Nur für den eher seltenen Fall, daß eine Gemeinde trotz bestehenden Kanalnetzes verlangt, daß ein Grundstück nicht angeschlossen oder abgeklemmt werden soll, wird man eine Ermittlungspflicht der Gemeinde bezüglich der Versickerungsfähigkeit annehmen können.

Allgemein ist darauf hinzuweisen, daß sich zuverlässige Angaben über die hydrogeologische Situation in einem bestimmten Gebiet in der Regel aus bereits vorliegenden Karten entnehmen lassen (geologische Karte/hydrogeologische Karte/Bodenkarten), so daß die Notwendigkeit einer Detailprüfung der Versickerungsfähigkeit des Bodens durch Bohrungen, Sondierungen, Laboruntersuchungen etc. die Ausnahme darstellt. Allerdings wird z. B. bei Hanglagen und

einem klüftig-felsigen Untergrund oft eine spezifische Untersuchung stattfinden müssen, die über Fragen der Versickerungsfähigkeit des Bodens hinausgeht (ausführliche Darstellung bei GRUBER 1997).

6 Die ortsnahe Niederschlagswasserbeseitigung in der Bauleitplanung und im Bauordnungsrecht

6.1 Bauleitplanung

Da nach § 123 Abs. 1 BauGB die Erschließung Aufgabe der Gemeinde ist, hat sie im Rahmen der verbindlichen Bauleitplanung natürlich die erforderlichen Erschließungsanlagen für die Abwasserbeseitigung zu planen und die erforderlichen Flächen zu sichern. Durch die Neuorientierung an der ortsnahen Niederschlagswasserbeseitigung, die planerisch sehr anspruchsvoll ist, erscheint es im Rahmen der Bebauungsplanung besonders wichtig, daß die Gemeinden frühzeitig die wasserwirtschaftlichen Fragen mit den Wasserbehörden und den Staatlichen Umweltämtern abklären. Hierbei kann auf die vielfältigen Informationen bei den zuständigen Behörden der Wasserwirtschaft – insbesondere zu den Grundlagen des Wasserhaushalts – zurückgegriffen werden. Die entsprechende Erschließungskonzeption ist in der Begründung des Bebauungsplans näher zu erläutern, es sei denn die Gemeinde macht z. B. von der in NRW eingeräumten Möglichkeit Gebrauch, eine spezielle Niederschlagswasserbeseitigungssatzung zu erlassen. Der Gesetzgeber hat insofern in § 51 a Abs. 3 LWG den Gemeinden mehrere Optionen zur Umsetzung des § 51 a LWG eingeräumt. In der Mehrzahl der Fälle wird aber aus Gründen der Flexibilität von den Gemeinden keine spezielle Niederschlagswasserbeseitigungssatzung aufgestellt, sondern „nur" in der Begründung der Bebauungspläne dargelegt, in welcher Form in dem konkreten Gebiet eine allgemeinwohlverträgliche Niederschlagswasserbeseitigung möglich ist. Hierbei ist es aber nicht ausreichend – was schon vorgekommen ist –, daß eine Kommune in der Bebauungsplanbegründung nur pauschal ausführt, daß „§ 51 a LWG beachtet wird". So einfach darf man es sich nicht machen. Erforderlich ist vielmehr eine Darlegung der wesentlichen Beurteilungsgrundlagen des Planungsträgers, also zumindestens Grundaussagen zu den hydrogeologischen Randbedingungen und zur Sicherstellung der gegebenenfalls erforderlichen Flächen für die Entwässerungsanlagen.

Wenn die Konzeption eine zentrale Versickerung des in dem Baugebiet anfallenden Niederschlagswassers vorsieht, wird es regelmäßig notwendig und sinnvoll sein, für die erforderlichen Flächen und für die Leitungsrechte von der Möglichkeit entsprechender bauplanungsrechtlicher Festsetzungen Gebrauch zu machen. Zu nennen sind hier Festsetzungen nach § 9 Abs.1 Nr. 14 BauGB, wonach Flächen für die Abwasserbeseitigung, „einschließlich der Rückhaltung und Versickerung von Niederschlagswasser", festgesetzt werden können (KOTULLA 1995). Diese ausdrückliche Möglichkeit einer derart konkreten Festsetzung einer Fläche als Versickerungsfläche ist mit der letzten Novelle des BauGB eingeführt worden. Die Festsetzung von Leitungsrechten erfolgt über § 9 Abs.1 Nr. 21 BauGB. Dies kann wichtig sein, wenn es etwa um die Entsorgung des Niederschlagswassers mehrerer Grundstücke durch Rigolen- oder Rohrsysteme geht und Durchleitungsrechte festgeschrieben werden müssen, um eine dauerhafte ordnungsgemäße Abwasserbeseitigung sicherzustellen (GRUBER 1997).

6.2 Bauordnungsrecht

Die Beseitigung von Niederschlagswasser muß auch den damit verknüpften bauordnungsrechtlichen Anforderungen gerecht werden (zu den Fällen bauordnungsrechtlicher Versickerungsgebote in anderen Bundesländern s. GRUBER 1997). Insbesondere ist es von hoher praktischer Bedeutung, wann etwa von einer gesicherten Erschließung hinsichtlich der Abwasserbeseitigung, mithin auch der Niederschlagswasserbeseitigung, ausgegangen werden kann. Es spricht viel dafür, bei einer ortsnahen Niederschlagswasserbeseitigung eine Erschließung in jedem Fall als gesichert anzusehen, wenn zum Zeitpunkt der Baugenehmigung eine wasserrechtliche Erlaubnis für das Einleiten des Niederschlagswassers – soweit erforderlich – vorliegt oder die Erteilung von der zuständigen Wasserbehörde zugesichert worden ist (Runderlaß des Ministeriums für Bauen und Wohnen NRW vom 24.1.1997,

Verwaltungsvorschrift zur Landesbauordnung, SMBl. NRW. Nr. 23210). Vor dem Hintergrund der allgemeinen Bestrebungen zur Erleichterung des Bauens und zum Abbau bürokratischer Hemmnisse gibt es dabei noch weitergehende Erleichterungen. In Nordrhein-Westfalen heißt es in der Verwaltungsvorschrift zur Landesbauordnung u. a.: „Im Falle des gesetzlichen Übergangs der Abwasserbeseitigungspflicht für Niederschlagswasser gem. § 51 a Abs.2 LWG muß zur Annahme einer gesicherten Erschließung das Vorliegen der wasserrechtlichen Erlaubnis nicht abgewartet werden, da mit ihrer Erteilung gerechnet werden kann." Es steht dann nämlich fest, daß das Grundstück für eine dauerhafte Versickerungsmaßnahme geeignet ist und eine ordnungsgemäße Abwasserbeseitigung nach hinreichender Prognose sichergestellt ist.

7 Versickerungsanlagen als Ausgleichsmaßnahmen i. S. des § 1 a BauGB und des § 8 a BNatSchG

Versickerungsanlagen können – wie die IBA-Projekte zeigen – in sehr ansprechender Form ökologisch hochwertig ausgestaltet werden. Dies ändert aber nichts daran, daß es grundsätzlich nicht ausgeschlossen ist, daß auch derartige Maßnahmen als solches unter Umständen naturschutzrechtliche Eingriffe darstellen, für die theoretisch ein Ausgleich zu schaffen ist. Bei der Betrachtung sollte aber berücksichtigt werden, wie die Anlage jeweils konkret angeordnet und ausgestaltet ist. Bei einer ökologisch wertvollen Ausgestaltung – etwa einer weiträumigen Teichanlage mit entsprechendem Pflanzenbestand etc. – wird in der Regel davon ausgegangen werden können, daß bei einer Gesamtschau entweder doch kein nennenswerter Eingriff vorliegt oder ein an sich bestehender Eingriff wieder durch einen Ausgleich in Form der Anlagenausgestaltung neutralisiert wird (vgl. dazu Ziffer 10 des Runderlasses des MURL NRW zu § 51 a LWG i.V.m. der Berichtigung, MBl. NRW. 1998, S.918). Darüber hinaus ist es wohl durchaus im Einzelfall nicht gänzlich ausgeschlossen, daß eine besonders naturnah ausgestaltete Regenwasseranlage einen anderweitigen Eingriff – jedenfalls teilweise – ausgleichen bzw. hierfür eine Ersatzmaßnahme darstellen kann. Diese Sichtweise berücksichtigt das Ziel der Schaffung optimaler Realisierungsbedingungen für eine naturnahe Regenwasserbewirtschaftung, die wegen ihrer mannigfaltigen positiven Wirkungen für die Stadtökologie gerade für den Naturschutz wichtig ist.

8 Versickerungsanlagen und ihre wasserrechtliche Einordnung/Gewässerbenutzungen

Die zur Niederschlagswasserbeseitigung erforderlichen Anlagen müssen nach § 51 a Abs.1 LWG natürlich den jeweils in Betracht kommenden Regeln der Technik entsprechen, um sicherzustellen, daß Schäden für das Grundwasser und für oberirdische Gewässer vermieden werden. Maßgeblich für die Bestimmung der Technischen Regeln sind u.a. die Arbeitsblätter der Abwassertechnischen Vereinigung; zu nennen sind hier z. B. die Arbeitsblätter A 138 und A 117 (z. B. ATV A 138; vgl. zur Frage der Amtshaftung bei unterdimensionierten Regenwasserkanälen: BGH, NJW 1998, 1307). Besonders wichtig ist dabei eine ausreichende Dimensionierung der Versickerungsanlagen und Aspekte wie die Sicherstellung einer ordnungsgemäßen kontinuierlichen Wartung einer betriebenen Anlage.

Hinzuweisen ist darauf, daß Anlagen zur Ableitung von gesammeltem Niederschlagswasser nach § 3 Abs.1 LWG keine Gewässer darstellen. Als Abwasseranlagen gelten wegen ihrer Zweckbestimmung Teiche, offene Gräben oder ähnliche Einrichtungen, wenn sie zur ortsnahen Niederschlagswasserbeseitigung dienen und in dem Zusammenhang z. B. Niederschlagswasser zwischenspeichern und zeitversetzt dem Wasserhaushalt zuführen. Wenn das Niederschlagswasser getrennt beseitigt und dabei gezielt behandelt werden muß, weil es z. B. verschmutzt ist, stellen die dafür notwendigen Anlagen Abwasserbehandlungsanlagen nach § 51 Abs.3 LWG dar, die grundsätzlich nach § 58 LWG der Genehmigungspflicht unterliegen.

Wenn gesammeltes Niederschlagswasser unmittelbar in ein Gewässer eingeleitet wird, stellt dies eine Gewässerbenutzung i. S. des § 3 Abs.1 Nr. 4 und 5 des WHG dar, die nach § 7 WHG grundsätzlich erlaubnispflichtig ist. Mit der 6. Novel-

le des WHG wurde aber den Ländern über § 33 Abs. 2 WHG die Möglichkeit eröffnet, allgemein oder für bestimmte Gebiete zu bestimmen, daß für das Einleiten von Niederschlagswasser in das Grundwasser zum Zwecke der Versickerung eine Erlaubnis nicht erforderlich ist. Der Bundesgesetzgeber wollte dadurch einen Beitrag zur Erleichterung ortsnaher Niederschlagswasserbeseitigung und zum Abbau der Bürokratie leisten. Der hohe Verwaltungsaufwand, der bei der Erlaubnispflichtigkeit jeder einzelnen Versickerungsmaßnahme entsteht, läßt sich für den Normalfall in Zeiten einer mit Personal- und Kostenproblemen kämpfenden Wasserwirtschaftsverwaltung, die ihre Ressourcen auf die wasserwirtschaftlich bedeutsamen Probleme fokussieren sollte, nicht durchgehend für alle Fälle rechtfertigen. Die Umsetzung der vom WHG eröffneten Möglichkeit wurde deshalb bereits in einigen Bundesländern eingeleitet; hinzuweisen ist z. B. auf das neue baden-württembergische Wasserrechtsvereinfachungs- und beschleunigungsgesetz (vgl. dazu Landtagsdrucksache BW 12/2846, zu § 36 Abs.3). Es ist davon auszugehen, daß in absehbarer Zeit mehrheitlich für die Versickerung unbelasteten Niederschlagswassers aus Wohngebieten keine Erlaubnis für die Versickerung mehr erforderlich sein wird. In dem Zusammenhang ist darauf hinzuweisen, daß in NRW z. B. schon immer allgemein anerkannt war, daß eine Versickerung über die belebte Bodenzone – etwa in Form einer großflächigen Versickerung über eine unbefestigte grüne Fläche – keine Gewässerbenutzung darstellt.

Bei alledem muß allerdings nochmals vor einer „Versickerung um jeden Preis" gewarnt werden. Das Gesetz in NRW verlangt nämlich die Suche nach situationsangepassten allgemeinwohlverträglichen Lösungen. Vor diesem Hintergrund kann eine völlige Erlaubnisfreiheit für die Einleitung von Niederschlagswasser nur nach eingehender fachlicher Prüfung und Auswertung der bisherigen Praxiserfahrungen beim Gesetzesvollzug erfolgen. Gerade bei Schachtversickerungen könnte eine generelle Erlaubnisfreiheit im Einzelfall durchaus problematisch sein, weil die Gefahr nicht ausgeschlossen werden kann, daß so Schadstoffe direkt in das Grundwasser gelangen.

9 Gebühren- und Satzungsfragen bei naturnaher Niederschlagswasserbeseitigung

Mit der gesetzlichen Einführung von Grundpflichten zur ortsnahen Niederschlagswasserbeseitigung haben sich die Stimmen gemehrt, die sich für eine stärkere Ökologisierung der Gebührengestaltung aussprechen. Das Thema der „getrennten Niederschlagswassergebühr" anstatt des „reinen Frischwassermaßstabs" hat in dem Kontext auch wieder eine hohe Aktualität erlangt (DEDY 1997) (vgl. zum Frischwassermaßstab VG Aachen NVwZ-RR 1996, 702). Es erscheint wichtig, finanzielle Anreize zur Realisierung naturnaher Regenwasserbewirtschaftung zu geben und eine angemessene Reduzierung der Abwassergebühren in der jeweiligen kommunalen Satzung für den Fall vorzusehen, daß eben nicht (mehr) das Regenwasser in den Kanal abgeleitet wird. Es stößt z. B. auf große Akzeptanzprobleme bei Grundstückseigentümern, daß trotz Nichteinleitung von Regenwasser in einen vorhandenen Kanal bei entsprechender Satzungsgestaltung eine Grundgebühr fällig sein kann. Das OVG Münster hat dies erst unlängst als rechtmäßig bestätigt (OVG Münster, NVwZ-RR 1996, S. 700). Es kann ferner nur unterstützt werden, was V. ROTH in einem Fachbeitrag mit dem Titel „Versickerung von Niederschlagswasser in der Entwässerungssatzung fördern" unter Darstellung der Rechtslage in allen Bundesländern im einzelnen ausgeführt hat (ROTH 1998). Sie führt unter Benennung einer konkreten Satzungsempfehlung zutreffend aus, daß es satzungsrechtlich darauf ankommt, den Anschluß- und Benutzungszwang so einzuschränken, daß er mit dem Konzept naturnaher Niederschlagswasserbeseitigung konform geht. Vielfach fehlt aber noch eine entsprechende Abstimmung. Perspektivisch kann als sicher prognostiziert werden, daß die kommunalen Satzungen die Neuorientierung bei der ortsnahen Niederschlagswasserbeseitigung durch angepaßte Regelungen nachvollziehen müssen und werden.

10 Haftungsfragen bei der Versickerung

Im Zusammenhang mit der Errichtung von Versickerungsanlagen sind bei einer rechtlichen Betrachtung auch Haftungsfragen miteinzubeziehen. Ist nämlich eine solche Anlage nicht funktionstüchtig bzw. zu klein dimensioniert, kann es z. B. zu teuren Nässeschäden an Nachbargebäuden kommen. Es können dann zivilrechtliche Schadensersatzansprüche wegen Eigentumsbeeinträchtigung entstehen. Daneben stellt sich die Frage, ob auch die zuständigen Behörden wegen Amtspflichtverletzung nach § 839 BGB i.V.m. Art. 34 GG in Anspruch genommen werden können, wenn sie z. B. in Verkennung der hydrogeologischen Gegebenheiten für ein Gebiet eine Versickerung bauplanerisch vorgesehen bzw. vorgeschrieben haben, in dem diese doch nicht auf Dauer möglich ist und es in der Folge zu vermeidbaren (Überschwemmungs-) Schäden kommt. Grundsätzlich wird man durchaus eine entsprechende Haftung für möglich halten müssen, wobei aber zu berücksichtigen ist, daß die behördliche Prüfung nicht dem Zweck dient, dem Bauherrn vollständig seine Verantwortung für die einwandfreie Errichtung und Unterhaltung der Versickerungsanlage abzunehmen und ihn vor Schäden an seinem Grundstückseigentum zu schützen. Allerdings wird die Frage der Drittgerichtetheit wasserrechtlicher Normen und Vorgaben sehr kontrovers diskutiert. Es dürfte angesichts der relativ strengen Amtshaftungsgrundsätze der Rechtsprechung vieles dafür sprechen, daß die Gemeinde für die Folgen einer fehlerhaften Entwässerungsplanung oder unter dem Gesichtspunkt der abwassertechnischen Erschließung fehlerhaft erteilten Baugenehmigung den individuell Betroffenen gegenüber einzustehen hat. Wie sich die Haftung ggf. im Einzelfall verteilt und ob z. B. den Grundstückseigentümer, der Schäden durch die Versickerung an seinem Gebäude etc. erlitten hat, ein Mitverschulden nach § 254 BGB trifft, hängt von den jeweiligen Umständen ab. Wichtig erscheint es jedenfalls – wie dies NRW in dem bereits mehrfach zitierten Runderlaß getan hat – vorsorglich zum Nachbarschutz Mindest-Grenzabstände für Versickerungsanlagen im Erlaßwege vorzugeben. Insbesondere bei hohen Grundwasserspiegeln wird von einem Mindestabstand von 2 m zum Nachbarn ausgegangen, bei unterkellerten Gebäuden ohne wasserdichte Ausbildung von 6 m. Außerdem müsse – so der Erlaß – sichergestellt sein, daß das zu versickernde Niederschlagswasser nicht in vorhandene Hausdrainagen gelangt.

Als Adressat von Haftungsansprüchen kommt schließlich auch noch der planende Architekt in Betracht, wenn er z. B. bei seiner Planung die Interessen des Nachbarn seines Auftraggebers außer acht läßt und so durch eine die Nachbarinteressen mißachtende Planung möglicherweise seinen Auftraggeber den Schadensersatzansprüchen des unter Nässeschäden leidenden Nachbarn aussetzt.

11 Europarechtlicher Rahmen/Europäische Wasserpolitik

Als die Emschergenossenschaft die Umstellung des Emscher-Systems in Angriff nahm, hat sie Aktivitäten ergriffen, die zum Vorschlag der Kommission der Europäischen Gemeinschaft für die Wasser-Rahmen-Richtlinie passen. Hauptziele einer nachhaltigen Wasserpolitik sind nach diesem Vorschlag die Versorgung mit Trinkwasser, die Versorgung mit Wasser für andere wirtschaftliche Zwecke, der allgemeine aquatische Umweltschutz und die Begrenzung der Auswirkungen von Überschwemmungen. Insgesamt soll ein „guter Gewässerzustand" erreicht werden. Zum guten ökologischen Zustand gehören bei Oberflächengewässern neben biologischen auch hydromorphologische, chemische und physikalisch-chemische Aspekte. Zentrales Instrument zur Erreichung des guten ökologischen Zustands der Gewässer ist der Bewirtschaftungsplan, der für jede Flußgebietseinheit aufzustellen ist (zu erwähnen sind in dem Zusammenhang auch die National River Authorities in England und Wales, die Agence de l'èau in Frankreich und die internationale Rheinschutzkommission). Maßgeblich ist dabei nach Ansicht der Kommission das Einzugsgebiet als elementare Flußgebietseinheit im Bereich der Wasserwirtschaft. In Nordrhein-Westfalen können wir diese Erkenntnis als Hommage an die Gründungsväter der Wasserwirtschaftsgenossenschaften im rheinisch-westfälischen Industriegebiet und an die Parlamentarier des preußischen Landtags ansehen, die damals die entsprechenden Gesetze erlassen haben.

Nach den bisherigen Überlegungen wird es erforderlich sein, zwischen überregionalen Flußgebietsplänen für Stromsysteme, regiona-len Flußgebietsplänen für wichtige Nebenflüsse und Flußplänen für Einzugsgebiete zu unterscheiden, um die linienhaften Probleme der Flußstrecken eines Gewässers, die Flußauenökosysteme und die Einzelprobleme darzustellen. Als neues Instrument des europäischen Wasserrechtes werden Bewirtschaftungssplane aufzustellen sein, die aber nicht mit dem traditionellen Bewirtschaftungsplan des deutschen Wasserrechts vergleichbar sind bzw. verwechselt werden sollten.

Besondere Beachtung findet auf europäischer Ebene der Grundwasserschutz, der gerade auch im Zusammenhang mit der Niederschlagswasserbeseitigung besonders zu beachten ist. Die Belastung des Grundwassers mit Altlasten und aus diffusen Quellen bedürfen besonderer Beachtung, wie z. B. die aufgrund europäischer Vorgaben erlassene Grundwasserverordnung des Bundes zeigt. Übereinstimmende und ausgeklügelte Strategien zum Schutz des Grundwassers und zur Bewirtschaftung von Oberflächengewässern sind unerläßlich. Hierzu gehört zweifelsohne auch und gerade die Versickerung des Regenwassers und die ortsnahe Einleitung in Bäche und Flüsse. Im Rahmen der IBA Emscherpark kommt daher der Ausformung des Strukturwandels vor allem mit der Revitalisierung alter Gewässer durch Einspeisung von Regenwasser zur Stärkung der Emscherbäche eine herausragende Bedeutung zu.

12 Resümee

Die aktuellen rechtlichen Rahmenbedingungen für die ortsnahe Niederschlagswasserbeseitigung erweisen sich gerade in Nordrhein-Westfalen wegen des § 51 a LWG als starke Hilfe für einen neuen Umgang mit Regenwasser. Verbunden mit dem aus der Abwasserabgabe finanzierten entsprechenden Förderprogramm wird dort für eine starke Verbreitung von naturnahen Versickerungsanlagen gesorgt. Immer mehr Bundesländer haben ähnliche Vorschriften und Förderungsansätze eingeführt. Soweit noch bürokratische Hemmnisse für eine naturnahe Regenwasserbewirtschaftung bestehen, weil grundsätzlich z. B. für entsprechende Einleitungsvorgänge wasserrechtliche Erlaubnisse notwendig sind, werden diese – soweit ersichtlich – über kurz oder lang in den Bundesländern beseitigt, wobei vielfältige Differenzierungen denkbar sind

(Flächenversickerungen eher erlaubnisfrei als Schachtversickerungen). Von der über § 33 Abs.2 WHG eröffneten Möglichkeit, bezüglich des Niederschlagswassers für die Einleitung keine Erlaubnis mehr vorzusehen, machen bereits einige Bundesländer Gebrauch. Das insoweit bestehende Hemmnis wird also bald beseitigt werden, wobei man bei alledem aufpassen muß, daß man „das Kind nicht mit dem Bade ausschüttet" und durch zu weitgehende Erlaubnisfreiheit Qualitätsprobleme für das Grundwasser produziert. Noch nicht ganz geklärt sind die gebühren- und satzungsrechtlichen Folgen einer verstärkten Orientierung zur naturnahen Regenwasserbewirtschaftung, so daß manchesmal sich Satzungsvorschriften eher als Hemmnis erweisen. Hier wird aber auf nahe Sicht die starke Verbreitung von Versickerungsanlagen Rückwirkungen auf die Ausgestaltung der kommunalen Satzungen haben.

Insgesamt kann als Resumee festgestellt werden, daß sich die derzeitigen und voraussichtlich bevorstehenden rechtlichen Rahmenbedingungen für eine naturnahe Regenwasserbewirtschaftung mehrheitlich als hilfreich für einen neuen Umgang mit Regenwasser erweisen. Hierbei ist keine „Versickerung um jeden Preis" anzustreben, sondern eine situationsanpaßte Lösung, die grundsätzlich eine ortsnahe Niederschlagswasserbeseitigung zu realisieren versucht, aber sich auch bei entsprechenden örtlichen Gegebenheiten im Allgemeinwohlinteresse traditionellen Formen der Abwasserbeseitigung nicht völlig verschließt. In diesem Handlungsfeld die vielfältigen Varianten für einen Neuen Umgang mit Regenwasser für die Praxis aufgezeigt zu haben, ist besonderes Verdienst und Erfolg der IBA.

Aus Erfahrungen lernen – Was man zu Planung und Ausführung wissen muß

Mathias Kaiser

1 Lernpotential Emscherraum

Bei der Fülle der im Emscherraum inzwischen durchgeführten Maßnahmen, von denen manche Pilotanlagen sind, bleiben Fehler nicht aus. Gründe können in der mangelnden Abstimmung von Planungsschritten oder in ungenügenden Kenntnissen über Böden und ihre Wasserdurchlässigkeit oder der Leistung einzelner Elemente zur Regenwasserbewirtschaftung und deren Kombinationsmöglichkeiten liegen. Diese im Emscherraum gemachten Erfahrungen sind ein enormes Lernpotential. Die wichtigsten Aspekte werden im folgenden dargestellt.

2 Hinweise zur Integration in den städtebaulichen Prozeß

2.1 Problemstellung

Die naturnahe Regenwasserbewirtschaftung ist ihrem Wesen nach nicht mehr eine nachgeordnete Entsorgungsplanung städtebaulicher Erschließungen, wie die Entwässerung im Misch- oder Trennsystem, sondern selbst Gegenstand städtebaulicher und freiraumplanerischer Konzeptionen.

Die konventionelle Entwässerung, die in Kanalnetzen unter der Geländeoberkante stattfindet, kommt weitgehend ohne Flächenansprüche und topographische Rücksichtnahmen aus und kann in eine städtebauliche Planung nachträglich integriert werden. Die Regenwasserbewirtschaftung dagegen mit der qualitativen Orientierung an den natürlichen Entwässerungsverhältnissen beansprucht selbst Flächen im Baugebiet und stellt gleichzeitig hohe Ansprüche an deren Verknüpfung und Anordnung. Damit gerät die Regenwasserbewirtschaftung in den Verteilungskampf divergierender Nutzungsinteressen, dessen Ergebnis der städtbauliche Entwurf bzw. der Bebauungsplan ist.

Die zusätzliche Beachtung der Thematik Regenwasserbewirtschaftung stößt häufig auf Widerstände, sei es aus Gründen mangelnder Fachkenntnis bei PlanerInnen, aus Furcht vor Kostenexplosionen oder Verzögerungen im Planungsprozeß. Dieses hohe Maß an subjektiv empfundenem Störpotential, welches von jedem „neuen" umweltrelevanten Aspekt ausgeht, kollidiert in starkem Maße mit den von Gesellschaft und Politik geforderten Planungsbeschleunigungen. In diesen Konflikt gerät nun der Planer, weshalb seine Skepsis, Zurückhaltung und die Befürchtung vor dem weiteren Anwachsen planerischer „Nebenkriegsschauplätze" durchaus verständlich ist.

2.2 Zielgerichtetes Vorgehen

Im Rahmen der Planung und wissenschaftlichen Begleitung von Projekten (KAISER 1998a) konnte festgestellt werden, daß der Zeitpunkt der Integration, d. h. der Planungsstand des Verfahrens, an dem die Belange der naturnahen Regenwasserbewirtschaftung tatsächlich eingebunden werden, von entscheidender Bedeutung ist. Dabei ist eindeutig erkennbar, daß, je eher der Einstieg gelingt, desto höher die wasserwirtschaftlichen, ökologischen und ökonomischen Vorteile und desto geringer die Nutzungsbeeinträchtigungen (Nutzungskonflikte) wie auch zeitliche Verzögerungen sind.

Die Regenwasserbewirtschaftung ist jedoch kein Störfaktor der städtebaulichen Planung, sondern vielmehr eine Chance, ökologische (Erhalt des natürlichen Wasserhaushaltes) und ökonomische Belange (kostengünstige Erschließung) miteinander in Einklang zu bringen. Eine weitere Befrachtung des Stadtplaners mit Detailwissen anderer Fachdisziplinen wird vermieden, indem in enger und frühzeitiger Abstimmung zwischen den beteiligten Institutionen wie

– Planungsamt,

– Umweltamt, Genehmigungsbehörden,

– Tiefbauamt, Straßenbauamt ,

– Entsorgungsverbänden oder -gesellschaften,

situationsangepaßte Lösungsvarianten einer naturnahen Regenwasserbewirtschaftung erarbeitet werden.

2.3 Ersteinschätzung

Eine Ersteinschätzung im frühen Stadium des Planungsprozesses, die das wasserwirtschaftliche Umfeld des zu beplanenden Gebietes betrachtet und bewertet, bereitet eine zügige Entwässerungsplanung vor, ohne den Planungsprozeß zu verzögern (KAISER/STECKER 1997).

Die naturnahe Bewirtschaftung des Wassers ist dabei frühzeitig als Planungsziel zu formulieren. Langfristig sollten die Anforderungen eines naturnah orientierten Umgangs mit Regenwasser bereits in der „Vorbereitenden Bauleitplanung" (Flächennutzungsplan) Berücksichtigung finden (z. B. durch Zuordnung von Retentionsräumen als Puffer zwischen Baugebieten und Naturräumen).

Für die „Verbindliche Bauleitplanung" (Bebauungsplan) wird in der Ersteinschätzung die wasserwirtschaftliche Gesamtsituation hinsichtlich der Geofaktoren Oberfläche (stehende, fließende Gewässer, Relief) und Untergrund (Boden, Grundwasser) erfaßt. Die entscheidende Aussage dabei ist die Bewertung der Versickerungsfähigkeit des anstehenden Untergrundes, wonach sich die Wahl des Versickerungs- bzw. Bewirtschaftungsverfahrens richtet. Aufgrund dieser kann entschieden werden, ob ein auf einfache (reine) Regenwasserversickerung ausgerichtetes Entwässerungssystem zur Anwendung kommen kann oder aber bei unzureichender Versickerungsfähigkeit weitergehende Maßnahmen zu treffen sind (Auswahl von Entwässerungselementen mit einem größerem Speichervermögen oder zusätzlicher Ableitungskomponente).

Bei der Bewertung der Versickerungsfähigkeit sind neben eventuellen Verschmutzungen/Altlasten die geologischen Rahmenbedingungen, Bodenart, Grund- und Schichtenwasserverhältnisse sowie der Durchlässigkeitsbeiwert k_f [m/s] als entscheidende Kenngröße zur Quantifizierung der in den Untergrund pro Zeiteinheit infiltrierenden Wassermenge zu beachten. Folgende Richtwerte sind für die Wahl des Versickerungs- bzw. Bewirtschaftungsverfahrens zu nennen:

– Flächenversickerung: $k_f \geq 2 \cdot 10^{-5}$ m/s

– Muldenversickerung: $k_f \geq 5 \cdot 10^{-6}$ m/s (bei großem Freiflächenangebot auch darunter)

– Mulden-Rigolen-Versickerung ohne Ableitung: $k_f \geq 1 \cdot 10^{-6}$ m/s

– Mulden-Rigolen-Versickerung mit Ableitung: keine Beschränkung

Es wird deutlich, daß anhand der Bestimmung der Durchlässigkeit die Entscheidung getroffen wird, ob die Möglichkeit der Regenwasserableitung und damit eine Vernetzung der Versickerungsanlagen erforderlich ist oder ob isolierte Speicher- und Versickerungsmaßnahmen ausreichen. An dieser Stelle wird also einerseits über Planungsfreiheit (einfache isolierte Einzelanlagen oder vernetzte Bewirtschaftungsstrukturen) und andererseits auch über Kosten entschieden. Zwar ist eine Mulden-Rigolen-Versickerung unabhängig von der Durchlässigkeit des anstehenden Bodens plan- und berechenbar, jedoch sind zuerst die Möglichkeiten einer Versickerung in einfachen, kostengünstigeren und ökologisch überlegenen dezentralen Mulden auszuloten.

2.4 Planungshinweise

Die naturnahe Regenwasserbewirtschaftung ist an den lokal vorhandenen Verhältnissen zu orientieren. Es gibt daher keine Pauschalkonzepte, die auf beliebige Situationen übertragbar sind. Dennoch können allgemein gültige Planungshinweise formuliert werden:

– Zur Reduzierung der zu bewirtschaftenden Regenwassermengen ist eine Beschränkung der Versiegelung auf das nutzungsbedingte Mindestmaß notwendig.

– Sowohl im privaten Grundstücksbereich als auch im Bereich öffentlicher Verkehrsflächen müssen unbefestigte Freiflächen für dezentrale Speicher- und Versickerungsanlagen vorgesehen werden. Die natürlich vorhandenen Geländetiefpunkte und -tiefenlinien sind generell von der Bebauung freizuhalten, da sie günstigste Bereiche für Versickerungsanlagen sind.

– Flächen in einer Größenordnung von ca. 10 bis 15 % der Größe der angeschlossenen abflußwirksamen Fläche sind für die Anlage dezentraler grasbewachsener Mulden vorzuhalten. Wird eine isolierte Muldenversickerung bei geringen Durchlässigkeiten angestrebt, sind Flächen von bis zu 30 % der Größe der angeschlossenen abflußwirksamen Fläche zur Verfügung zu stellen.

– Bei geringer Versickerungsfähigkeit des anstehenden Bodens ist ein Anschluß des Bewirtschaftungssystems an ein natürliches Fließgewässer anzustreben. Alternativ ist eine Anbindung an die Kanalisation möglich.

– Die für Bewirtschaftungsanlagen vorgehaltenen Grünflächen sollten bei schlechten Durchlässigkeiten ein vernetztes System bilden. Kann kein oberflächiger Verbund wegen Hindernissen erstellt werden, ist eine unterirdische Vernetzung durch Rohrleitungen zu ermöglichen.

– Zwischen Versickerungsanlagen und unterkellerten Gebäuden ist ein Abstand über den aufgelockerten Baugrubenbereich hinaus einzuhalten (ca. 6 m). Bei nichtunterkellerten Gebäuden kann der Abstand verringert werden.

– Die Zuordnung der Versickerungsflächen zu den abflußwirksamen Flächen sollte direkt und auf kurzem Wege erfolgen, um lange Ableitungswege zu vermeiden.

– Die Ableitung vom Regenfallrohr zur Versickerungsmulde erfolgt i. d. R. an der Oberfläche in offenen Rinnen, um die Tiefenlage der Mulden zu begrenzen.

– Die Versickerungsmulden sollten einen max. Wasserstand von rd. 30 cm in Wohngebieten nicht überschreiten. Böden mit hoher Durchlässigkeit ermöglichen größere Einstautiefen. Bei geringer Durchlässigkeit können flachere Mulden erforderlich sein (Begrenzung der Entleerungsdauer).

– Bei hängigem Gelände sind die Mulden möglichst hangparallel anzuordnen.

– Zur Sicherung einer dauerhaften Funktion öffentlicher Versickerungsanlagen ist für Unterhaltungsmaßnahmen eine ausreichende Zugänglichkeit der Anlagen vorzusehen.

– Es sind ausreichend Kfz-Stellplätze vorzusehen, um ein Beparken von Muldenflächen nicht zu provozieren. Darüber hinaus ist das Überfahren von Muldenflächen durch konstruktive Maßnahmen zu verhindern.

– Zum Schutz vor Vernässung der Gebäude bei Extremniederschlagsereignissen ist das Baugelände so zu profilieren, daß Oberflächenabflüsse nicht ungehindert in Erd- oder Kellergeschosse eindringen können (leichte Aufhöhung der Gebäudestandorte). Dies gilt insbesondere bei hängigem Gelände.

2.5 Festsetzungsmöglichkeiten

Die Kommune hat die Möglichkeit, über eine gesonderte Niederschlagsentwässerungssatzung festzusetzen, wie mit Niederschlagswasser umgegangen werden soll. Präzisere Aussagen sind jedoch bei Festsetzungen für die Niederschlagswasserbeseitigung im Bebauungsplan möglich. Damit eröffnet sich die Möglichkeit, diese mit den Maßnahmen gemäß § 8a Bundesnaturschutzgesetz (Eingriffsregelung) so zu verknüpfen, daß Ausgleichs- und Ersatzflächen auch für die Bewirtschaftung des Niederschlagswassers genutzt werden können.

Folgende Festsetzungen können im Bebauungsplan getroffen werden:

– Art der Regenwasserbewirtschaftung,

– Flächen für Rückhaltung und Versickerung (§ 9 Abs. 1 Nr. 14 und ggf. 20 BauGB),

– Leitungsrechte für die Zuleitung zu semizentralen Versickerungsanlagen (§9 Abs.1, Nr. 21 BauGB),

– Sicherung der Versickerungsflächen auf privaten, grundstücksübergreifenden Flächen durch die Eintragung von Grunddienstbarkeiten.

Es wird deutlich, daß eine Regenwasserbewirtschaftung heute genau wie die konventionelle Regenwasserableitung in die Bebauungsplanung integriert werden kann.

2.6 Empfehlungen

Für eine erfolgreiche Integration der naturnahen Regenwasserbewirtschaftung in die Bebauungsplanung und das Ausschöpfen ökologischer und ökonomischer Synergieeffekte sollte folgenden Arbeitsschritten gefolgt werden:

Versickerungsgutachten

Erstellung eines sog. geohydrologischen Gutachtens zur Ermittlung der Möglichkeiten einer naturnahen Regenwasserbewirtschaftung. Wichtig ist dabei, daß die Auswahl der Methoden zur Erhebung der Durchlässigkeit zielgerichtet durchgeführt wird. Das Gutachten sollte dabei nicht nur der eingeschränkten Fragestellung einer hundertprozentigen Versickerung nachgehen, sondern alle Möglichkeiten der Bewirtschaftung des Regenwassers im Baugebiet behandeln.

Regenwasserkonzept

– Auf der Grundlage des geohydrologischen Gutachtens ist parallel zur Erstellung des städtebaulichen Entwurfs und des Bebauungsplanes ein sog. Regenwasserkonzept zu entwerfen.

– Formulierung der Ziele für die Niederschlagswasserbewirtschaftung auf der Grundlage der übergeordneten wasserwirtschaftlichen Situation und des vorliegenden städtebaulichen Entwurfes.

– Variantenentwicklung und -auswahl zur Regenwasserbewirtschaftung unter Berücksichtigung der gegebenen bzw. geplanten Gefälleverhältnisse sowie der Zuordnung von Bebauung, Erschließung und Freiraumbereichen.

– Konzepterstellung unter Beachtung der städtebaulichen Integration, einer möglichst großen ökologischen Ausgleichswirkung und einer kostengünstigen Erstellung der Erschließung.

– Formulierung von Empfehlungen an andere Fachplanungen wie Straßenbau, Städtebau und Freiraumplanung, mit denen die Voraussetzungen für die Umsetzung des Regenwasserbewirtschaftungskonzeptes gesichert werden.

– Hydraulische Vorbemessung des Niederschlagsentwässerungssystems mit Hilfe einer Langzeitkontinuumssimulation ggfs. unter Einbeziehung von Teilversickerung und gedrosselter Ableitung.

Berücksichtigung und Darstellung der Ergebnisse im Bebauungsplanentwurf

– Koordination und Abstimmung mit dem Bebauungsplanverfasser zur Berücksichtigung und Darstellung der Ergebnisse im Bebauungsplan-Vorentwurf.

Gutachten- und Konzepterstellung sollten dabei in enger Abstimmung zueinander durchgeführt werden, um planerische Anforderungen bei der Standortauswahl von Versickerungsversuchen aufeinander abstimmen zu können.

3 Hinweise zur Ermittlung der Durchlässigkeit

3.1 Bedeutung der Durchlässigkeit des Untergrundes

Die Versickerungsfähigkeit des anstehenden Bodens entscheidet über die Wahl des Entwässerungsverfahrens und die Art und Größe von Anlagen, wenngleich die Durchlässigkeit des Bodens durch eine zielgerichtete Kombination der Elemente

– Versickerung/Verdunstung,

– Rückhaltung,

– gedrosselte Ableitung

in ihrer Bedeutung gemindert werden kann.

Einer möglichst genauen Ermittlung der Durchlässigkeit kommt daher unter den Gesichtspunkten einer technisch und ökonomisch optimierten Planung entscheidende Bedeutung zu.

Die Durchlässigkeit eines Bodens beschreibt die Fähigkeit des Untergrundes, eine bestimmte Wassermenge pro Zeiteinheit durchsickern zu lassen, abhängig von (Wasser-) Durchlässigkeit des Bodens und des verwitterten Locker- und Festgesteines. In der Hydrogeologie wie auch in der Bodenkunde wird die Durchlässigkeit durch den Durchlässigkeitsbeiwert k_f angegeben. Dieser beschreibt den Widerstand eines durchflossenen Gesteins (Bodens) und hängt von den Eigenschaften des Wassers sowie des Grundwasserleiters ab.

Tafel 1: Anwendungsbereiche verschiedener Versickerungstechniken

Methode Kriterium	Korngrößen- analyse	Boden ansprache	Doppelring- Infiltrometer	Open-End- Test
Tiefenlage der Versuche	1 bis 10 m	0 bis 2 m	0 bis 0,50 m	0,5 bis 2 m
Genauigkeit des Ergebnisses	gering	orientierende Einschätzung	hoch	hoch
Aufwand der Durchführung	gering	gering	hoch	mittel
Eignung für die Regenwasserbe- wirtschaftung	Bei bindigen Böden nicht anwendbar	Als Orientierungs- wert gut, für Detail- aussagen zu ungenau. Wichtig für die Ab- stützung von Ver- sickerungsversuchen	Gut geeignet für Flächenver- sickerung in baulich nicht überformten Bereichen	Gut geeignet für alle natur- nahen Ver- sickerungs- methoden in Baugebieten

Das Gesetz von Darcy zeigt, welche Beziehung zwischen einzelnen Parametern beim Durchfließen eines Gesteins bestehen. Es gilt für Porengrundwasserleiter und nicht ganz exakt auch für Kluft- und Karstgrundwasserleiter (HÖLTING 1989):

$$Q = k_f \cdot h / l \cdot A$$

Q = Wasserdurchfluß [m^3/s]
h = Druckhöhenunterschied [m]
l = Fließlänge [m]
A = Fläche [m^2]

Der k_f-Wert bestimmt also, bei sonst konstanten Parametern, die Wassermenge, die pro Zeiteinheit einen Porengrundwasserleiter durchfließt. Er wird in der Regel in Meter pro Sekunde (m/s) angegeben. Angaben in Karten beziehen sich auf den gesättigten Zustand des Bodens. Tatsächlich ist die Durchlässigkeit in der wasserungesättigten Zone k_{fu} aber geringer. Diese Tatsache muß bei der Auswertung vorliegender Datenbestände berücksichtigt werden. Der Begriff der Durchlässigkeit wird hier im folgenden synonym mit dem der hydraulischen Leitfähigkeit verwendet (gemäß DIN 4049).

3.2 Methodenwahl

3.2.1 Anforderungen

Die Anforderungen an eine für die dezentrale Regenwasserbewirtschaftung geeignete Methode zur Ermittlung der Durchlässigkeit läßt sich anhand folgender Kriterien beschreiben:

– *Räumliche Aussagenschärfe*
Bei konkreten Bauvorhaben sind kleinräumige Aussagen im Rahmen vorbereitender Planungsphasen (Flächennutzungsplanung, städtebauliche Planungen) jedoch auch großräumige Aussagen erforderlich. Es sind also sowohl Methoden, die kleinräumige, wie auch solche, die großräumige Aussagen machen, brauchbar.

– *Tiefenlage der Ermittlung*
Eine Versickerung des Niederschlagswassers nutzt heute i. d. R. die belebte Bodenzone zur Reinigung und ist somit an eine oberflächennahe Anordnung gebunden. Für Mulden und kombinierte Mulden-Rigolen ergeben sich Sohltiefen zwischen 0,30 und 1,50 m.

Durch erhebliche Reliefveränderungen in der Bauphase sowie Baustelleneinrichtung, Baustellenverkehr oder die Lagerung von Baustoffen während der Bauzeit wird das Bodengefüge stark verändert. Dies trifft auch potentielle Versickerungsflächen. Wichtig ist deshalb eine Ermittlung der Durchlässigkeit in ausreichender Tiefe unter Geländeoberkante (GOK). In der Praxis bewährt hat sich dabei eine Tiefenlage unter GOK von 0,80 bis 1,20 m.

Bei Vorhaben zur Versickerung des Niederschlagswassers in *bestehenden* Siedlungsgebieten gelten andere Bedingungen als in Neubaugebieten, denn die Veränderungen des Reliefs, der Schichtenfolge oder Veränderungen der Durchlässigkeit durch Verdichtung oder Auffüllungen sind hier bereits Realität geworden. Begünstigend für die Versickerung kann sich eine langjährige Gartennutzung auswirken. Mit der Zeit regeneriert sich der Boden und weist eine Vielzahl von Grobporen auf, die das Eindringen von Niederschlagswasser erleichtern. Auch hier hat sich die Ermittlung der Durchlässigkeit in Tiefenlagen zwischen 0,80 und 1,20 m bewährt. Diese sind wie bei Neubauvorhaben, durch vertikale Bodenaufschlüsse (Schlitzsondierungen/Bodenansprache) zu ergänzen.

– *Ermittlung in der ungesättigten Zone*
Der Vorgang der Versickerung ist grundsätzlich an ein hydraulisches Gefälle gebunden. Dies kann nur als gegeben vorausgesetzt werden, wenn die Ermittlung der Durchlässigkeit in der *ungesättigten* Bodenzone durchgeführt wird.

– *Aufwand der Durchführung*
Der Aufwand für die Ermittlung der Durchlässigkeit sollte, ohne dabei Qualitätsaspekte zu vernachlässigen, so niedrig wie möglich sein. Dies ist nicht nur aus Kostengründen wichtig, sondern erlaubt bei gleichem Budget eine sorgfältigere Untersuchung (höhere Beprobungsdichte je Flächeneinheit).

Im folgenden werden in Forschung und Praxis bewährte Methoden unter dem Blickwinkel spezifischer praxisrelevanter Einsatzbedingungen dargestellt. Es lassen sich grob 3 Bereiche unterscheiden:
Fachkartenauswertung, Labormethoden, Feldmethoden.

3.2.2 Auswertung von Fachkarten

Für die Einschätzung der potentiellen Versickerungsfähigkeit eines Areals, ist die Auswertung einschlägiger Fachkarten sinnvoll. Neben den dort vorliegenden Informationen über die örtlichen Boden- und Grundwasserverhältnisse gibt es Aussagen zu Bodenarten und -schichtenfolgen. Zur Verfügung stehen hier die frei erhältlichen Kartenwerke des Geologischen Landesamtes (Bodenkarten, Geologische Karten, Hydrogeologische Karten). Die Kartenauswertung dient nicht dem Ersatz von Felderhebungen, sondern der Klärung über das weitere gutachterliche Vorgehen.

3.2.3 Labormethoden: Korngrößenanalyse

Bei der Korngrößenanalyse oder Sieblinienanalyse wird im Labor eine Bodenprobe auf ihre Korngrößenverteilung analysiert. Die verschiedenen Korngrößenanteile bestimmen die Porengrößen des Bodens und damit dessen Wasserleitfähigkeit. Ist der Grobkornanteil hoch, hat der Boden eine vergleichsweise gute Durchlässigkeit. Überwiegt jedoch der Feinkornanteil, ist von einer geringeren Durchlässigkeit auszugehen.

Da die tatsächliche Lagerungsdichte des Bodens unberücksichtigt bleibt, ist die Aussagekraft der Korngrößenanalyse jedoch begrenzt, denn die Lagerungsdichte beeinflußt das Porenvolumen und damit den Durchlässigkeitswert erheblich. Die Methode ist darüber hinaus für die Bestimmung der Versickerungsleistung bindiger Böden wenig geeignet.

Sieblinienanalysen werden oft im Rahmen von Baugrunduntersuchungen durchgeführt, um die Korngrößenverteilung des Untergrundes und damit seine Standfestigkeit zu bestimmen. Weit verbreitet ist daher das Verfahren nach HAZEN. Eine Ermittlung des k_f-Wertes nach diesem Verfahren ist nur bei Böden mit einem Ungleichförmigkeitsverhältnis („d 60 zu 5") zulässig.

3.2.4 Bodenansprache

Mit Hilfe einer Schlitz- oder Rammkernsondierung wird eine Profilaufnahme des Bodens bis zur gewünschten Tiefe, in der Regel 1 bis 2 m, gewonnen. Erfahrene Bodenkundler sind in der Lage, die erforderlichen Parameter Bodenart, effektive Lagerungsdichte und Rohdichte (trocken) abzuschätzen und so Rückschlüsse auf die hydraulische Leitfähigkeit zu ziehen. Methodische Hilfestellung dafür bietet die „Bodenkundliche Kartieranleitung" (ARBEITSGRUPPE BODEN 1994, Kap. 5). Auch Stau- oder Grundwassereinflüsse können anhand der Färbung und des Feuchtegehaltes erhoben werden.

Die Ergebnisse der Bodenansprache bilden jedoch immer nur Orientierungswerte. Sie sind in den vorliegenden Bodenkarten großräumig erhoben und dargestellt. Die Genauigkeit reicht für konkrete Planungen zur dezentralen Regenwasserbewirtschaftung nicht aus. Sie hat sich jedoch bewährt zur Ersteinschätzung und zur räumlichen Abstützung der Ergebnisse qualifizierter Versickerungsversuche.

3.2.5 Open-End-Test

Als geeignetes Verfahren für die Ermittlung der Durchlässigkeit hat sich der Versuchsaufbau des „open-end-Testverfahrens" (Bureau of Reclamation, zit. bei LANGGUTH/VOIGT 1980) gezeigt.

Bei der Durchführung wird ein konstanter Wasserstand und damit ein konstanter Druckwasserstand im Rohr gehalten. Die Versickerung findet ausschließlich über die Sohle des Rohres statt. Für die Ermittlung der Versickerungsrate „k" wird eine weitestgehende Sättigung des Bodens unterhalb des Meßrohres durch eine Phase der Vorwässerung angestrebt. Erst wenn sich die Versickerungsrate verstetigt, werden die eigentlichen Messungen durchgeführt. Für genaue Ergebnisse ist ein ausreichender Querschnitt des Rohrdurchmessers wichtig (≥ 100 mm $\cong$ F $= 78,5$ cm²).

Der Versickerungsversuch ist ausschließlich über die Bohrlochsohle durchzuführen und die Rohrwandungen dabei absolut dicht zu halten. Das in der Praxis oftmals gebräuchliche Herstellen des Bohrlochs mit Hilfe einer Rammkernsonde genügt diesen Anforderungen nicht, da zum einen der Versickerungsquerschnitt mit rd. 3,5 bis 4,5 cm (F = 10 bis 15 cm²) zu klein und die Bohrlochsohle durch das Rammen planmäßig vorverdichtet und damit undurchlässig gemacht wird. Die Folge sind Ergebnisse, die i. d. R. geringere Durchlässigkeiten aufzeigen und so eine falsche Planung nach sich ziehen.

3.2.6 Doppel-Ring-Infiltrometer

In manchen Fällen ist es möglich, die Regenwasserbewirtschaftung in die Flächen zum Schutz, zur Pflege und zur Erhaltung von Natur und Landschaft (sog. Ausgleichsflächen) zu integrieren. Bei diesen Flächen ist davon auszugehen, daß sie in ihrem Relief und ihrer Schichtenfolge während der Bauzeit nicht entscheidend verändert werden. Da diese Flächen eine ausgeprägte Vegetation aufweisen, sollte bei der Bemessung der Regenwasserbewirtschaftung nicht ausschließlich die vertikale Untergrundversickerung betrachtet werden.

Bewährt hat sich eine oberflächennahe Ermittlung der Durchlässigkeit mit dem Doppelring-Infiltrometer (Foto in Beispiel 1.5). Dieses Verfahren erlaubt eine Einbeziehung der positiv auf das Versickerungsverhalten wirkenden Grobporen im Oberboden. Der Meßquerschnitt ist dabei größer zu wählen. Die oberflächennahe Anordnung (0 bis 0,30 m unter GOK) erlaubt dies, ohne größeren Aufwand für Schachtarbeiten.

Der Versuchsaufbau eines Doppelring-Infiltrometers besteht aus zwei mittig zueinander liegenden Stahlzylindern. Diese werden in den Boden versenkt und mit Wasser befüllt. Durch den wassergefüllten Außenring wird die horizontale Ausbreitung des Wassers aus dem Innenring verhindert, so daß dort die vertikale Infiltrationsrate für den Ringquerschnitt bestimmt werden kann.

Mit dieser Feldmethode wird die Versickerung direkt an der Bodenoberfläche bestimmt. Dadurch kommt sie den natürlichen Verhältnissen nach einem Regenereignis sehr nahe und liefert stabile Aussagen über die Versickerungsfähigkeit nahe der Geländeoberkante.

4 Hinweise zur Dimensionierung

4.1 Techniken

Zu den Elementen der naturnahen Bewirtschaftungsverfahren zählen:

– Regenwasserspeicherung,

– Regenwasserreinigung,

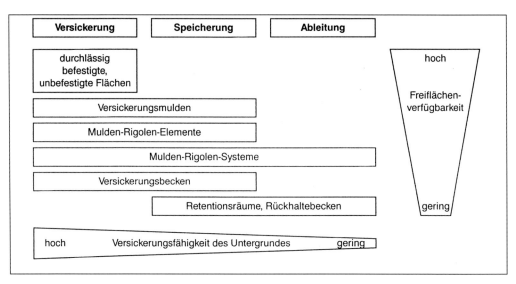

Bild 1: Kombination und Einsatzbereich der Bewirtschaftungselemente

DURCHLÄSSIGKEIT				AUSWAHLVERFAHREN REGENWASSER-BEWIRTSCHAFTUNGSSYSTEM	
Klasse	Durch-lässigkeit	k_f von	k_f bis	bei geringem Flächenangebot *2	bei höherem Flächenangebot *3
I	hohe	$1 \cdot 10^{-5}$	$5 \cdot 10^{-6}$	Mulden-Versickerung	Mulden-Versickerung 10 : 1
II	mittlere	$5 \cdot 10^{-6}$	$2 \cdot 10^{-6}$	Mulden-Rigolen-Versickerung ohne Ableitung	Mulden-Versickerung 6 : 1
III	mäßige	$2 \cdot 10^{-6}$	$7 \cdot 10^{-7}$	Mulden-Rigolen-Versickerung mit gedrosselter Teilableitung	Mulden-Versickerung 4 : 1
IV	geringe	$7 \cdot 10^{-7}$	$2 \cdot 10^{-7}$	Mulden-Rigolen-System mit Drosselablauf *1	Mulden-Versickerung 2 : 1

*1 k_f-Wert ohne Beschränkung nach unten

*2 Verhältnis angeschlossene versiegelte Fläche zu Versickerungsfläche 10:1

*3 Verhältnis angeschlossene versiegelte Fläche zu Versickerungsfläche gem. Angabe

Bild 2: Auswahl von Sickertechniken bei unterschiedlichen Boden- und Flächenverhältnissen

- Regenwassernutzung,

- Regenwasserversickerung,

- gedrosselte Regenwasserableitung.

Die Techniken zur Versickerung und Bewirtschaftung des Niederschlagswassers haben inzwischen den erforderlichen technischen und hydraulischen Stand erreicht und genügen den Anforderungen der Stadtentwässerung und des Grundwasserschutzes.

Die wichtigsten Bausteine einer naturnahen Regenwasserbewirtschaftung sind:

- Flächenversickerung,

- Muldenversickerung,

- Rigolen-(Rohr)-Versickerung und

- Mulden-Rigolen-Versickerung sowie

- kombinierte Bewirtschaftungssysteme.

Durch die Kombination verschiedener Elemente wird aus der isolierten, grundstücksbezogenen Versickerungsanlage ein naturnahes Entwässerungssystem, dessen Einsatzbereich unabhängig von der Durchlässigkeit des Bodens ist. Damit ist die Regenwasserbewirtschaftung genauso wie die Kanalentwässerung universell einsetzbar. Denn wenn die Untergrundbeschaffenheit eine vollständige Versickerung des Wassers in angemessener Zeit nicht erlaubt, kann das System mit einem Drosselabfluß an ein Gewässer oder auch an den kommunalen Regenwasser- bzw. Mischwasserkanal angeschlossen werden (Bilder 1 und 2).

4.2 Bemessung für einzelne Versickerungsanlagen

Mit dem Arbeitsblatt 138 der Abwassertechnischen Vereinigung (ATV 138) liegen Berechnungsformeln für die Dimensionierung von Flächen-, Mulden-, Rigolen- und Schachtversickerungsanlagen vor; unter Ansatz der Parameter:

- Regenspende,

- Durchlässigkeit des Bodens (k_f-Wert),

- angeschlossene versiegelte Flächen (A_{red}),

- und die zur Verfügung stehende Sickerfläche (A_s)

lassen sich auf einfache Weise Mindestvolumina und -flächen von Versickerungsanlagen ermitteln.

Als Lastfall wird dabei ein Bemessungsregen $T = 5a$ angesetzt. Ein solcher Bemessungsregen tritt mit einer Häufigkeit von 5 Jahren ($n = 0,2$ $1/a$) auf. Durch die Berechnung der erforderlichen Mindestvolumina bei unterschiedlichen Regendauerstufen wird der maßgebende Lastfall ermittelt. Unter Berücksichtigung der Durchlässigkeit des Bodens wird die maximale Einstaudauer beim Bemessungsereignis ermittelt.

Die Nachteile der Formeln des Arbeitsblattes liegen darin, daß damit Versickerungsanlagen nur bis zu einer Versickerungsleistung des Untergrundes von $5 \cdot 10^{-6}$ m/s (43 cm/d) dimensioniert werden können. Häufig sind jedoch geringere Durchlässigkeiten anzutreffen, bei denen die Praxis zeigt, daß eine Versickerung sehr wohl möglich ist. Eine weitere Schwäche liegt in der Beschränkung auf Regenspenden $r_{15(n=0,2)}$. Bei weniger durchlässigen Böden und einer langsameren Versickerung wird das maximal erforderliche Rückhaltevolumen eben nicht nach einem heftigen 15-minütigen Regen benötigt, sondern nach stundenlangen aber ggfs. weniger heftigen Dauerregen. Schließlich beschränkt sich der Algorithmus des Arbeitsblattes 138 auf eine vollständige Versickerung in isolierten Einzelanlagen. Vernetzte Bewirtschaftungssysteme mit einer Vielzahl von Einleitungspunkten und Versickerungselementen sowie einer zielgerichteten Kombination von Rückhaltung, Versickerung und gedrosselter Ableitung lassen sich nicht berechnen.

4.3 Nachweis mit Langzeitsimulation

Während für die reine Ableitung von Niederschlagswasser in Kanalsystemen wie auch zur hundertprozentigen Versickerung Bemessungsverfahren zur Verfügung stehen (Allgemein anerkannte Regeln der Technik), steht die Entwicklung solcher Verfahren für die zielgerichtete Verknüpfung von Versickerung, Rückhaltung und gedrosselter Ableitung noch am Anfang.

108

Tafel 2: Empfehlungen zur Auswahl geeigneter Dimensionierungsverfahren

ATV A 138	Langzeitsimulation
Bemessung möglich von ... – Flächenversickerung – Muldenversickerung – (Rigolen- bzw. Rohrversickerung) – Schachtversickerung	Bemessung möglich von ... – Muldenversickerung – vernetzte Systeme aus Versickerungsmulden und –rigolen, offenen Wasserflächen, Rinnen, Gräben, sofern gewünscht auch Rohrleitungen, Brauchwassernutzung etc.
$> k_f\text{-Wert } 5 \cdot 10^{-6}$	$\leq k_f\text{-Wert } 5 \cdot 10^{-6}$
Möglichkeit der Realisierung ist abhängig von der örtlichen Bodendurchlässigkeit.	Möglichkeit der Realisierung ist unabhängig von der örtlichen Bodendurchlässigkeit, da auch bei geringeren k_f-Werten Anlagen konzipiert werden können.
Möglichkeit der Bemessung von Anlagen eingeschränkt bei oberflächennah anstehendem Schichtenwasser.	Reduzierung der Schichtenwasserstände durch planmäßige Entwässerung möglich.
Insgesamt: Einfache Handhabung, aber nur eingeschränkt anwendbar.	**Insgesamt:** Rechnergestütztes Vorgehen mit genauen Ergebnissen, breitem Einsatzbereich und großen Optimierungsspielräumen.

Eine Alternative für die hydraulische Bemessung von Bewirtschaftungsanlagen ist die Langzeitsimulation. Dabei wird die Belastung eines Systems mit Niederschlagswasser über die Einspeisung von Regenmeßdaten (5 bis 10 min-Intervalle über 10 Jahre) differenziert dargestellt. Das Bewirtschaftungssystem wird über eine Abfolge von Speicherelementen so nachgebildet, daß Versickerung, Verdunstung und Abfluß realistisch abgebildet werden.

Die Simulation läuft folgendermaßen ab: Von den befestigten Flächen eines Gebietes werden durch „Belastung" der Flächen mit der ortsspezifischen, mindestens 10-jährigen Niederschlagsreihe zunächst die Abflußganglinien zeitschrittweise (5 bis 10 min-Intervalle) errechnet. Diese Abflußganglinien werden entsprechend der vorgesehenen Fließrichtung und Fließzeiten überlagert mit den Zuflußganglinien der Mulden mit zunächst gewählten Dimensionen. Bei der Bildung der Ab- und Zuflußganglinien wird die Versickerung auf den Regenwassertransportwegen durch die Entwässerungsrinnen, -gräben o. ä. je nach Relevanz der Fließzeiten berücksichtigt

oder vernachlässigt. Sickerverluste bei teildurchlässig befestigten Flächen sowie Verdunstungsverluste aus Pfützen oder den Mulden können ebenfalls berücksichtigt werden.

Das Füll- und Entleerungsverhalten der Mulden wird durch eine zeitschrittsweise Berechnung des Speicherinhalts, d. h. durch die Bilanzierung der Zuflüsse, Versickerungsleistungen und Überläufe, kontinuierlich nachgebildet. Die Ablauf- bzw. Überlaufganglinien der Mulden bilden die Zuflußganglinien zu den ebenfalls mit zunächst gewählten Dimensionen versehenen Rigolen. Hier wird ebenso eine Bilanzierung der Zu- und Abflüsse zur Berechnung des Speicherinhalts vorgenommen. Die Ein- und Überstauereignisse einer jeden Mulde und Rigole werden protokolliert und nach Beendigung des Rechenlaufes statistisch ausgewertet. Ist das Bemessungsziel, d. h. die Einhaltung einer bestimmten Überlaufhäufigkeit, mit den gewählten Dimensionen nicht erreicht worden, ist der Rechenlauf mit korrigierten Dimensionen zu wiederholen. In der Praxis bedeutet dies, daß die Anlage durch ein iteratives Vorgehen optimiert wird.

Tafel 3: Charakteristische Merkmale konventioneller und neuerer Versickerungsanlagen

Merkmal	Schacht	Mulden-Rigole	Mulde	Flächen
Herkunft des Abflusses	Dachflächen	Dachflächen Wege Straßen DTV > 15.000 Kfz.	Dachflächen Wege Straßen DTV > 15.000 Kfz.	Dachflächen Wege Straßen DTV > 15.000 Kfz. [3]
Anschlußverhältnis ($A_{red} : A_s$)	100:1	10:1	$\leq$ 10:1 > 2:1	< 2:1
Versickerungs- oberfläche	unbelebt (Untergrund)	belebt (Oberfläche) unbelebt (Untergrund)	belebt (Oberfläche)	belebt (Oberfläche)
Bauweise	Tiefbau	Landschaft Tiefbau	Landschaft	Landschaft
Material	Kies + Beton	Boden + Kies	Boden	Boden
Einsetzbarkeit bei Durchlässigkeit von bis	$< 5 \cdot 10^{-3}$ $> 5 \cdot 10^{-6}$	$< 5 \cdot 10^{-6}$ ohne Begrenzung	$< 5 \cdot 10^{-3}$ $> 2 \cdot 10^{-7}$[11]	$5 \cdot 10^{-3}$ $> 2 \cdot 10^{-5}$

Der Einsatzbereich von Versickerungsanlagen kann mit Hilfe der Langzeitsimulation in Bereiche mit weit geringeren Durchlässigkeiten ausgedehnt werden, als es die Empfehlungen des A 138 angeben. Damit eröffnen sich Möglichkeiten einer exakten Planung.

5 Schadstoffrückhalt und Nutzungsdauer

Bei der Abwägung möglicher Entwässerungsverfahren wird immer wieder die Frage nach der Nutzungsdauer und den Regenerationsmöglichkeiten von Versickerungsanlagen gestellt. Diese Fakten haben entscheidende Bedeutung für die Diskussion zukünftiger Perspektiven der Stadtentwässerung.

Die Versickerung von Niederschlagswasser stellt zwar keine grundsätzlich neue Technik dar, langjährige Betriebserfahrungen mit den neu entwickkelten Anlagen fehlen jedoch. Die Anlagentypen, bei denen es Erfahrungswerte über mehrere Jahrzehnte gibt (Sickerschacht), entsprechen den heutigen Anforderungen aus einer Reihe von Gründen häufig nicht mehr.

Im Mittelpunkt der heutigen Aktivitäten bei der Bewirtschaftung von Niederschlagswasser stehen Anlagen, die aus Gründen des Grundwasserschutzes und der damit verbundenen weitergehenden Einsetzbarkeit auf die Passage der belebten Bodenzone setzen. Dies ermöglicht die Versickerung auch noch von schwach belastetem Niederschlagswasser. Die dafür in Frage kommenden Elemente sind vor allem Mulden und Mulden-Kombinationen. Die Charakteristik dieser Versickerungsanlagen unterscheidet sich von der Schachtversickerung in entscheidender Weise. Die Hauptunterschiede beziehen sich dabei auf:

– Einen naturnahen Versickerungsvorgang, indem über die belebte Bodenzone versickert wird.

– Eine oberflächige Zuleitung und Versickerung, bei der Veränderungen und Einschränkungen der Leistungsfähigkeit, z. B. Verschlämmungen der Versickerungsoberfläche sofort sichtbar werden und nicht wie bei der Schachtversickerung erst im Versagensfall ins Bewußtsein treten.

Tafel 4: Verschmutzungsgrade von Niederschlagswasser

Belastung	Beschaffen- heitskategorie	Herkunft
nicht belastet = unbe denklich	A 1	– nicht metallische Dachflächen in Wohngebieten außerhalb von Emissionsschwerpunkten
	A 2	– Nutzflächen in Wohngebieten ohne Einsatz von Pflanzen- schutzmitteln und winterlichen Auftaumitteln – Radwege – Fuß- und Wohnwege mit geringen Menschen- und Tieransammlungen – Hofflächen in Wohngebieten mit eingeschränkter Nutzung wie Verbot des Waschens von Kfz
Schwach belastet = tolerierbar	B	– metallische Dachflächen in Wohn-, Gewerbe- und Industriege- bieten außerhalb von Emissionsschwerpunkten – Verkehrsflächen mit fließendem und/oder ruhendem Kfz- Verkehr (bis ca. < 15 000 DTV) – Freiflächen mit großen Menschenansammlungen wie Einkaufs- straßen, Märkte, Freiluftveranstaltungen – Hof- und Verkehrsflächen in Gewerbe- und Industriegebieten ohne Umgang mit wassergefährdenden Stoffen und wenn sie nachweislich hinsichtlich ihrer Verschmutzung mit Wohngebieten außerhalb von Emissionsschwerpunkten vergleichbar sind – Start- und Landebahnen von Flughäfen
Belastet = nicht tolerierbar	C	– Dach-, Hof- und Verkehrsflächen in emissionsträchtigen Gewerbe- und Industriegebieten – Verkehrsflächen mit starkem fließenden und/oder ruhenden Kfz- Verkehr (DTV > 15 000 Kfz) sowie Großparkplätze mit häufiger Frequentierung – befestigte Gleisanlagen sowie Flächen, auf denen eine Betankung oder Wäsche von Kfz, Gleisfahrzeugen und Flugzeugen erfolgt – Lager-, Abfüll- oder Umschlagplätze für wassergefährdende Stoffe – landwirtschaftliche Hofflächen mit Umgang von Jauche, Gülle, Stalldung, Silage oder Pflanzenbehandlungs- und Schädlingsbe- kämpfungsmitteln – Freiflächen mit großen Tieransammlungen wie Viehhaltungsbe- triebe, Reiterhöfe, Schlachthöfe, Pelztierfarmen – Nutz- und Verkehrsflächen von Abfallentsorgungsanlagen wie z. B. Deponiegelände, Umschlaganlagen, Zwischenlager, Kompostierungsanlagen

– Die Versickerungsflächen sind nicht punktförmig konzentriert, sondern breitflächig über das Baugebiet verteilt und dabei der Gefahr künstlicher Verdichtungen (Überfahren etc.) ausgesetzt.

– Es handelt sich im wesentlichen um Landschaftsbauwerke, die Veränderungen durch Setzungen, Erosion und Trittschäden ggfs. stärker ausgesetzt sind als unterirdische Betonbauwerke.

Diese Unterscheidungsmerkmale bestimmen im Wesentlichen Nutzungsdauer und Regenerationsdauer der heute favorisierten Versickerungsanlagen.

In Bezug auf die Nutzungsdauer wichtige Aspekte sind:

– die Frage der Schadstoffakkumulation in Versickerungsanlagen und die Gefahr der Mobilisierung und Einleitung dort zurückgehaltener Stoffe in das Grundwasser,

– die Frage der dauerhaften Erhaltung der Versickerungsfähigkeit der belebten Bodenzone, z. B. bei Inbetriebnahme ohne schützende Vegetationsdecke.

5.1 Schadstoffrückhalt und Grundwasserschutz

Unter dem Blickwinkel der Nachhaltigkeit muß den qualitativen Fragen beim Stofftransport ins Grundwasser besondere Aufmerksamkeit gewidmet werden. Ausgangspunkt jeder Art von Versickerungstechnik ist der Versuch, auf i. d. R. möglichst kleinen Versickerungsflächen zu versickern. So kommt es zu einer Erhöhung des dort zu versickernden Niederschlagswassers und in gleicher Weise zu einer Ansammlung der mitgeführten Schadstoffe.

Die Schadstoffakkumulation im Niederschlagswasser differiert je nach Flächennutzung in ihrer Belastungsgröße erheblich. So sind für unterschiedliche Flächennutzungen, z. B. Dachflächen, nicht befahrene Wege, Kraftfahrzeugstraßen unterschiedlicher Frequentierung stark abweichende stoffliche Verunreinigungen festgestellt worden. REMMLER/SCHÖTTLER haben die Herkunft von Niederschlagswasser entsprechend der zu erwartenden Verschmutzungsgrade in drei Kategorien eingeteilt (vgl. Tafel 4).

Als wirkungsvollste Maßnahme zur Vorbeugung/Minderung von Stoffeinträgen bei der Niederschlagswasserversickerung in das Grundwasser hat sich in einer Vielzahl von Untersuchungen die Versickerung durch die belebte Bodenzone gezeigt (vgl. REMMLER/SCHÖTTLER 1998, GROTEHUSMANN 1996, WINZIG 1997).

Dabei wird eine Bindung von Schwermetallen bei Böden mit Tonanteilen und ph-Werten oberhalb 5,5 am besten erreicht. Organische Stoffe werden im Oberboden von Huminstoffen, Tonmineralien und Metalloxiden gebunden und z. T. biologisch mit Hilfe von Mikroorganismen abgebaut. REMMLER/SCHÖTTLER (1998) haben tabellarisch dargestellt, welche Bodeneigenschaften eine gute Rückhaltung und Reinigungsfunktion ermöglichen.

5.2 Praxiserfahrungen bei Bau und Betrieb von Muldenversickerungsanlagen

An zwei Beispielen mit unterschiedlichen Ausgangsbedingungen geogener und planerischer Art werden Nutzungserfahrungen mit der naturnahen Regenwasserbewirtschaftung erläutert:

– Flautweg, Dortmund

Im Jahr 1994 wurde in Dortmund ein Gewerbegebiet neu erschlossen und das anfallende Niederschlagswasser ortsnah zur Versickerung gebracht. Zur Anwendung kamen hier reine Muldenversickerungsanlagen, die als Kaskaden verknüpft sind. Mit Hilfe einer Langzeitsimulation wurde versucht, die Anstauzeiten in den Mulden so zu optimieren, daß überall ein Aufwuchs der Vegetation gesichert ist. Die Durchlässigkeit von $1 \cdot 10^{-6}$ m/s liegt bei nur 20 % der nach ATV A 138 geforderten Mindestdurchlässigkeit.

Betriebserfahrungen

Die Anlage wurde im Herbst 1994 von September bis November errichtet. Die Inbetriebnahme der Mulden erfolgte mit einem zeitlichen Abstand von etwa drei Wochen nach Raseneinsaat. Die Muldenanlagen hatten also die Regenwasserentsorgung der abflußwirksamen Flächen (Flautweg: 2,5 ha A_{red}) sofort zu erbringen. Ein

Tafel 5: Strukturdaten der Fallbeispiele

	Flautweg, Dortmund	Frohnau, Berlin
Herkunft des Abflusses	Dach, Wege, Straßen, Lagerflächen	Wege, Wohnstraßen, Wohnsammelstraßen
Durchlässigkeit k_f	$1 \cdot 10^{-6}$ m/s	$\geq 1 \cdot 10^{-5}$ m/s
Anschlußverhältnis A_{red} / A_s	4:1	20:1
max. Anstauhöhe	0,10 - 0,30 m	3,5 m
bisherige Betriebszeit in Jahren	3,5	85

flächendeckendes Aufgehen der Raseneinsaat stellte sich nicht mehr ein. Die Muldensohlen mußten im „Rohbau", d. h. ohne schützende Vegetationsdecke in Betrieb genommen werden. Im Winter gab es hier Verschlämmungserscheinungen anstehender Lößlehmböden auf den Muldensohlen, infolge derer es zu einer Verringerung der Versickerungsleistung und zu längeren Anstauzeiten kam.

Eine Stabilisierung der Versickerungsleistung der Anlagen setzte erst mit Beginn der Vegetationsperiode im nächsten Frühjahr ein. Die Anlagen hatten über nahezu sechs Monate quasi ohne Vegetationsschicht funktioniert (KAISER 1996).

Im Frühsommer entwickelte sich dann in allen Bereichen eine stabile und dichte Grasnarbe und schloß so den in Teilbereichen verschlammten und wenig versickerungsfähigen Boden wieder auf. Die Versickerungsleistung der Mulden stieg im Laufe des Sommers entsprechend spürbar an. Die Entwässerungssysteme haben sich in ihrer Funktion selbsttätig regeneriert. Dieser positive Prozeß hat sich seitdem fortgesetzt.

Frohnau, Berlin

Die Gartenstadtsiedlung Frohnau wurde in den Jahren 1907 bis 1912 im äußersten Norden Berlins erstellt. Sie hat eine Gesamtfläche von ca. 530 ha, ist als Wohnstandort in wenig verdichteter ein- bis zweigeschossiger Bauweise errichtet und hat ca. 18.000 Einwohner. Das Regenwasser der privaten Grundstücke wird auf den Grundstücken versickert. Das Regenwasser der öffentlichen Erschließungsstraßen wird in

Bild 3: Angestaute Mulden am Flautweg im Februar 1995

Bild 4: Versickerungsmulde mit differenzierten Vegetationstypen

19 semizentralen Versickerungsbecken versik-
kert bzw. zurückgehalten.

Die Becken sind in die Freiraumgestaltung des
Siedlungsbereiches eingebunden und überneh-
men die Funktion wohnungsnaher Parkanlagen.
In den 20er und 50er Jahren wurden deshalb vom
Grünflächenamt in einer Reihe von Becken
Lehmabdichtungen eingebracht, um einen ge-
wünschten Dauerstau zu erreichen.

Die Zuleitung des Regenwassers von den Straßenflächen geschieht über Strecken von 200 bis
300 m oberflächig über Längsgefälle in der seit-

lichen Flußbahn (Spitzrinne) der Straße. Die
Becken sind jeweils am Geländetiefpunkt angeordnet.

Betriebserfahrungen

Die Versickerungsbecken zur Entwässerung der
öffentlichen Straßenflächen sind im Verhältnis
zu heute geplanten Anlagen mit einer Reihe von
Mängeln behaftet:

– Überproportional hohe hydraulische Belastung (Anschlußverhältnis A_{red}/A_s 15:1 bis
  20:1).

Bild 5: Versickerungsbecken in Frohnau mit Dauerstau

– Sehr kleine Sohlflächen und große Böschungsbereiche konzentrieren das anfallende Niederschlagswasser und mitgeführte Sedimente auf geringer Fläche. Folge ist hier oftmals eine unkontrollierte Ausbreitung eines Dauerstaus.

– Extrem große Anstauhöhen (bis zu 3,5 m) führen zu entsprechend langen Entleerungszeiten.

In ungünstigen Lagen hat sich dabei die Funktion der Becken von Vollversickerungsbecken in Richtung naturgestalteter Regenrückhaltebecken entwickelt. Zusatzbelastungen, die aus der schleichenden Versiegelung in den vergangenen Jahrzehnten resultieren, hat das System verkraften können. Die Beckenbereiche werden von den Bewohnern der Siedlung als Stadtteilpark intensiv genutzt und hoch geschätzt.

Bei dem Projekt Berlin-Frohnau liegen so Erfahrungen mit einem auf Flächen- und Mulden- bzw. Beckenversickerung gestützten Entwässerungssystem vor, die im Bereich der kalkulatorischen Nutzungsdauer konventioneller Ableitungssysteme liegen (bisherige Betriebszeit 87 Jahre). Die Zentralversickerungsbecken haben in dieser Zeit Teile ihrer Regenerationsfähigkeit eingebüßt. Diesem Prozeß kann durch entsprechende Pflege (statt Entschlammung nur alle 30 Jahre, regelmäßiges jährliches Abtragen von Vegetationsresten wie Grasbewuchs, Laub, Äste) frühzeitig begegnet werden. Mit entspannteren Anschlußverhältnissen (max. 10:1), einer großflächigen ebenen Sohlausbildung sowie geringerer Beckentiefenlage würden solche Becken ein besseres Versickerungsverhalten und höhere Regenerationspotentiale aufweisen.

Zur Frage der Akkumulation von Schadstoffen in den Versickerungsflächen kann auf REMMLER/HÜTTER/SCHÖTTLER (1997) zurückgegriffen werden. Danach sind die Konzentrationen nachgewiesener anorganischer Schadstoffe (Schwermetalle) in der Oberboden- bzw. Schlammschicht zwar weit über den natürlich vorkommenden Konzentrationen und von der Stoffzusammensetzung den Klärschlämmen zuzuordnen. Die Grenzwerte für das Aufbringen auf landwirtschaftlich oder gärtnerisch genutzte Flächen werden jedoch in keinem Fall überschritten. Auch nach 85-90 Jahren haben sich

Bild 6: Versickerungbecken in Frohnau ohne Dauerstau

demnach trotz der überproportional hohen Belastung (hohes Anschlußverhältnis und ausschließliche Einleitung von Straßenabflüssen) keine Altlasten herausgebildet. Allerdings hat eine vertikale Verlagerung der Schwermetalle von der Oberfläche in Tiefen von 20 bis 30 cm stattgefunden. Diese machen in Verbindung mit einem sehr niedrigem ph-Wert (4,3) deutlich, daß die Pufferkapazität hier nahezu erschöpft und eine längerfristige Fixierung, z. B. von Zink in der Oberbodenzone auf Dauer nicht gegeben ist. Mit dem Aufbringen von Kalk kann dieser Entwicklung jedoch frühzeitig begegnet und die Pufferkapazität so langfristig erhalten werden.

5.3 Empfehlungen

Belebte, das heißt von Vegetation bedeckte und durchwurzelte Versickerungsflächen verfügen über ein hohes Regenerationspotential und sind in der Lage, die Auswirkungen des Eintrages von Feinkornsedimenten und Schadstoffen bis zu einem gewissen Grad zu kompensieren.

Eine besonders kritische Phase für die Funktionsfähigkeit und Regenerationskraft von naturnahen Versickerungsanlagen stellt die Inbetriebnahme dar (KAISER 1998 b). Bei sorgfältiger Planung kann auch unter ungünstigen jahreszeitlichen Bedingungen eine selbsttätige Regeneration der Anlage erreicht werden. Langzeiterfahrungen belegen, daß die dezentrale Bewirtschaftung des Niederschlagswassers über ähnliche Nutzungsdauern wie konventionelle Anlagen verfügt.

Für die Sicherstellung ausreichender Regenerationspotentiale und einer langen Lebensdauer sind jedoch folgende Randbedingungen zu beachten:

– *Durchlässigkeit*
Eine naturnahe Versickerung in Mulden ist auch bei geringerer Durchlässigkeit als sie die Allgemein anerkannten Regeln der Technik (ATV Arbeitsblatt 138) vorgeben möglich.

– *Anschlußverhältnis versiegelte Fläche zur Versickerungsfläche*
Das Anschlußverhältnis A_{red} zu A_s kann variabel auf die zur Verfügung stehende Versickerungsfläche und die am Ort gegebene Durchlässigkeit abgestimmt werden. Geringere Durchlässigkeiten ($< 5 \cdot 10^{-6}$ m/s) erfordern größere Versickerungsflächen (Anschlußverhältnis A_{red} zu A_s z. B. 5:1 statt 10:1).

– *Anstauhöhe und -dauer*
Bei gut durchlässigen Böden kann für Mulden ein max. Anstau von bis zu 50 cm gewählt werden (zu beachten sind dabei nutzungsbezogene Kriterien, wie z. B. Nähe zu einem Spielplatz etc.). Bei gering durchlässigen Böden sind die max. Anstauhöhen auf 10-15 cm zu reduzieren, um die Phase nach starken Regenereignissen, die bis zum Trockenfallen der Mulden vergeht, auf ein Maß zu begrenzen, das den Aufwuchs einer stabilen Vegetation in der Mulde nicht gefährdet.

– *Rechnerischer Nachweis und iterative Optimierung mit Hilfe der Langzeitsimulation*
Die drei o. g. Randbedingungen können mit Hilfe der rechnergestützten Langzeitsimulation (s. Kap. 2) im Hinblick auf einen Erhalt der Regenerationskraft und einer möglichst langen Lebensdauer der Versickerungsanlagen systematisch aufeinander abgestimmt und optimiert werden.

Die finanzielle Seite – Kosten und Finanzierung

Dieter Londong

1 Die Finanzen müssen stimmen

Neue Techniken, vor allem solche mit ökologischem Anspruch, setzen sich nur durch, wenn sie überzeugen. Dazu trägt entscheidend bei, daß die Finanzen stimmen. Die starken Erhöhungen der Abwassergebühren der letzten Jahre haben die Kostenfrage bei der Entwässerung zum Reizthema gemacht. Verschärft wird die Situation durch den immer noch hohen Investitionsbedarf, insbesondere für Reparatur und Erneuerung von schadhaften und hydraulisch überlasteten Teilen der öffentlichen Kanalisation in Deutschland (geschätzter Bedarf 100 Mrd. DM) und für die Behandlung des fortgeleiteten Regenwassers zum Schutz der Gewässer (50 Mrd. DM). Vieles davon ließe sich einsparen, wenn man von der zur Perfektion getriebenen Praxis, alles Regenwasser schnellstens und gründlich über die Kanalisation abzuleiten, ein gutes Stück abrücken würde, um mit neuer Technik zurückzukehren zu einer alten Übung der Bewirtschaftung des Regenwassers direkt am Anfallort. Nach ersten Pilotprojekten haben inzwischen schon viele auch größere Maßnahmen gezeigt, daß die neu entdeckten Wege für das Regenwasser ökonomisch vorteilhaft sind, in ihrer ökologischen Ausrichtung zunehmende Akzeptanz bei Hauseigentümern, Wohnungsgesellschaften sowie Kommunen finden und vielfach auch noch einen Beitrag zur ästhetischen Anreicherung des Wohnumfeldes leisten. Dazu beigetragen haben die Projekte der IBA Emscher Park, die mit ihrem Werkstattcharakter mutig auch über gängige Lösungen hinausgegangen ist, wobei immer ökologische und gestalterische Qualitäten im Vordergrund gestanden haben.

2 Kosten

2.1 Investitionskosten

Trotz der großen Zahl realisierter und geplanter Projekte der Regenwasserbewirtschaftung vor Ort ist es nicht so leicht, schon ähnlich differenzierte Kostenangaben zu machen, wie sie für die konventionellen Methoden Praxis sind. Der hier gegebene Überblick wertet die neuere Literatur aus (BÖRGER 1996; LONDONG 1996; KAISER 1997; BALE/RUDOLPH 1998) und stützt sich auf die Kostenermittlungen bei den IBA-Projekten. Das muß mit dem Handicap geschehen, daß nicht für alle Projekte alle kostenrelevanten Randbedingungen erkennbar sind und daß selbst Anlagen gleicher Verfahren und gleicher Dimensionierung unterschiedlich ausgebildet sind. Ausgeklammert wurden die Grunderwerbskosten, weil einmal Grundstückspreise generell eine weite Spanne aufweisen. Zum anderen fallen meist gar keine gesonderten Grunderwerbskosten eigens für Regenwasseranlagen an, weil die vom Bebauungsplan vorgegebenen Freiflächen in der Regel ausreichend für deren Unterbringung sind. Ebenfalls nicht enthalten ist auch der Aufwand für Planung und Bauüberwachung und oft auch nicht für Bodenuntersuchungen. Sein prozentualer Anteil dürfte mit 20 bis 40% höher als beim Bau von Kanälen liegen. In den Material- und Lohnkosten sollten die Nebenkosten wie Vorarbeiten, Baustelleneinrichtung usw. enthalten sein. Die Mehrwertsteuer ist meist nicht eingerechnet.

Die Tafel 1 listet zunächst die wichtigsten Einflußgrößen auf die Herstellungskosten auf und versucht eine Gewichtung. Die Größe der Anlage, charakterisiert durch die angeschlossene Fläche, ist ein dominanter Faktor. Für die nachfolgenden Betrachtungen wird als Bezugsgröße die befestigte Fläche A_{red} verwendet, um die Kosten vergleichbar zu machen.

Großen Einfluß auf die Dimensionierung und damit auf die Kosten hat auch der gewählte Berechnungsregen. Daß fast immer der Empfehlung des ATV-Arbeitsblattes A138 gefolgt wird, eine Häufigkeit n = 0,2 1/a anzusetzen, erleichtert den Vergleich verschiedener Anlagen.

In stärkerem Maße noch als bei anderen Entwässerungseinrichtungen werden die Baukosten bei diesen Anlagen durch die örtlichen Verhältnisse bestimmt wie insbesondere die Durchlässigkeit von Boden und Untergrund. Steht nicht genü-

Tafel 1: Wesentliche Einflußgrößen auf die Kosten der Regenwasserbewirtschaftung vor Ort

	Gewicht
Angeschlossene Fläche	+++
Bodenbeschaffenheit (Durchlässigkeitsbeiwert)	+++
gewählter Berechnungsregen	+++
Neubaugebiet oder Bestandsgebiet	++
Einzelanlage oder vernetztes System	++
Vollversickerung oder Teilversickerung	++
Drosselfaktor bei gedrosselter Ableitumg	++
verfügbare Geländeoberfläche	++
Bodenpreise	++
Eigenleistung von privaten Bauherrn	++
Einbau von Einrichtungen zur Regenwassernutzung	++
Zuschnitt der Grundstücke, Erschließung	++
Größe des Bauloses	++
Baukonjunktur, Konkurrenzsituation	++
Gestaltung, Materialwahl	+
Geländeneigung	+

gend Geländeoberfläche für offene Anlagen zur Verfügung, muß zu aufwendigeren unterirdischen gegriffen werden. Die nachträgliche Anordnung in Bestandsgebieten ist meist teurer als eine gleichzeitige bei Neubaugebieten. Die Zu- und Ableitungskosten fallen insbesondere bei Gemeinschaftslösungen für ganze Siedlungen ins Gewicht. In Eigenleistung hergestellte Anlagen auf Privatgrundstücken werden kaum mit Lohnkosten belastet. Die in der Tafel 1 eingetragenen Gewichte sollen den Regelfall beschreiben. Sie sind nach Anlagenart und örtlichen Gegebenheiten unterschiedlich.

Bild 1 gibt eine Darstellung aus der Literatur (LONDONG 1996) wieder, in der auf A_{red} bezogenen Herstellungskosten über dem jeweiligen Durchlässigkeitsbeiwert k_f aufgetragen sind. Sie bestätigt die vermutete Abhängigkeit. Das Kollektiv der Kosten wächst mit fallender Durchlässigkeit. Der Verlauf der Kurvenbänder wird außer durch die Punkte des Diagramms auch durch die Kenntnis verschiedener Gesetzmäßigkeiten bestimmt. So kennt man aus der Bemessungsformel für das Muldenvolumen seine Abhängigkeit von k_f, die abgemildert auch für die Kosten gilt. Bei hohen Durchlässigkeiten des Untergrundes wird man weniger durchlässiges Muldenbodenmaterial wählen, um noch genü-

gend Infiltrationszeit für die Reinigung zu erhalten. Die Muldenkosten können nicht weiter fallen. Auf der anderen Seite des Diagramms haben wir es bei sehr kleinen k_f-Werten mit Systemen (meist vernetzt) zu tun, die vor allem speichern und drosseln.

Unter Einbeziehung der IBA-Projekte und der neuen Literatur wurden aus weit über 100 Maßnahmen die in Tafel 2 wiedergegebenen Kosten ermittelt, die auf den m² befestigter Fläche bezogen sind.

Der Mittelwert ist das arithmetische Mittel der Kosten aller erfaßten Einzelmaßnahmen. Der

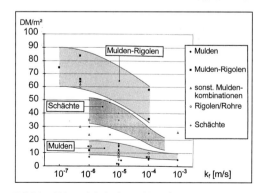

Bild 1: Abhängigkeit der auf A_{red} bezogenen Investitionskosten vom Durchlässigkeitsbeiwert k_f.

Tafel 2: Kosten verschiedener Maßnahmen in DM/m² bezogen auf A_{red}.

Art der Einrichtung	Mittelwert	Median	niedrigsterWert	höchster Wert
Mulden-Versickerung	11,00	10,00	2,50	30,00
Rohr- oder Rigolen-Versickerung	23,00	15,00	7,00	48,00
Schacht-Versickerung	26,00	24,00	7,50	50,00
Mulden-Rigolen-Versickerung	50,40	47,00	12,00	84,00
sonstige Mulden-Kombinationen	31,40	28,00	16,50	62,00
Rückhaltung und gedrosselte Ableitung	30,30	23,30	18,00	65,00

Median ist der Betrag, der in der Mitte der Werte liegt; d. h. eine Hälfte der Maßnahmen weist Kosten auf, die kleiner als der Median sind, die andere Hälfte höhere Kosten als der Medianwert.

Die niedrigsten Werte ergeben sich aus Maßnahmen mit erheblichen Eigenleistungen. Hohe Beträge stellten sich bei schlecht versickerungsfähigen Böden oder besonders aufwendigen Lösungen ein.

Die Kostenangaben zu den Projekten der IBA liegen meist in der Mitte des angegebenen Spektrums. Dort, wo Entwässerungsmaßnahmen in größerem Umfang auch Elemente der Landschafts- oder Stadtgestaltung sind, werden zum Teil deutlich höhere Kosten ausgewiesen.

Das gilt z. B. für den Stadtteilpark City in Bergkamen (Beispiel 3.2), dessen zentrales Element eine gestaltete langgestreckte Wasserfläche mit anschließender Wasserlandschaft ist. Die dort errechneten Kosten von 42 DM/m² reduzieren sich allerdings, wenn weitere Dachflächen angeschlossen werden.

Die gemeinsame Entwässerung für eine ganze Siedlung oder einen Stadtteil ist schon wegen der längeren Leitungen meist teurer als grundstücksbezogene Einzellösungen. Der Investitionsanteil für Vernetzung und Ableitung kann das Mehrfache der Kosten für Speicherungs- und Versickerungselemente betragen (BALE/RUDOLPH 1998). Bei großräumigen erlebnisreichen städtebaulichen Lösungen ist aber ein größerer Kostenanteil der Landschaftsgestaltung zuzurechnen.

Auch in der Gartenstadt Seseke-Aue (Beispiel 1.11) ist die Führung und Rückhaltung des Regenwassers in Gräben, Teichen und künstlerisch gestalteten Quellpunkten, die im Kreislauf beschickt werden, ein prägendes Element der Freiraumgestaltung. Mit 65 DM/m² liegen die Kosten deshalb deutlich über denen, die sonst für Rückhalteeinrichtungen ausgegeben werden.

Bei der Siedlung Küppersbusch (Beispiel 1.8) mit ihren aufgeständerten Rinnen und der zentralen „Mehrzweck"-Mulde mit großvolumigem Versickerungskörper ist der außerordentlich hohe Preis von 188 DM/m² auch auf die schwierigen Bodenverhältnisse, aber vor allen auf die außergewöhnliche architektonische Gestaltung zurückzuführen. Hier wird in einem einmaligen Experiment die Ableitung des Regenwassers den Bewohnern und Besuchern eindringlich vor Augen geführt. Dem Ansatz der IBA, werkstattmäßig auch unkonventionelle Lösungen zu entwickeln, wird hier in besonderem Maße Rechnung getragen.

Auf den Pilotcharakter beim Umgang mit dem Wasser bei der Siedlung Schüngelberg (Beispiel 1.7) sind die dort hohen Kosten für das Mulden-Rigolen-System zurückzuführen. Weil es hier erstmalig angewendet wurde, sind zur Erprobung verschiedene Materialvariationen vorgenommen worden. Es blieb auch im Laufe der Realisierung nicht aus, Änderungen und Anpassungen vorzunehmen. Aber auch besondere Gestaltungselemente als qualitative Bereicherung des Wohngebietes schlagen zu Buche (s. auch Beitrag SCHNEIDER).

Maßnahmen im Bestand sind nicht generell teurer als solche in neu erschlossenen Siedlungen. So wurden bei der Wohnsiedlung Essen-Schönebeck (Beispiel 1.5) in rd. 30 von 123 Einzelprojekten Kosten unter 7,50 DM/m² erzielt, allerdings mit mehr oder weniger großen Eigenleistungen. Bei weiteren rd. 70 Maßnahmen zahlte man weniger als 20 DM/m². Auch in der Gartenstadtsiedlung Bottrop-Welheim gelingt es, bei guter Sickerfähigkeit der Böden mit einfachen Mulden in den Vorgärten Beträge von 10 DM/m² kaum zu überschreiten.

Die Rücksichtnahme auf Altlasten im Boden muß das Regenwassermanagement verteuern. Meist sind längere Ableitungen zu kontaminationsfreien Flächen vonnöten oder es müssen abgedichtete Rückhalteräume geschaffen werden.

Bei gedrosselter Ableitung wurde meist eine Abflußspende von 10 l/(s · ha) vorgegeben. Wird sie auf 5 l/(s · ha) herabgesetzt – das ist etwa die Abflußspende von einer unbebauten Fläche bei kurzen Starkregen –, erhöhen sich die Kosten für das größere Speichervolumen um 35 bis 50 % (BALE/RUDOLPH 1998).

2.2 Betriebskosten

Das veröffentlichte Material gibt zu den Kosten für das Warten, Instandhalten, Instandsetzen und Erneuern wenig her. Langfristige Erfahrungswerte können noch kaum vorliegen. Annahmen gehen von 0,1 bis 0,3 DM/(m² · a) aus. Es gibt aber Einzelansätze für Kalkulationen. So werden in BALE/RUDOLPH (1998) für die Pflege von Mulden in Grünflächen Regelkosten von 1 DM/(m² · a) genannt, die aber bei Verunreinigungen mit Abfällen auch deutlich höher liegen können. In Rasenflächen entstehen für Mulden kaum Mehrkosten zu denen für die Freiraumbewirtschaftung. Für Rohr-Rigolen-Systeme werden Funktionskontrollen der Schächte und Rohrleitungen mit 2,50 DM/(m · a) angesetzt.

Bei der IBA-Maßnahme Siedlung Schüngelberg rechnet die Wohnungsbaugesellschaft für das Mulden-Rigolen-System mit Betriebskosten von 1,40 DM/(m² · a), bezogen auf die abgekoppelte Fläche, wobei allerdings im Hinblick auf anfängliche Schwierigkeiten in dem Pilotprojekt

und mangels Erfahrung im regulären Betrieb dem Unternehmer eine besonders hohe Wartungsfrequenz vorgegeben wurde. Beim Innovationszentrum in Herne werden für die Wartung und Instandhaltung von Rohr-Rigolen nach zweijähriger Betriebserfahrung nur 0,12 DM/(m² · a) angesetzt.

2.3 Jahreskosten

Für den am dichtesten belegten Bereich der Investitionskosten zwischen 10 und 50 DM/m² ergeben sich mit einem Ansatz von 10 % für Abschreibung und Zinsen und den vorgenannten Betriebskosten Jahreskosten zwischen 1 und 6 DM/(m² · a). Zum Vergleich: Die für die konventionelle Regenwasserentsorgung nicht kostendeckenden Regenwassergebühren liegen bei steigender Tendenz im Ruhrgebiet heute noch zwischen 0,9 und 3,75 DM/(m² · a).

2.4 Vergleich mit Kosten für konventionelle Entwässerung

Die Frage nach den Kosten für eine Regenwasserbewirtschaftung vor Ort wird fast immer vor dem Hintergrund eines Vergleiches mit denen für die schnelle Ableitung gestellt.

Die Schwierigkeiten eines allgemeinen Vergleichs liegen darin, daß die Kosten für beide Verfahren von unterschiedlichen Faktoren bestimmt werden. So haben bei konventioneller Entwässerung und Reinigung die Bodenbeschaffenheit, die Flächennutzung und die Freiraumgestaltung keinen Einfluß. Dagegen sind die Länge der Kanäle, die Entfernung zur Kläranlage und zu den Entlastungsgewässern sowie das Geländegefälle kostenbestimmend. Die im wesentlichen flächenabhängigen *Investitionskosten* für Regenüberlaufbecken und Regenrückhaltebecken lassen sich allerdings gut in Beziehung setzen zu denen für die Bewirtschaftung vor Ort. Sie machen ohne Zu- und Ableitung etwa 10 bis 15 DM/m² A_{red} aus. Allein für diesen Betrag lassen sich schon Muldenversickerungen realisieren.

Die Ergebnisse von Kostenvergleichen sind so unterschiedlich sind wie ihre Ansätze. Dabei werden meist bei der konventionellen Ableitung die externen Kosten nicht berücksichtigt, etwa für den Ausbau von Gewässern, für Pumpanlagen und Rückhaltebecken. Selbst die anteiligen Kosten für Bau und Betrieb der belasteten Kläranlage werden nicht einbezogen. Sie sind mit 10 bis 20 % der Klärkosten (LONDONG 1997; BALE/RUDOLPH 1998) gar nicht so unbedeutend. Die wasserwirtschaftlichen und ökologischen Gesichtspunkte werden allenfalls argumentativ gewertet.

Bild 2 stellt acht solcher Vergleichsberechnungen dar (LONDONG 1996). Die Säulen geben die Verhältniswerte der Kosten von örtlicher Bewirtschaftung zu konventioneller Ableitung wieder. Liegt der Wert unter 1, weist die Rechnung die neuen Verfahren günstiger aus. Drei Vergleichsrechnungen stellen sowohl die *Investitionskosten* als auch die *Projektkostenbarwerte* (LAWA 1994) gegenüber. In den anderen findet sich nur entweder die eine oder die andere Betrachtung. Bei den Projektkostenbarwerten liegen alle Verhältniswerte unter 1, meist sogar unter 0,5. Sie zeigen also deutliche Vorteile für die Bewirtschaftung vor Ort.

BECKER und PRINZ ermittelten in ihrem Beitrag mit Darstellung von vier ausgeführten Beispielen einen deutlichen Vorteil zugunsten der ökologisch orientierten Regenwasserbewirtschaftung.

BALE/RUDOLPH (1998) führen aus, daß die Investitionskosten selbst bei ungünstigen Verhältnissen mit hohem Aufwand für Speicherung und Vernetzung noch deutlich geringer als bei vergleichbaren konventionellen Kanalsystemen sind. Der Aufsatz zeigt im übrigen Ansätze für die Erfassung und Bewertung externer Kosten und Nutzen.

Aus den vorliegenden Werten wird der Schluß gezogen, daß die ökologisch vorteilhafte Bewirtschaftung vor Ort ökonomisch besonders gut bestehen kann, wenn die örtlichen Verhältnisse eine offene Versickerung mit geringer Zwischenspeicherung und ohne Vorreinigungsmaßnahmen zulassen. Das gilt für Neubaugebiete wie für Maßnahmen im Bestand schon ohne monetäre Bewertung der externen Effekte. Bei vernetzten Systemen mit vorwiegend unterirdischer Speicherung zur Abflußdrosselung fallen hohe Investitionskosten, allerdings voraussichtlich geringe Wartungskosten an. In Bestandsgebieten wird sich für solche Anlagen eine Wirtschaftlichkeit wohl nur unter Berücksichtigung der externen Kosten errechnen lassen. Bei einer gesamtstädtischen Betrachtung unter Berücksichtigung langfristig sinkender Kanalkosten können die neuen Methoden der Regenwasserbewirtschaftung ohne Zweifel gut bestehen.

3 Finanzierung

3.1 Regenwassergebühr nach Kommunalabgabengesetz

Die Niederschlagswasserbeseitigung ist ein Teil der Abwasserbeseitigung. In den Kommunalabgabengesetzen (KAG) der Länder wird die Finanzierung durch Gebühren und Beiträge geregelt. Sofern die Einrichtungen auch der ortsnahen Regenwasserbewirtschaftung öffentliche Sache der Gemeinde ist, muß sie für deren Bau- und Betriebskosten aufkommen. Sie erhebt dafür von den Grundstückseigentümern Benutzungsgebühren, wie sie das bei den konventionellen Verfahren seit jeher tut.

Im Hinblick auf die Gebührengerechtigkeit und die dazu notwendige Transparenz gehen mehr und mehr Gemeinden – auch aufgrund der Rechtsprechung der letzten Zeit – dazu über, getrennte Gebühren für Schmutz- und Niederschlags-

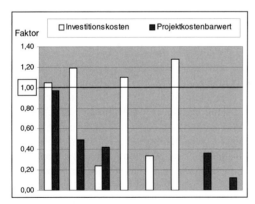

Bild 2: Investitionskosten der Bewirtschaftung vor Ort im Verhältnis zur konventionellen Ableitung. Der Verhältnisfaktor gibt an, um wieviel das ortsnahe Verfahren günstiger (<1) oder aufwendiger (>1) kalkuliert wurde.

wasser zu erheben. Die Niederschlagswasser-gebühr wird in der Regel auf die befestigte Flä-che der Grundstücke bezogen. Die Höhe ent-spricht mit 0,90 bis 3,75 DM/m² (s. Beitrag COLLMER) eher der unteren Grenze der tat-sächlichen Kosten. In den meisten Fällen wer-den z. B. die anteiligen Kosten für die Mitbe-handlung des Regenwassers in der Kläranlage nicht berücksichtigt. Sicher werden die Kosten in nächster Zeit noch kräftig ansteigen, wenn die Anforderungen an die Regenwasserbehandlung zum Schutz der Gewässer flächendeckend um-gesetzt werden.

Die Niederschlagswassergebühr kann wie ein ökonomischer Hebel wirken. Der Bürger wird bestrebt sein, die befestigte Fläche seines Grund-stückes zu minimieren. Eine hohe Gebühr stärkt den Anreiz, sich durch Versickerung und Rück-haltung ganz oder teilweise vom öffentlichen Kanal abzukoppeln, um von dieser Gebühr be-freit zu werden oder sie zu verringen. Schon bei einem Differenzbetrag von 1 DM/m² läßt sich durch die Ersparnis von 10 Jahren eine Mulden-versickerung finanzieren. Die Kommune kann den Ermessensspielraum, den sie bei der Kalku-lation der Abwassergebühr hat, einsetzen, um die Entwicklung in die gewünschte Richtung zu beeinflussen.

Kommunen können auch eigene Maßnahmen über die Niederschlagswassergebühr finanzieren. Setzt eine Gemeinde eine Maßnahme der orts-nahen Regenwasserbewirtschaftung in einer Siedlung oder einem Stadtteil selbst um, etwa weil der vorhandene Kanal überlastet ist, wird sie von den angeschlossene Grundstücken nach wie vor die Regenwassergebühr einziehen. Sie kann die Beträge aber in einen Investitionstopf einbringen, mit dem sie den Eigenanteil von Ab-kopplungsmaßnahmen finanziert, die weitge-hend mit Zuschüssen abgewickelt werden.

3.2 Zuschüsse, Fördermittel

Die Ersparnisse aus der Regenwassergebühr wer-den derzeit in manchen Fällen noch nicht aus-reichen, um die Amortisation sicherzustellen. Bauträger haben mitunter Schwierigkeiten, künf-tig eingesparte Gebühren zunächst vorzufinan-zieren, zumal dann, wenn die Ersparnis später

den neuen Eigentümern oder Mietern zugute kommt. Um dennoch die neuen Methoden vor-an zu bringen, geben verschiedene daran inter-essierte Stellen Zuschüsse.

Mehrere Gemeinden haben gezielte Förderpro-gramme aufgelegt. Diese rechnen sich für sie schon kurzfristig in Gebieten, in denen durch Abkoppelung die Erneuerung von hydraulisch überlasteten Kanälen entfallen kann. Steuert die Kommune die Zuschüsse auf der Grundlage ei-ner langfristig angelegten Planung für Sanierung und Neubau ihrer Kanäle und der Regenwasser-behandlung, ist mit der verringerten Zahl der Gebührenzahler ein mehr als äquivalenter Rück-gang der Entwässerungskosten verbunden.

Ähnliche Motive hat die Emschergenossenschaft für ihr Förderprogramm, das in Form eines jähr-lich neu ausgeschriebenen Wettbewerbs ange-boten wird. Dadurch sollen mit einem Regel-fördersatz von 10 DM/m² abgekoppelter Fläche (davon 2,50 DM/m² für Planung) für modellhafte Einzelprojekte Anstöße für eine flächenhafte Ausweitung gegeben und letzlich für den begon-nenen Umbau des Emscher-Systems die Kosten verringert und die Effekte verbessert werden (s. Beitrag von BECKER und PRINZ).

Auf der Ebene der Bundesländer ist in den letz-ten Jahren eine Wandlung in der Zuschußpraxis eingetreten. Wurden Fördermittel bislang für Kanalisationen und Kläranlagen eingesetzt, ge-hen jetzt einige Länder dazu über, Maßnahmen der ortsnahen Regenwasserbewirtschaftung zu bezuschussen. In Nordrhein-Westfalen werden z. B. Mittel im „Initiativprogramm zur ökologi-schen und nachhaltigen Wasserwirtschaft NRW" für Entsiegelung und Versickerung zur Verfü-gung gestellt.

Projekte zum naturnahen Umgang mit Regen-wasser können einen wesentlichen Beitrag zur Freiraumgestaltung leisten. In diesen Fällen ist die Verknüpfung der Finanzierung mit Maßnah-men zum Schutz, zur Pflege und Entwicklung von Natur und Landschaft möglich.

Ökologisch besonders hochwertigen Projekte können naturschutzrechtliche Eingriffe nach § 8 a des Bundesnaturschutzgesetzes ausgleichen und aus dem Aufkommen für Ersatzmaßnahmen mit-finanziert werden.

4 Zusammenfassung

Wenngleich die Regenwasserbewirtschaftung vor Ort an alte Traditionen anknüpft, ist sie mit ihren neuen Instrumenten eine junge Disziplin, die sich nun mehr und mehr durchsetzt. Bei den Investitionskosten sind Abhängigkeiten von Verfahren und Örtlichkeit inzwischen offenbar. Es liegt eine Vielzahl von Kostenangaben für Investitionen bei konkreten Fällen vor. Bei den Betriebskosten kann man mangels längerfristiger Erfahrungen noch nicht auf einen größeren Fundus zugreifen. Vielfach sind Kosten sowohl für Investition als auch für Betrieb mit denen der Grünflächengestaltung und -pflege verwoben. Im direkten Vergleich mit konventionellen Verfahren der schnellen Ableitung in Kanälen schneiden Versickerung und Rückhaltung in der Regel besser ab.

Zur Finanzierung reichen manchmal schon die Ersparnisse aus den verringerten oder entfallenen Regenwassergebühren aus. Das wird künftig immer häufiger der Fall sein, wenn diese Gebühr mittelfristig anwächst, einerseits durch Umsetzung von höheren Anforderungen zur Regenwasserbehandlung und andererseits wegen der verkleinerten Zahl der Gebührenpflichtigen durch Abkopplungsmaßnahmen. Auch um dem weiten Öffnen einer solchen Schere wirksam entgegenzutreten, geben Länder, Kommunen und die Emschergenossenschaft Finanzierungshilfen. Für Projekte mit wesentlichem Beitrag zur Landschafts-, Stadt- und Freiraumgestaltung sowie zur Stärkung des Naturhaushaltes, also für solche, die der Forderung auf interdisziplinäres Handeln nachkommen, sollte künftig noch stärker eine integrierte Finanzierung Platz greifen.

Bemessungssicherheit und Schadstoffrückhalt bei der Versickerung von Regenwasser – Ein wissenschaftlicher Beitrag

Carsten Dierkes, Wolfgang F. Geiger, Udo Zimmer

1 Hintergrund

Vom Fachgebiet Siedlungswasserwirtschaft der Universität-GH Essen wurde 1990 bei der Internationalen Bauausstellung Emscherpark eine Projektidee eingereicht, die Piloteinrichtungen zum nachhaltigen Umgang mit Regenwasser vorschlug. Diese Piloteinrichtungen sollten Meßnischen vorhalten, mit denen die Wasser- und Stoffpfade verfolgt werden sollten. Die Behandlung und Versickerung von Regenwasser stand im Mittelpunkt dieser Idee, da auch neue Entwässerungskonzepte eine schadfreie Abführung von Hochwasser und den Schutz für Boden und Grundwasser gewährleisten mußten. Die Bevölkerungs- und Industriedichte im Emscherraum erfordern nämlich eine besonders hohe Entwässerungssicherheit, da Teile der Region aufgrund Bergsenkungen weit unter natürlichem Entwässerungsniveau liegen.

Die IBA Emscherpark griff 1992 diese Projektidee auf und finanzierte die Konzeption eines „wissenschaftlichen Versuchsfeldes Wasser", welches ein koordiniertes Netz an Meßnischen zur Erfassung der Wasser- und Stoffpfade darstellen sollte. Hochschulen und Institutionen der Region waren gerufen, die Meßnischen mit Leben zu erfüllen, d. h. über Forschungsprojekte Meßgeräte zu beschaffen und Studien zur Bemessungssicherheit von Entwässerungskomponenten durchzuführen. Wenngleich bislang nur das von Professor Dr.-Ing. Geiger konzipierte und von der Deutschen Forschungsgemeinschaft 1992 bewilligte Graduiertenkolleg „Verbesserung des Wasserkreislaufs urbaner Gebiete zum Schutz von Boden und Grundwasser" mit den Arbeiten „Untersuchungen der Funktionsfähigkeit von dezentralen Regenwasserversickerungsanlagen unter besonderer Berücksichtigung des Bodenwasserhaushaltes" (WINZIG 1997), „Leistungsfähigkeit von Oberflächenabdichtungssystemen zur Verminderung von Sickerwasser- und Schadstoffemissionen bei Landschaftskörpern" (MAILE 1997) und „Einsatzmöglichkeiten und Grenzen von Modellrechnungen zur Beschreibung und Bewertung von Anlagen zur Retention und Versickerung von Regenwasser" (ZIMMER 1998) die geschaffenen Möglichkeiten nutzten, hatte diese Aktivität doch eine positive Signalwirkung für weitere Forschungsaktivitäten. Beschrieben werden hier kurz das Konzept des „wissenschaftlichen Versuchsfeldes Wasser" und exemplarisch zwei Arbeiten zur Bemessungssicherheit und zum Schadstoffrückhalt bei der Versickerung von Regenwasser.

2 Konzept des Versuchsfeldes Wasser

Das Versuchsfeld Wasser der IBA Emscherpark verfolgte die Ziele

– die in Vergangenheit auf eine zentralisierte Entwässerungskonzeption ausgerichteten Planungsansätze auf ihre Übertragbarkeit für die kleinräumigen Anlagen zur Entsorgung von Regenwasser zu prüfen,

– hinsichtlich der Stoffbelastung des Regenabflusses und der Auswirkungen auf Boden und Grundwasser fehlende Erkenntnisse zu ergänzen,

– mit den im Versuchsfeld Wasser geplanten Einrichtungen in Form von Demonstrationsanlagen die Umsetzung dezentraler Einrichtungen zum Rückhalt von Regenwasser zu unterstützen.

Unter dem „wissenschaftlichen Versuchsfeld Wasser" wurde nicht eine geschlossene Einheit von Meßeinrichtungen auf begrenztem Raum verstanden, sondern vielmehr die Summe einer Reihe von Pilotanlagen, die über den gesamten Emscherraum verteilt sind. Meßeinrichtungen sollten es ermöglichen, den Pfad des Regenwassers vom Anfallort, d. h. von den städtischen

Oberflächen über Gerinne, Mulden-Rigolen-Systeme und Regenbecken über den Boden ins Grundwasser bzw. in die Oberflächengewässer zu verfolgen. Von besonderem Interesse sind hierbei Dynamik und Beschaffenheit des Regenabflusses von Dächern und Verkehrswegen in unterschiedlich genutzten Wohn-, Gewerbe- und Industriegebieten. Beispielhaft durchgeplant wurden Meßnischen zur Untersuchung folgender Vorgänge:

– Messungen der Trockendeposition und des Niederschlags,

– Erfassung der Regenabflüsse von Dächern,

– Abflußmessungen und Probenahme an Gerinnen sowie vor und nach Mulden,

– Messungen des Versickerungsvorgangs bei Mulden,

– Untersuchungen des Regenabflusses von Straßen,

– Wirksamkeit von Regenklärbecken,

– Gewässergüteuntersuchungen,

– Wasserhaushalt von Altlastenkörpern und weitere Untersuchungsmöglichkeiten bei Landschaftskörpern.

Beispielhaft soll kurz auf die Konzeption der Messungen des Versickerungsvorganges bei Mulden-Rigolen-Systemen eingegangen werden, auf welche die Arbeiten von WINZIG (1997) und ZIMMER (1998) zurückgriffen. Ziel dieser Meßeinrichtungen war es, für die generelle Auslegung von Versickerungsmulden Erkenntnisse zu erlangen, aus denen Leitlinien für den Einsatz dieser Entwässerungsvariante bodenabhängig abgeleitet werden können. Für den Standort Schüngelberg in Gelsenkirchen wurde die technische Ausführung eines Meßsystems zur Beobachtung des Versickerungsvorganges in Mulden ausgearbeitet. Die Vorarbeiten der Konzeption des Versuchsfeldes schlossen auch eine Abschätzung der bauseitigen Kosten sowie einen Vorschlag für die Auswahl von Meßgeräten ein.

3 Experimentelle und numerische Untersuchungen des Infiltrationsverhaltens eines Mulden-Rigolen-Systems

Im Rahmen des Graduiertenkollegs „Verbesserung des Wasserkreislaufs urbaner Gebiete zum

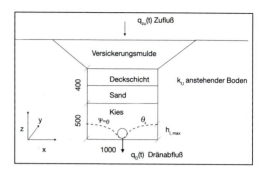

Bild 1a: Schema-Querschnitt durch eine Mulden-Rigolen-Kombination in Gelsenkirchen Schüngelberg

Schutz von Boden und Grundwasser" wurde die Funktionsfähigkeit eines bestehenden Mulden-Rigolen-System in Gelsenkirchen Schüngelberg untersucht (WINZIG 1997). Die untersuchte Mulde hat eine Länge von 11 m und eine Tiefe von 0,30 m. Das Drainagerohr befindet sich kurz oberhalb der Rigolensohle (Bild 1a).

Ein 40-minütiges Regenereignis mit 5 Jahren Wiederkehrintervall wurde simuliert, indem Wasser in die Mulde gepumpt wurde. Die durchgezogenen Linien in Bild 1b zeigen den Zufluß in die Mulde (blau), den gemessenen und berechneten Drainageabfluß (rot) sowie den Wasserstand in der Rigole (grün). Während des Ereignisses sind insgesamt 8 m³ Wasser in die Mulde geflossen, von denen 4,8 m³ die Rigole verzögert über das Drainagerohr wieder verlassen haben. Dies entspricht einer Reduktion des Abflußvolumens von nur 40 %, da das Wasser

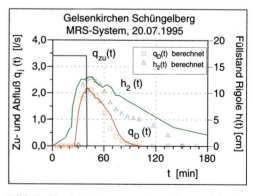

Bild 1b: Vergleich der gemessenen Werte und der berechneten Kurven für den Dränabfluß und den Füllstand in der Rigole

über das Dränrohr abfließt, anstatt in der Rigole gespeichert zu werden und in den anstehenden Boden zu infiltrieren. Obwohl die Bauhöhe der Rigole 0,5 m betrug, erreichte der Wasserstand nur einen Maximalwert von 0,13 m. Um das vorhandene Speichervolumen besser auszunutzen, wurde mit Hilfe numerischer Simulationsrechnungen auf der Grundlage der finiten Elemente (FE) untersucht, wie sich das Abflußverhalten ändert, wenn das Dränrohr weiter nach oben verlegt wird (ZIMMER 1998). Während die im ATV-Arbeitsblatt 138 genannten Berechnungsansätze nur unter der Annahme homogener Böden ohne Rückstau gelten, erlaubt die Beschreibung des Bodenwasserhaushaltes auf der Grundlage der RICHARDS-Gleichung die realitätsnahe Beschreibung von Rückstaueffekten aufgrund von unterschiedlich leitfähigen Schichten, den Einfluß des Grundwasserspiegels und gegebenenfalls die Entwässerung über Dränrohre.

Zur Simulation der Sickervorgänge im Boden, wurde ein FE-Modell mit Hilfe gemessener Niederschlags-Abflußkurven kalibriert. Die grünen Dreiecke in Bild 1b zeigen den berechneten Wasserstand in der Rigole und die roten Quadrate den mit dem Modell berechneten Dränabfluß. Der Wert der hydraulischen Deviation beträgt 13,5 %. Gemessen an der Unsicherheit, mit der die hydraulische Leitfähigkeit bestimmt werden kann, ist dies ein guter Wert.

Das gleiche FE-Gitter wurde benutzt, um den Dränabfluß unter der Annahme zu bestimmen, daß das Dränrohr um 0,3 m nach oben verlegt wird. Im Vergleich zum ersten Fall mit dem Dränrohr an der Rigolensohle wurde der Dränabfluß um 60 % reduziert, daß heißt eine wesentlich größere Menge an Wasser konnte in das Grundwasser infiltrieren und mußte nicht in ein Entwässerungssystem abgeschlagen werden. Da zu jedem Zeitpunkt der Wassergehalt und die Filtergeschwindigkeit im Boden bestimmt werden können, ist es möglich, abzuschätzen, ob sich die Rigole schnell genug wieder entleert, damit das nächste Niederschlagsereignis eingespeichert werden kann. Bild 2a zeigt, wie sich die Mulde und die Rigole am Ende der Zulaufphase gefüllt haben. Innerhalb der ersten 3 Stunden sind mehr als 50 % des infiltrierten Wassers in

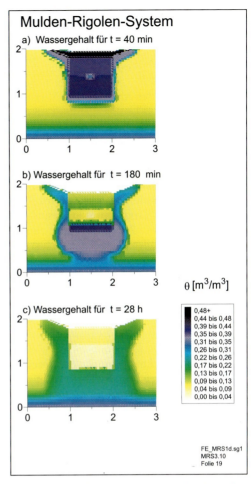

Bild 2: Wassergehaltsverteilung im Boden, berechnet nach der Methode der finiten Elemente.

den anstehenden Boden infiltriert, der die Rigole umgibt (Bild 2 b). Aufgrund der Kapillarkräfte sind auch nach 28 Stunden noch erhöhte Wassergehalte im Boden zu erwarten (Bild 2c), die Rigole ist aber weitgehend entwässert.

Mit Hilfe des Anwendungsbeispiels kann gezeigt werden, daß sich die Methode der finiten Elemente sehr gut eignet, um die Infiltrationsprozesse bei komplizierten hydraulischen Randbedingungen zu beschreiben. Weitere wissenschaftliche Untersuchungen sind jedoch notwendig, um auch die qualitativen Aspekte durch den unvermeidbaren Eintrag von Schadstoffen in den Boden bei der Versickerung mit zu erfassen.

4 Versickerung über poröse Deckbeläge

Eine andere Methode der Entsiegelung bietet der Einsatz von porösen Flächenbelägen wie Dränasphalten oder porösen Pflastersteinen (RAIMBAULT 1998). Aufgrund der höheren Schmutzfrachten der Abflüsse von Verkehrsflächen ist eine Versickerung allerdings aus ökologischer Sicht strittig. Die größte Gefährdung geht dabei von den Schwermetallen Blei, Cadmium, Zink und Kupfer, die vor allem von Reifen, Bremsen und Auspuffgasen emittiert werden, sowie einer Reihe von Kohlenwasserstofen aus, die aus dem Verbrennungsprozeß im Motor und aus Tropfverlusten resultieren (GOLWER 1991). Aufgrund ihrer hohen Toxizität sind vor allem die polycyclischen aromatischen Kohlenwasserstoffe (PAK), die durch die unvollständige Verbrennung im Motor entstehen und die Schwermetalle Blei und Cadmium genauer zu untersuchen. Eine Gefährdung der Schutzgüter Boden und Grundwasser ist bei der Versickerung in jedem Fall auszuschließen.

Der Schadstoffrückhalt von porösen Deckbelägen ist vor allem im Ausland untersucht worden. Daraus geht hervor, daß poröse Deckbeläge als effektive Filter für Schadstoffe im Regenabfluß wirken. Vor allem partikuläre Fremdstoffe werden aufgrund der Filterwirkung der Beläge zurückgehalten. Da der Straßenaufbau in anderen Ländern allerdings von den deutschen Richtlinien abweicht, können Ergebnisse nicht ohne weiteres auf die Verhältnisse in Deutschland übertragen werden. Daher werden am Fachgebiet Siedlungswasserwirtschaft der Universität-GH Essen poröse Verkehrsflächenkonstruktionen auf ihren Schadstoffrückhalt und die wirkenden Prozesse untersucht, um den Einsatz im Spannungsfeld zwischen Versickerungsleistung und Schadstoffrückhalt zu optimieren.

Zur Ermittlung des Rückhaltes von Schwermetallen wurden Straßenaufbauten in Versuchssäulen aus Edelstahl eingebaut. Vier handelsübliche Tragschichtmaterialien (Kalkstein, Kies, Basalt, Grauwacke) wurden verglichen und bewertet (Bild 3). Als Deckbelag wurde ein haufwerksporiger Betonstein gewählt. Die Säulen wurden mittels einer Beregnungsanlage mit schwermetallhaltigem Wasser beregnet. Insgesamt wurden die Schwermetallfrachten von 50 Jahren einer Straße mit mittlerer Verkehrsbelastung simuliert. Sickerwasserproben wurden von jedem Regenereignis genommen und untersucht. Alle Baumaterialien wurden am Ende der Versuche auf ihre Gehalte an Schwermetallen analysiert. Um die wirkenden Prozesse einzugrenzen, wurden die Proben tiefengestuft mit verschiedenen Extraktionstechniken behandelt.

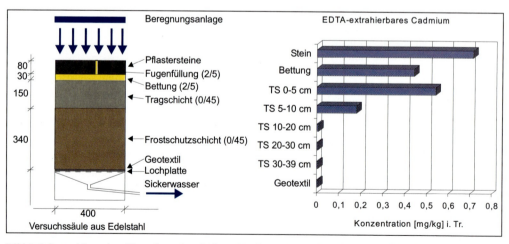

Bild 3: Schemaskizze einer Versuchssäule mit einem Straßenaufbau der Bauklasse V und Ergebnisse der Schwermetallanalytik bei einer Kiestragschicht (TS = Tragschicht)

Im Sickerwasser erreichten die Cadmiumkonzentrationen bei zwei Aufbauten unter ungünstigen Verhältnissen die Grenzwerte der Trinkwasserverordnung am Ende der Versuche. Alle anderen Metalle lagen weit unterhalb der zulässigen Höchstkonzentrationen im Sickerwasser. Bei den restlichen Tragschichtvarianten waren keine Überschreitungen feststellbar. Die Konzentrationen der anderen Schwermetalle lagen weit unterhalb der erlaubten Konzentrationen. Der größte Teil der Schwermetalle wurde im Betonstein und in den obersten Zentimetern der Tragschicht zurückgehalten. Hier sorgen Prozesse wie Fällung und Adsorption für eine Festlegung der Schadstoffe. Im Stein selbst ist ein deutlicher Konzentrationsgradient festzustellen. Ein ausreichender Gehalt an Feinanteilen im Tragschichtmaterial bewirkt einen guten Rückhalt und ist wichtiger als das Ausgangsgestein des Schotters. Insgesamt erweist sich der Rückhalt der Schwermetalle bei allen Varianten als sehr hoch.

5 Zusammenfassung und Ausblick

Die Konzeption eines Versuchsfeldes Wasser im Bereich der Internationalen Bauausstellung Emscherpark ermöglicht die interdisziplinäre Zusammenarbeit von Ingenieuren und Naturwissenschaftlern verschiedener Forschungsinstitute bei der Untersuchung und Konzeption von Anlagen zur Regenwasserversickerung. Die Beispiele haben bewiesen, daß die Idee, Messungen an Versickerungsanlagen mit theoretischen Überlegungen und Laborversuchen zu verbinden, eine für die Anwendung taugliche Forschung garantiert. Darüberhinaus wird jungen Wissenschaftlern eine ausgezeichnete Gelegenheit gegeben, ein besseres Verständnis für die Wechselwirkungen im urbanen Wasserkreislauf zu entwickeln. Auch bei zukünftigen Projekten sollten Meßeinrichtungen eingeplant werden, die von den verschiedenen Fachrichtungen der Universitäten und Forschungsinstitute genutzt werden können. Dies belegen nicht zuletzt die in Schüngelberg erarbeiteten Ergebnisse, die eine kontinuierliche Verbesserung von Bemessungs- und Planungsansätzen erlauben und somit falsche Dimensionierungen und Schadstoffdurchbrüche zu verhindern helfen. Dies unterstützt nachdrücklich die im IBA-Gedanken verankerte Forderung nach einer direkten Anwendbarkeit von Forschungsergebnissen.

Leistungsfähigkeit und Beeinträchtigung von Mulden-Rigolen-Systemen – Ein wissenschaftlicher Beitrag

Guido Winzig

1 Mulden-Rigolen in der Schüngelbergsiedlung

Im Rahmen des Graduiertenkollegs „Verbesserung des Wasserkreislaufes urbaner Gebiete zum Schutz von Grundwasser und Boden" wurden zwischen 1994 und 1996 sowohl bestehende Mulden-Rigolen als auch Versuchsmulden experimentell auf ihre Funktionsweise und Leistungsfähigkeit untersucht, da es bis zu dieser Zeit noch keine detaillierten experimentellen Felduntersuchungen gab. Zweck des Projektes war, das Zu- und Abflußverhalten zu untersuchen. Zur Bilanzierung des Wasserhaushaltes wurden der volumetrische Wassergehalt sowie die Tensionen inner- und außerhalb der Mulden-Rigolen-Systeme gemessen (Bild 1). Darüber hinaus wurden im Labor bodenphysikalische und -mechanische Analysen ermittelt (WINZIG 1997).

Im folgenden Beitrag werden einige Ergebnisse hinsichtlich der Leistungsfähigkeit und der Beeinträchtigung von Mulden-Rigolen-Systemen vorgestellt. Darüber hinaus werden einige Punkte zur bautechnischen Ausführung solcher dezentralen Versickerungsanlagen angesprochen.

2 Ergebnisse

2.1 Versickerungsleistung der Mulden-Rigolen

Mulden-Rigolen werden bislang überwiegend nach Arbeitsblatt 138 der Abwassertechnischen Vereinigung (ATV 1990) dimensioniert und gebaut. Danach werden die Mulden und Rigolen einzeln betrachtet und die Abmessungen entsprechend der Anschlußfläche, der gewählten Regenreihe und der Bodendurchlässigkeit bestimmt. Das ATV A 138 berechnet das erforderliche Speichervolumen, indem beim gewählten Regen die Versickerungsleistung des Bodens (k_f) und die Infiltrationsfläche als konstante Größen angesehen werden. Die Veränderung der Infiltrationsfläche (A_s) mit der Wasserstandshöhe wird also vernachlässigt.

Im folgenden wird der Frage nachgegangen, inwieweit sich die Vereinfachung des ATV-Ansat-

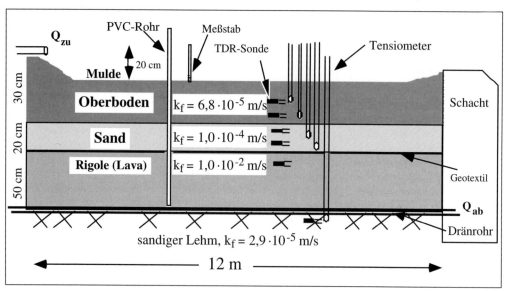

Bild 1: Schematischer Längsschnitt durch die Versuchsmulde mit Rigole

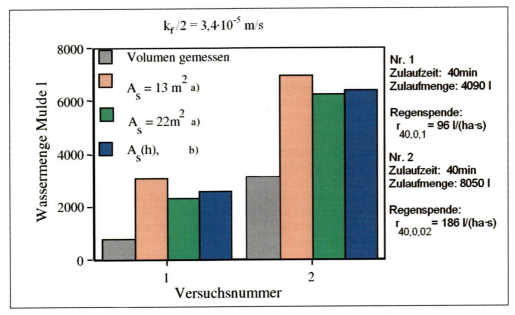

Bild 2: Vergleich zwischen gemessener und berechneter maximaler Wassermenge in der Mulde für zwei Zuflüsse. Bei $A_s = 13$ m² und $A_s = 22$ m² wurde das Volumen nach ATV 138 berechnet (Ausnahme a)

zes auf die Bestimmung des erforderlichen Speichervolumens auswirken kann. Es werden zwei unterschiedliche Annahmen zur Berechnung des Muldenvolumens vorgestellt:

a) Infiltrationsfläche A_s und -rate k_i sind konstant (Ansatz ATV A 138),

b) k_i ist konstant, $A_s(h)$ verändert sich mit der Überstauhöhe h nach der Trapezformel.

Grundlage ist die Versuchsmulde nach Bild 1. Für den Ansatz der ATV wird für k_i der $k_f/2$-Wert des humosen Oberbodens von $3,4 \cdot 10^{-5}$ m/s genommen. Als Versickerungsfläche wird im Fall a) die Muldenbodenfläche von 13 m² genommen. Für den Fall b) ergibt sich nach der Trapezflächenformel für einen Wasserstand h = 10 cm (halbe Höhe des maximalen Wasserstandes) ein A_s von 22 m². Es werden zwei verschiedene Versuche (Nr. 1 und Nr. 2) mit unterschiedlichen Zulaufmengen miteinander verglichen.

In Bild 2 sind die Unterschiede zwischen den Versuchsergebnissen und der Berechnung gemäß ATV A 138 für die Annahmen unter Punkt a) und b) zu sehen. Besonders bei hohen Zuflußintensitäten ergeben sich große Unterschiede hin-

sichtlich des notwendigen Speichervolumens. Die Halbierung des k_f-Wertes, wie es das ATV A 138 fordert, führt zur Berechnung überhöhter Speichervolumina. Beim $k_f/2$-Wert von $3,4 \cdot 10^{-5}$ m/s liegen die Unterschiede zwischen dem gemessenen und dem berechneten Speichervolumen bei Versuch Nr. 1 bei Faktor 3, bei Versuch Nr. 2 etwas oberhalb Faktor 2. Die Versickerungsflächenannahme spielt bei den Versuchen eine eher untergeordnete Rolle.

Als Ursache für die großen Abweichungen der Beispielberechnungen kann angenommen werden, daß die Infiltrationsrate während des Versuches nicht konstant ist. Somit würden die erforderlichen Muldenspeicher nach den Bemessungsvorschriften des ATV A 138 entweder zu klein oder zu groß dimensioniert werden, je nach Wahl der k_i-Werte. Bei den Versuchsmulden zeigte sich, daß durchschnittlich 40 % weniger Muldenvolumen benötigt wird. Dies hat folgende Gründe:

– Veränderung der Infiltrationsrate in Abhängigkeit von der Muldenüberstauhöhe h. Ausgehend von der Kontinuitätsgleichung kann die Infiltrationsgeschwindigkeit aus dem Wasserstandsverlauf bestimmt werden. k_i ist somit nicht als Konstante anzusehen, sondern variiert mit der Überstauhöhe (WINZIG u. BURGHARDT 1995). Die Infiltrationsraten, die sich aus den Wasserständen in der Mulde berechnen lassen, sind gegenüber dem ATV-Ansatz am Ende des Zuflusses drei- bis viermal höher.

- Präferentielle Fließpfade in Form von Schichtgrenzen- und Instabilitätseffekten im Muldenboden. Bei einem Flächenanteil von 5 % von der Gesamtmuldenbodenfläche und unter der Annahme, daß der Wasserfluß gegenüber der übrigen Fläche zwanzigfach höher ist, fließt genauso viel Wasser durch diese Fließpfade zur Rigole wie durch den gesamten restlichen Bodenkörper. Die präferentiellen Fließpfade sind ebenfalls für die relativ geringe Verzögerungszeit, bis das erste Wasser nach Zulaufbeginn aus dem Rohr austritt, verantwortlich. Bei hohen Intensitäten wurde das Wasser schon nach 12 min in der Rigole angetroffen. 10 min später trat das Wasser aus dem Dränrohr in den Meßschacht. Daher wirkt sich bei Mulden, in denen sandiges und frisch geschüttetes Material vorliegt, die Schichtdicke auf die Verzögerungszeit nur wenig aus.

- Veränderung der Versickerungsfläche mit zunehmender Muldenüberstauhöhe.

2.2 Beeinträchtigung der Versickerungsleistung von Mulden-Rigolen

Die Mulden-Rigolen haben aufgrund ihres sandigen Substrates sehr hohe Infiltrationsraten, die zwischen $6{,}8 \cdot 10^{-5}$ m/s und $1{,}0 \cdot 10^{-4}$ m/s liegen. Dadurch wird gewährleistet, daß die Mulde des Systems keinem Dauerüberstau unterliegt und es somit nicht zu reduzierenden Verhältnissen in den Bodenschichten kommt.

Es hat sich jedoch gezeigt, daß bei hoher hydraulischer Belastung die Muldenversickerungsrate des Systems stark abnehmen kann. Tafel 1 stellt die gesättigten Wasserleitfähigkeiten (k_f-Wert) des Oberbodens für zwei Versuchsmulden dar. Es zeigt sich, daß die k_f-Werte der Proben aus den Mulden vor den Versuchen sehr gut mit den Werten der künstlich verdichteten Proben aus dem Labor übereinstimmen. Nach einem Jahr nimmt besonders bei Versuchsmulde I in der Tiefe 0 bis 5 cm die Versickerungsleistung um rund 30 % gegenüber vorher ab.

Die Gründe für diese Abnahme der Infiltrationsleistung des Muldenoberbodens sind folgende:

- Setzungserscheinungen,
- Verschlämmung,
- Laubeintrag,
- lückenhafte Vegetationsdecke,
- Eintrag von Feinmaterial.

Besonders der obere erste Zentimeter des Muldenbodens war stellenweise stark verschlämmt und vegetationslos. Die großen Schwankungen (min-max-Werte) in Tafel 1 weisen darauf hin, daß der Boden nicht überall verschlämmt bzw. vegetationslos war. Die Ergebnisse zeigen, daß auch sandige Böden in Mulden sehr schnell ihre hohen Versickerungsleistungen verlieren können, wenn die Mulden unsachgemäß und schlecht gepflegt werden.

Tafel 1: k_f-Werte (m/s) des Oberbodens bei Versuchsmulde I und II. Probenzahl n = 10

	vor den Versuchen, Mulde I u. II	nach den Versuchen, Mulde I	nach den Versuchen, Mulde II	künstlich verdichtete Proben
k_f (geom. Mittel)				
0 cm - 5 cm	$8{,}7 \cdot 10^{-5}$	$2{,}7 \cdot 10^{-5}$	$6{,}1 \cdot 10^{-5}$	$6{,}8 \cdot 10^{-5}$
15 cm - 20 cm	–	$1{,}0 \cdot 10^{-4}$	$7{,}5 \cdot 10^{-5}$	–
min – max				
0 cm - 5 cm	$3{,}5 \cdot 10^{-5} - 4{,}9 \cdot 10^{-4}$	$3{,}6 \cdot 10^{-6} - 3{,}9 \cdot 10^{-4}$	$2{,}0 \cdot 10^{-5} - 1{,}4 \cdot 10^{-4}$	$2{,}7 \cdot 10^{-5} - 2{,}1 \cdot 10^{-4}$
15 cm - 20 cm	–	$5{,}0 \cdot 10^{-5} - 2{,}0 \cdot 10^{-4}$	$4{,}4 \cdot 10^{-5} - 1{,}6 \cdot 10^{-4}$	–

2.3 Schadstoffeintrag in Mulden-Rigolen-Systemen

Neben den bodenphysikalischen Veränderungen des Mulden-Rigolen-Systems mit der Zeit werden die Versickerungssysteme durch den Eintrag von anorganischen und organischen Schadstoffen verändert.

Für eine Abschätzung der Schwermetallanreicherung in Regenwasserversickerungsanlagen müssen neben der mittleren Schwermetallkonzentration im Regenwasserabfluß die Grundbelastung der Böden und eine etwa 10- bis 20fach höhere hydraulische Belastung (Verhältnis Anschlußfläche/Versickerungsfläche = 10 : 1 bis 20 : 1) berücksichtigt werden. Tafel 2 und 3 zeigen für die Mulden- und Schachtversickerung eine Abschätzung, wann die Grenzwerte der Klärschlammverordnung erreicht werden. Für die Abschätzung werden folgende Annahmen gemacht:

– Als Akkumulationszone wird für die Mulde ein 30 cm mächtiger Oberboden mit einer Lagerungsdichte von 1,5 g/cm^3 gewählt und bei der Schachtversickerung ein 100 cm mächtiger Unterboden mit gleicher Lagerungsdichte angenommen.

– Beim Muldenboden wird eine Schadstoffgrundbelastung angenommen. Beim Schacht wird diese vernachlässigt, da die Schadstoffbelastung in 100 cm Tiefe in der Regel sehr gering ist. Weiterhin wird eine gleichmäßige Schwermetallverteilung im Boden angenommen. Ebenfalls werden die Schwermetalle nicht ausgewaschen.

– Bodenparameter wie Tongehalt, pH-Wert, Bodenredoxpotential und Humusgehalt, die einen Einfluß auf die Adsorbtion und Mobilität von Schwermetallen haben, werden ebenfalls nicht berücksichtigt.

Als Eingangsgrößen werden die in Tafel 2 aufgelisteten Grund- und Normalgehalte von belastungsgefährdeten Böden aus Nordrhein-Westfalen sowie die mittleren Schwermetallkonzentrationen von Dach- und Straßenabläufen genommen. Als Vergleichswerte sind weiterhin die Grenzwerte aus der Trinkwasserverordnung dargestellt.

Nimmt man für die Berechnung nun eine 150 m^2 große Dachfläche und eine 50 m^2 große Straßenfläche in einem städtischen Wohngebiet an, die an einer 20 m^2 großen Mulde bzw. an einen Schacht (Durchmesser d = 2 m) angeschlossen sind, so ergeben sich bei einer jährlichen als Dachabfluß auftretenden Niederschlagsmenge von 700 l/m^2 die in Tafel 3 dargestellten Belastungen pro Jahr.

Die Unterschiede zwischen Mulde und Schacht sind sehr gering. Der größere Bodenkörper der Mulde und die einbezogene Grundbelastung des Muldenoberbodensubstrates rechnen sich gegen-

Tafel 2: Mittlere Schwermetallgehalte von Böden in NRW sowie mittlere Schwermetallgehalte in Dach- und Straßenabflüssen.

Element	Grund-belastung Boden (mg/kg)[1]	Normal-gehalte Boden (mg/kg)[1]	Grenz-werte (mg/kg)[2]	Dachablauf (mg/l)[3]	Straßenablauf (mg/l)[3]	Trinkwasser-verordnung (mg/l)
Cd	0,8	0 bis 1	1,5	0,00065	0,0017 bis 0,005	0,005
Cu	20	0 bis 20	60	0,2	0,09	3
Ni	50	0 bis 50	50	–	0,027 [4]	0,05
Pb	50	0 bis 20	100	0,13	0,17 bis 0,5	0,04
Zn	110	0 bis 50	200	0,4	0,4	5

[1] aus: BLUME (1992), S. 308
[2] Klärschlammverordnung (1992)
[3] aus: BOLLER (1995)
[4] aus: Literaturstudie zum BMFT-Projekt 02 WT 8901 (1993)

Tafel 3: Überschlagsrechnung für die jährliche Schwermetallbelastung bei einer Mulden- und Schachtversickerung. Die angeschlossene Dachfläche beträgt 150 m², die Straßenfläche beträgt 50 m².

Element	Dachabwasser (mg/a)	Straßenabwasser (mg/a)	Summe Straße und Dach (mg/a)	Jahre bis der Grenzwert erreicht wird	
				Mulde	Schacht
Cd	68	59 bis 175	127 bis 243	49,5 bis 32	37 bis 24
Cu	21000	9450	30450	12	9
Pb	13650	5950 bis 17500	19600 bis 31150	23 bis 20,5	24 bis 15
Zn	42000	14000	56000	14,5	25

seitig auf, wodurch beide Versickerungsanlagen zur etwa gleichen Zeit die Grenzwerte der Klärschlammverordnung erreichen.

Diese Zeiträume erscheinen sehr kurz. Es muß hier aber ausdrücklich darauf hingewiesen werden, daß eine Schwermetallauswaschung mit dem Sickerwasser nicht berücksichtigt wird. Gerade dieser Prozeß trägt jedoch dazu bei, daß die tatsächlichen Zeiträume, bis die Grenzwerte erreicht werden, viel höher anzusetzen sind. Würde man die Mulden statt mit Regen- mit Trinkwasser beschicken, so wären die Zeiträume bis zum Erreichen der Grenzwerte nahezu gleich.

3 Hinweise für die bautechnische Ausführung von Mulden-Rigolen-Systemen

Bei der bautechnischen Ausführung der Mulden-Rigolen-Systeme in der Schüngelbergsiedlung traten Probleme auf, die für ein Pilotprojekt unvermeidbar sind und aus denen man für den Bau von sicheren Mulden-Rigolen-Systeme lernen kann:

– Das Füllmaterial sollte möglichst geringe Anteile von Feinmaterial enthalten, um die Versickerungsleistung des Rigolenbodens nicht zu beeinträchtigen. Alternativ zum herkömmlichen Kies kann pH-neutraler, gebrochener Blähton verwendet werden. Das Porenvolumen ist gegenüber dem bei 16/32 Kies um 15 % größer. Das in der Schüngelbergsiedlung u. a. verwendete pyroklastische Gestein (Lawagestein) sollte aufgrund seines alkalischen pH-Wertes (pH-Wert 9,8) nicht eingesetzt werden. Unter alkalischen Bedingungen nimmt die Schwermetalladsorption ab und damit die Mobilität zu.

– Beim Muldensubstrat ist zu beachten, daß sein pH-Wert nicht in den sauren Bereich fällt, sondern im neutralen Bereich liegt. Bei sehr sandigen Substraten muß der Humusgehalt etwa bei 3 % liegen, um so die Adsorption von Schadstoffen zu erhöhen. Höhere Humusgehalte führen wiederum zur Verschlämmung.

– Nach Fertigstellung der Systeme muß dafür Sorge getragen werden, daß die Mulden in den ersten Wochen nicht betreten werden und kein Regenwasser von anderen Flächen eingeleitet wird. Es muß sich erst eine geschlossene Rasendecke entwickeln, um eine Verkrustung und Verschlämmung der Oberfläche zu verhindern. Die Mulden müssen in der Vegetationszeit periodisch gemäht werden und, vor allem in den Herbstmonaten, von Blättern freigehalten werden, damit keine reduzierenden Verhältnisse auftreten.

– Die Flächen, auf denen später Mulden errichtet werden sollen, dürfen nicht befahren werden. Vor dem Einsatz schwerer Fahrzeuge müssen durch Kies oder Geotextilien Wege für die Baumaschinen erstellt werden, um die bodenmechanische Belastung zu mindern.

Die Beispiele – Technische Lösungen und gestalterische Wege

Karl-Heinz Danielzik, Reiner Leuchter, Dieter Londong

1 Wohnsiedlungen

1.1 Siedlung Welheim Bottrop

Mulden-Versickerung im Bestand

Die Siedlung Welheim wurde im Stil der englischen Gartenstadtarchitektur für die Bergleute der Zeche „Vereinigte Welheim" in den Jahren 1913 bis 1923 erbaut. Mit 1.135 Wohnungen in 580 Gebäuden ist sie noch heute ein beeindruckendes Zeugnis der Stadtbaukunst des frühen 20. Jahrhunderts. Auf einer Fläche von 45 ha zeigt die zweieinhalbgeschossige Siedlung einen Grundriß von aufgelockerter Blockstruktur mit hohem Grünflächenanteil. Großzügig bemessene Gärten, Höfe, öffentliche Plätze und Alleen mit altem Baumbestand prägen das Bild der inzwischen denkmalgeschützten Gartenstadtsiedlung. Der Bestand der Siedlung wird seit 1989 durch denkmalgerechte, ökologische und sozialverträgliche Erneuerung langfristig gesichert. Dazu gehören auch die Reduktion der versiegelten Flächen, eine Begrünung der Nebengebäude und die Umgestaltung der Garagenhöfe, zum Teil Rückbau von Garagen.

Entwässerungskonzept

Die Siedlung entwässert in den Schmutzwasserlauf Boye über eine zuletzt schadhafte und nicht genügend leistungsfähige Mischwasserkanalisation. Mit deren Sanierung und Erneuerung wurde 1985 begonnen, also noch vor Beginn der Erneuerungsarbeiten an den Gebäuden. 1995 ist eine Machbarkeitsstudie zur Regenwasserversickerung erstellt worden.

Bei günstigen Durchlässigkeitsbeiwerten des Bodens zwischen 10^{-4} und 10^{-5} m/s und einem Grundwasserflurabstand von 1,5 m wurde für die Dach- und Straßenentwässerung ein System vorgeschlagen aus offenen, in Gebäudenähe gedichteten Rinnen, die für mehrere Häuserblocks zu gedichteten Staumulden und dahinter zu Versickerungsmulden führen sollten. Für extreme Regenfälle war ein Überlauf zur Boye vorgesehen. Für die gesamte Siedlung waren Investitionskosten von 4,8 Mio DM errechnet worden. Für die Kanalsanierung wurden Ersparnisse von

Bild 1: Lageplan der Siedlung Welheim

Bild 2: Der Gartenstadtcharakter bietet gute Voraussetzungen für die dezentrale Regenwasserbewirtschaftung

1 bis 2 Mio DM ausgewiesen. Bei den schon fortgeschrittenen Investitionen und Planungen für das Mischwassernetz konnte dieser Betrag aber nicht realisiert und für die neue Regenwasserbewirtschaftung zur Verfügung gestellt werden. Deren Finanzierung blieb deshalb zunächst ungeklärt.

Erst für den 6. Bauabschnitt der Gebäudeerneuerung wurde seit 1997 für eine 1.700 m² große Dach- und Wegefläche ein ökologisch sinnvol-

Tafel 1: Abgekoppelte Flächen der Bauabschnitte

Bauabschnitt	6	7	8 bis 10	gesamt
Dachflächen	1.200	7.200	19.200	27.600 m²
Wegeflächen	500	4.200	11.000	15.700 m²
insgesamt	1.700	11.400	30.200	43.300 m²

ler Umgang mit dem Niederschlagswasser als Modellversuch eingeleitet, der folgenden Anforderungen genügen mußte:

– kostensparende Varianten,

– geringe Eingriffe in die Mietergärten im Hinterland,

– geringe Ableitungsstrecken für das Regenwasser, keine großen Distanzen zwischen Gebäuden und Versickerungsflächen,

– Beachtung der Belange des Denkmalschutzes,

– Akzeptanz durch den Mieterrat.

Im Modellversuch wurde an fünf Gebäuden in der Flöttestraße fast ausschließlich über Mulden versickert, die hauptsächlich in den Vorgartenflächen flach und großflächig mit rund 400 m² Gesamtfläche angelegt wurden (A_s/A_{red} = 1 : 4,25). Lediglich bei einem Gebäude erfolgt die Versickerung über eine Rigole, da im hausnahen Bereich schnell tiefere Bodenschichten erreicht werden mußten.

Nach erfolgreichem Abschluß des Modellversuches wurde im 7. Bauabschnitt eine flächendeckende Anwendung mit 11.400 m² befestigter Fläche umgesetzt. In den abschließenden Bauab-

Bild 3: Die große flache Rasenmulde im Vorgarten verändert das Bild der Siedlung kaum.

schnitten 8 bis 10 ist die Abkopplung weiterer 30.200 m² vorgesehen.

Abgekoppelte Fläche

In den einzelnen Bauabschnitten handelt es sich um in Tafel 1 dargestellte Flächen.

Damit werden etwa 30 % der gesamten befestigten Fläche der Siedlung abgekoppelt.

Bemessung

Ausgehend von $k_f = 2,4 \cdot 10^{-5}$ m/s wurden modellhafte Anlagen per Langzeitsimulation dimensioniert. Hierbei wurde anstatt mit fixen Abflußbeiwerten mit konstanten Benetzungsverlusten gerechnet (Dachflächen 0,25 bis 0,3 mm, Wegeflächen 0,6 mm). Aufgrund der flachen Mulden liegt das Anschlußverhältnis Versickerungsfläche zu angeschlossener befestigter Fläche (A_s/A_{red}) zwischen 1 : 1 und 1 : 4,5.

Kosten

Die Kosten halten sich etwa im Rahmen des von der Emschergenossenschaft in ihrem Wettbewerb zur Regenwasserbehandlung bereitgestellten Betrages von 10 DM/m² abgekoppelter Fläche. Kostensenkend wirkte sich aus, daß die Maßnahmen zusammen mit den Sanierungsmaßnahmen an den Gebäuden der Siedlung geplant und abgewickelt werden konnten. Eine Splittung der Abwassergebühren in Regenwasser und Schmutzwasser ist in Bottrop noch nicht erfolgt, daher gibt es zunächst keine Gebührenentlastung.

Projektträger

VEBA-Immobilien, Bochum

Planung

Machbarkeitsstudie Regenwasserbewirtschaftung:
itwh-Institut für technisch-wissenschaftliche Hydrologie, Prof. Dr.-Ing. F. Sieker u. Partner GmbH, Essen
Planung, Bauleitung und Mietermoderation Regenwasserbewirtschaftung:
Ingenieurbüro Kaiser, Dortmund

Lage

Bottrop-Welheim, Braukstraße/Prosperstraße

1.2 Wohnsiedlung CEAG Dortmund

Gründachretention und Versickerung über Rohr-Rigolen-System

In der Dortmunder Nordstadt entstanden auf dem Gelände einer ehemaligen Fabrik für Industriefilter (CEAG) auf einer Fläche von 5 Hektar 248 öffentlich geförderte Mietwohnungen. Die Neubebauung wird durch einen viergeschossigen Gebäuderiegel mit Tiefgarage und kleinteilige Wohnhöfe aus zweigeschossigen Einfamilienhäusern gebildet. Eine Kindertagesstätte am östliche Rand der Bebauung bildet den Abschluß. Die Gebäude sind nicht unterkellert, die Dächer weitestgehend begrünt.

Entwässerungskonzept

Das Schmutzwasser der Siedlung wird zu der in der Ebertstraße vorhandenen Mischwasserkanalisation geführt. Alles Regenwasser wird versickert, jedoch nicht in den Freiflächen, sondern unterhalb der Gebäude.

Der vorhandene Boden des Altstandortes wurde gegen eine ca. 1 m starke Mineralbodentragschicht ausgetauscht. Diese im Zuge der Bodensanierung durchgeführte Maßnahme kam der Versickerungskonzeption zugute. Das flächig eingebaute mineralische Substrat stellt mit seinem Porenvolumen von 25 % einen so großen Retentionsraum dar, daß damit die nur sehr eingeschränkte Versickerungsfähigkeit des schluffigen Untergrundes ($k_f = 10^{-9}$ m/s) kompensiert werden konnte. Der Grundwasserspiegel kann allerdings bis kurz unter die Mineralbodentragschicht ansteigen.

Das von den mehrheitlich begrünten Dächern abfließende Wasser wird über Rohrleitungen gefaßt und zu Rohr-Rigolen unterhalb der kellerlosen, ein- und zweigeschossigen Gebäude geführt. Die Rigolen wurden rechnerisch mit 1 m Breite und 0,6 m Höhe und einer Gesamtlänge von 2.200 m angesetzt. Die Dränrohre wurden in der flächigen Aufschüttung im Abstand von

Bild 1: Schrägluftaufnahme der gerade fertiggestellten Siedlung

1,50 m angeordnet, so daß die tatsächliche Versickerungsfläche größer als die rechnerische ist. Auch im vorhandenen Retentionsvolumen, das viermal so groß ist wie das rechnerisch erforderliche, bestehen zusätzliche Sicherheiten. Zum Schutz gegen Durchfeuchtungen der Gebäudesohlen wurde das System mit einem Notüberlauf zum Mischwasserkanal ausgestattet, dessen Höhe deutlich unter dem Sohlaufbau liegt.

Bemessung

Für die begrünten Dächer wurde der Abflußbeiwert zu 0,5 gewählt. Für die Bemessung der Versickerungsanlage nach ATV-Arbeitsblatt 138 wurde eine Regenspende von $r_{15(n=1)} = 150 l/$ (s · ha) mit der Häufigkeit n = 0,2 1/a und ein Durchlässigkeitsbeiwert $k_f = 1 \cdot 10^{-9}$ m/s angesetzt. Dank der großen Fläche der Mineralbodenschicht beträgt die rechnerische Füllhöhe in der 0,6 m hohen Rigole maximal 0,23 m.

Abgekoppelte Fläche

Von der 36.000 m² großen Gesamtfläche des Grundstücks sind Dachflächen von 13.300 m² an die Rohr-Rigolen angeschlossen, die befestigten Flächen der Wohnanlage werden innerhalb der Außenanlagen über die Flächen versickert. Für die Verkehrsflächen besteht ein KFZ-Waschverbot. Die gesamte Siedlung ist abgekoppelt.

Projektstand

Fertigstellung 1998.

Kosten

Für das Rigolensystem wurden Kosten von 389.500 DM aufgewendet. Dies entspricht einem Preis von 29,25 DM/m² Dachfläche bzw. 10,80 DM/m² Gesamtfläche.

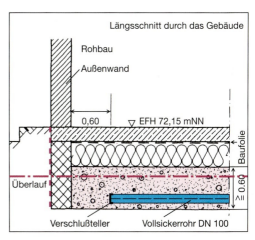

Bild 2: Längsschnitt der flächigen Rohr-Rigole unter den Gebäuden

Projektträger

TreuHandStelle GmbH THS, Essen; Dortmunder Gemeinnützige Wohnungsgesellschaft mbH; Ruhr-Lippe-Wohnungsgesellschaft

Planung

Entwässerungskonzept: Ingenieurbüro Bleiker, Datteln Bodenuntersuchung und Bemessung der Versickerung: Erdbaulaboratorium Ahlenberg, Herdecke Freiraumplanung: Büro Pesch & Partner, Herdecke

Lage

Dortmund, Ebertstraße/Münsterstraße

1.3 Siedlung Fürst Hardenberg Dortmund-Lindenhorst

Rigolen- und Rohrversickerung für Dachflächen, Muldenversickerung für Wegeflächen

Auf einer Restfläche der in den 20er Jahren erbauten Bergarbeitersiedlung Fürst Hardenberg wurde ein neuer Siedlungsteil mit 29 Wohneinheiten in 15 Gebäuden errichtet. Der Planungsauftrag erging aufgrund eines Wettbewerbs für junge Architekten. Die zweigeschossigen Doppel- und Einzelhäuser sind um eine angerartige Gemeinschaftsgrünfläche gruppiert, die gleichzeitig zur Regenwasserversickerung genutzt wird. Die interne Erschließung erfolgt nur durch autofreie Wege. Der Pkw-Verkehr wird über eine kurze Zufahrtstraße auf eine Stellplatzanlage am Siedlungsrand geführt.

Entwässerungskonzept

Die alte Siedlung entwässert über Mischwasserkanäle, deren Querschnitt jedoch für die Aufnahme zusätzlicher größerer Regenwasserabflüsse nicht ausreicht. Vom neuen Siedlungsteil werden daher nur das Oberflächenwasser der kurzen Zufahrtstraße und das Schmutzwasser dorthin abgeleitet. Das Niederschlagswasser der Dachflächen und der Wege- und Platzflächen soll versickern.

Der oberflächennah anstehende Boden eignet sich mit k_f-Werten von $1,2 \cdot 10^{-7}$ bis $1,1 \cdot 10^{-8}$ m/s schlecht für eine Muldenversickerung. Die Böden werden jedoch ab etwa 1 m unter Geländeoberfläche etwas durchlässiger. Bis zu etwa 5 m Tiefe befinden sich toniger, feinsandiger Schluff und schluffiger, z. T. kiesiger Sand in Wechsellagerungen. Grundwasser wurde bei Erkundungsbohrungen erst in bis zu 8,5 m Tiefe angetroffen.

Wegen der schwierigen Bodenverhältnisse wurde eine kombinierte Rigolen-Rohrversickerung gewählt. Die in über 2 m Tiefe angeordneten großvolumigen Rigolen und Rohre sind an den Rändern der Wege verlegt, so daß die Freiflä-

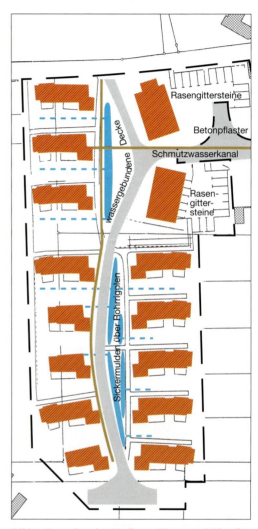

Bild 1: Lageplan der Siedlung. Wege- und Platzflächen entwässern in die langgestreckten Rasenmulden (blau). Darunter liegen die Rohr-Rigolen für das Dachwasser, das über Rohre (blau) herangeführt wird.

chen nicht beeinträchtigt sind. Zwischen den Fallrohren der Wohnhäuser und dem Rigolen-System ist an jedem Gebäude eine Regentonne mit Zapfstelle installiert.

Bild 2: Die Siedlung und ihre Bewohner

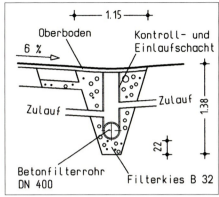

Bild 3: Versickerungsmulde mit Rohr-Rigole am Einlaufschacht, Schnitt

Sämtliche Wege- und Platzflächen sind wassergebunden und sickerfähig aufgebaut. Bei Starkregen fließt das Wasser in versickerungsfähige Rasenmulden, die über der Rohr-Rigole plaziert wurden (Bild 3). Der Gemeinschaftsstellplatz für 30 Pkw wurde mit Rasengittersteinen und sickerfähigem Material hergestellt.

Bemessung

Für die Bemessung der Versickerungsanlage nach ATV-Arbeitsblatt 138 wurden eine Wiederkehrzeit von 5 Jahren (n = 0,2), eine Regenspende von $r_{15(n=1)} = 100 \, l/(s \cdot ha)$ und ein Durchlässigkeitsbeiwert $k_f = 1,2 \cdot 10^{-7} \, m/s$ angesetzt.

Abgekoppelte Fläche

Die Gesamtfläche der neuen
Siedlung beträgt   7.840 m².

Die befestigte Fläche A_{red}
ist etwa   3.650 m².

Bis auf die 300 m² große Fläche der Zufahrtstraße wurden alle Flächen abgekoppelt.

Projektstand

Fertigstellung und Bezug der Siedlung im Februar 1997.

Kosten

Rigolen-Rohr-System	60.000 DM
Rasenmulde	23.300 DM
Regenwasserbewirtschaftung	83.300 DM

Damit ergeben sich rd. 25 DM m² abgekoppelter Fläche A_{red}.

Projektträger

TreuHandStelle GmbH THS, Essen

Planung

Regenwasserbewirtschaftung:
Ing. Büro Broszio, Herten
Architektur:
Planquadrat, Dortmund

Lage

Dortmund-Lindenhorst, zwischen Schleifenstraße/Evinger Straße und Bergstraße

1.4 „Einfach und selber bauen" Taunusstraße Duisburg-Hagenshof

Gründächer, Mulden- und Schachtversickerung

Die Siedlung Taunusstraße liegt in direkter Nachbarschaft zu einer Großsiedlung der 60er/70er Jahre. Auf etwa 1,5 Hektar Fläche wurden bis 1966 52 Eigenheime mit 85 bis 95 m² Wohnfläche auf etwa 230 m² großen Grundstücken in zweigeschossigen Reihenhäusern sowie fünf Eigentumswohnungen gebaut. Außerdem wurde ein Gemeinschaftshaus geschaffen. Die Eigentumshäuser entstanden im Rahmen der IBA-Projektfamilie „Einfach und selber bauen" für Familien mit Kindern der unteren und mittleren Einkommensschichten. Zur Kostenreduzierung wurden Eigenleistungen in organisierter Gruppenselbsthilfe erbracht. Auf Kellerräume wurde verzichtet. Die Abstellräume sowie die gemeinsame Heiz- und Hausanschlußzentrale, sind für je eine Hausgruppe in gesonderten Gebäuden, den „Bergings", untergebracht. Alle Häuser haben begrünte Pultdächer.

Entwässerungskonzept

Das Schmutzwasser wird an die in der benachbarten Großsiedlung vorhandene Mischwasserkanalisation angeschlossen. Dorthin gelangt aus technischen Gründen auch das Wasser der Stellplätze, der Dächer der „Bergings", das Dachwasser des Gemeinschaftshauses und das von den Pkw-Stellplätzen am Beginn der Siedlung ablaufende Wasser. Alles andere Niederschlagswasser wird versickert. Auf den Dächern wird es zunächst durch extensive Begrünung zurückgehalten.

Die günstige Bodenbeschaffenheit mit einem k_f-Wert um 10^{-5} m/s und einem 2,50 m unter der Geländeoberkante liegendem Grundwasserspiegel gestattet die Anlage von Mulden. Sie wurden mit 1m Breite und 18 cm Tiefe entlang der Erschließungswege angeordnet und sind inzwischen mit Kräutern und Gräsern bewachsen. Als Sicherheit gegen mögliche Unregelmäßigkeiten der Versickerungsleistung des anstehenden Bodens wurde unter jeder Mulde eine Kiespackung mit Dränrohr eingebaut (Mulden-Rigolen-Kombination). An Überwegen über die parallel zu den Hausfluchten verlaufenden Mulden und stark verschmutzungsgefährdeten Stellen wurden die Rinnen geschlossen hergestellt. Dreizehn der 52 Einfamilienhäuser leiten das

Bild 1: Schrägluftbild der Siedlung

Bild 2: Die Erschließungsflächen sind in wassergebundener Decke hergestellt; im Hintergrund die begrünten Pultdächer.

Regenwasser ihrer Gründächer in Sickerschächte mit vorgeschaltetem Sammelschacht, da es an ausreichendem Platz für Muldenversickerung mangelt.

Die Erschließungswege und Stellplätze sind in wassergebundener Decke bzw. versickerungsfähigem Pflaster hergestellt. Alle nicht befahrbaren Wege entwässern in die Mulden. Das Regenwasser der Erschließungsstraße wird in die Mischkanalisation eingeleitet.

Bemessung

Bemessen wurde nach ATV-Arbeitsblatt 138 mit $r_{15(n=1)}$ = 150 l/(s · ha) und n = 0,2 l/a. Für Gründächer und wassergebundene Wegedecken wurde ein mittlerer Abflußbeiwert von 0,5 angesetzt. Insgesamt wurden ca. 275 m² Sickerflächen hergestellt. Das Verhältnis von A_s zu A_{red} liegt bei rund 1 : 13.

Abgekoppelte Flächen

Die Siedlung hat eine Gesamtfläche von 15.000 m², befestigt sind 8.250 m², abgekoppelt wurden 6.270 m², das sind 76 %.

Projektstand

Realisierung 1994 bis 1996.

Kosten

Die Regenwassermaßnahmen haben insgesamt etwa 65.000,00 DM gekostet. Für die Mulde mit Kiespackung, Filtervlies, Dränleitung, Überdeckung mit Bodensubstrat und Einsaat lagen die Kosten pro Einfamilienhauseinheit bei etwa 900,00 DM (ca. 10,00 DM/m²). Zusammen mit allen erforderlichen Rinnen, Abdeckungen und Sickerschächten ergeben sich Kosten von etwa 1.250,00 DM pro Einfamilienhaus oder rund 13,80 DM pro Quadratmeter abflußwirksamer Fläche A_{red} .

Projektträger

Stadt Duisburg
dfh Siedlungsbau GmbH, Worms

Planung

Regenwasserbewirtschaftung:
inco, Ingenieurbüro, Aachen
Architektur:
afa, architektur-fabrik-aachen

Lage

Duisburg-Hagenshof, Taunusstraße

1.5 Wohnsiedlung Schönebeck Essen

Versickerung im Bestandsgebiet, Mulden, Rigolen, Sickerschächte, verzögerte Ableitung durch Gartenteiche, Eigenleistungen

Das Projekt war die erste großflächige Abkopplungsmaßnahme der Stadt Essen im Siedlungsbestand und hatte sich zum Ziel gesetzt, modellhaft in einem ganzen Stadtteil ökologisch orientierte Regenwasserbewirtschaftung zu erproben. Anlaß zu diesem Projekt gab der geplante Umbau des Mischwasserhauptsammlers. Das 174 ha große Gebiet grenzt an das Naturschutzgebiet Schönebecker Schlucht, das zum Regionalen Grünzug B gehört. Charakteristisch für das Projektgebiet ist die relativ geringe Bebauungsdichte, mit überwiegend eineinhalb- und zweieinhalbgeschossigen Gebäude auf zumeist über 400 m² großen Grundstücken.

Das Projekt wurde von der Emschergenossenschaft im Rahmen des Wettbewerbs gefördert, es hat keinen formalen IBA-Status.

In einer Laufzeit von gut 2 Jahren wurden 123 Einzelabkopplungen durchgeführt. Damit wurden ca. 10% der Grundstücke erfaßt.

Ein wesentlicher Anreiz für die Grundstückseigentümer lag in der finanziellen und beratenden Unterstützung durch die Emschergenossenschaft, die Stadt und durch ein beauftragtes Planungsbüro. Mit dem Planungsbüro war ein ständiger Ansprechpartner installiert, der die Projektbeteiligten während der gesamten Laufzeit der Maßnahme betreute: Beratung vor Ort, Dimensionsberechnungen, Vorschläge zur technischen Umsetzung, Kostenberechnungen und Lösung förder- und gebührentechnischer Fragen.

Entwässerungskonzept

Die im Untersuchungsgebiet fast durchgängig anzutreffenden k_f-Werte von etwa 10^{-6} m/s zeigen eine bedingte Versickerungsfähigkeit der Böden an, die für die Emscherregion durchaus typisch ist. Gleichwohl kommt die dem Maßnahmenprogramm vorangegangene Machbarkeitsstudie zu einer als insgesamt günstig einzustufenden Beurteilung im Projektgebiet. Die Versickerungsleistung des Bodens wurde innerhalb der einzelnen Projekte durch einfache Versickerungsversuche mit dem Doppelringinfiltrometer nachgewiesen (Bild 1).

Aufgrund der Fülle von Einzelgrundstücken war eine Vielfalt individueller Lösungen zu entwickeln. Dabei wurden nahezu sämtliche Techniken der Abflußverzögerung und Versickerung zu etwa gleich hohen Anteilen für Einzelanlagen oder für kombinierte Anlagen angewandt. Bei den Einzelanlagen wurden Flächenversickerung, Sickerschacht und Sickerteich etwa gleich häufig umgesetzt. Bei den kombinierten Anlagen waren Rigole/Schacht, Schacht/Fläche und Teich/Fläche die häufigsten Techniken.

Die meisten Maßnahmen (etwa 2/3) wurden von Eigentümern, die ihre Häuser selbst bewohnen, beantragt und umgesetzt. Wohnungsbaugesellschaften, im Bereich Essen-Schönebeck allerdings wenig vertreten, zeigten kaum Interesse. Bei einer städtischen Wohnungsbaugesellschaft wurden zwei Gebäude vom Netz abgekoppelt.

Etwa zwei Drittel der Projektteilnehmer (67 %) realisierten die Maßnahmen in Eigenbau bzw.

Bild 1: Versickerungsversuch mit Doppelringinfiltrometer

mit Hilfe ihrer Nachbarn (ca. 14 %). Rund ein Fünftel der Anlagen wurden durch Fachfirmen hergestellt.

Drei Beispiele umgesetzter Maßnahmen:

Rohr-Rigolen-Versickerung

Mehrfamilienhaus, Privateigentum

Bei diesem Projekt wurden 142 m² Dachfläche über eine Rohr-Rigolen-Versickerung im Gartenbereich entwässert. Die Maßnahme wurde durch die Eigentümer in Eigenarbeit durchgeführt und gut dokumentiert. Die Materialkosten der Maßnahme belaufen sich auf 1.500 DM und wurden entsprechend der abgekoppelten Fläche mit 7,50 DM/m², insgesamt 1065 DM gefördert.

Sickerschacht

Einfamilienhaus, Privateigentum

Das Regenwasser der Dach- und Hofflächen mit insgesamt 150 m² wird über einen Sickerschacht im Garten entwässert. Die Maßnahme wurde in Eigenleistung mit Hilfe der Nachbarn realisiert. Die einzelnen Schachtringe wurden durch Aufsetzen und Nachgraben im Innenbereich in Handarbeit langsam abgesenkt. Die Materialkosten der Maßnahme beliefen sich auf 1.200 DM (8 DM/m²), die durch die Emschergenossenschaft mit 1.125 DM gefördert wurde.

Bild 2: Der in Handarbeit ausgehobene Rigolenkörper mit dem eingelegten Schutzvlies.

Bild 3: Durch die gute Zusammenarbeit der Nachbarn konnten die Schachtringe innerhalb des Garten ohne maschinelle Hilfe bewegt werden.

Mulden- und Schachtversickerung

Zwei Mehrfamilienhäuser, ALLBAU AG Essen

Das Regenwasser der Dach- und Hofflächen mit einer befestigten Gesamtfläche von $A_{red} = 457$ m² wird in den Boden eingeleitet. Die Hofflächen werden über offene Pflasterrinnen direkt in zwei Mulden entwässert. Das Regenwasser von den Dachflächen wird in zwei Sickerschächte vor und hinter dem Haus geleitet. Im Zuge der Maßnahme wurde das gesamte Gebäudeumfeld umgestaltet und erneuert. Die Kosten für die Regenentwässerung wurden im Einzelnen nicht separat erfaßt, lagen aber höher als der Förderanteil der Emschergenossenschaft von 3.500 DM.

Bemessung

Die Bemessung der Anlagen erfolgte in einem einfachen Rechenverfahren mit einer angesetzten Regenmenge von 27,8 mm Niederschlag, der durch das Versickerungselement aufgenommen werden muß. Dies entspricht einem jährlichen Bemessungsregen von $r_{15(n=1)} = 100$ l/(s · ha) und einer Wiederkehrzeit von n = 20 Jahren.

Abgekoppelte Fläche

Es konnten 10% der Grundstücke mit 23.340 m² vom Kanalnetz abgekoppelt werden. Dabei handelt es sich überwiegend um private Dach- und Hofflächen, Freiflächen im Geschoßwohnungsbau sowie befahrbare Flächen einer Sportanlage. Von der gesamten befestigten Fläche (A_{red})

einschließlich der öffentlichen Straßen und Plätze von 72 ha sind das allerdings nur 5 %.

Projektstand

Realisierung September 1994 bis Dezember 1996.

Betrieb

Die Pflege und Wartung der Anlagen ist durch die Eigentümer gewährleistet und wird innerhalb des wasserrechtlichen Erlaubnisantrages beschrieben.

Kosten

Die Herstellungskosten lagen bei rund 80 % der Anlagen unter 3.000 DM. Kostenintensivere Anlagen waren häufig mit aufwendiger Umgestaltung des Grundstücks verbunden. Bei 26 % aller Maßnahmen konnten die Herstellungskosten mit den Zuschüssen der Emschergenossenschaft von 7,50 DM/m² abgekoppelter Fläche gedeckt werden. Bei weiteren 59 % wird sich eine Kostendeckung über die Einsparung der Abwasser-gebühren von 1,20 DM/(m³ · a) in den nächsten 10 Jahren ergeben.

Die Gesamtförderung durch die Emschergenossenschaft lag bei 700.000 DM. Davon sind 7,50 DM/m² unmittelbare Zuschüsse zu den Herstellungskosten und 2,50 DM/m² für Planungsleistungen. Die Förderung der Maßnahmen ist an einen 10-jährigen Bestand der Anlagen unter Beibehaltung der abgekoppelten Flächen gebunden.

Projektträger

Stadt Essen, federführend: Amt für Umweltschutz;
Emschergenossenschaft Essen
als Partner der Grundeigentümer

Planung und Beratung

Davids, Terfrüchte & Partner, Essen

Lage

Essen-Schönebeck, Aktienstraße/Frintroperstraße

Bild 4: Sickerteichanlage im Zuge einer umfassenden Gartenumgestaltung

1.6 „Einfach und selber bauen" Laarstraße/Sellmannsbachstraße Gelsenkirchen-Bismarck

Gründächer, Rückhaltung, Rohr-Rigolen- und Rinnen-Versickerung

Im Stadtteil Bismarck ist im Rahmen der IBA-Projektfamilie „Einfach und selber bauen" eine Siedlung mit 28 Wohneinheiten in Reihen- und Doppelhäusern für Familien mit kleinem Geldbeutel entstanden. Die Siedlung ist Teil einer Stadtteilerweiterung mit insgesamt 100 Wohnungen sowie einer neuen Gesamtschule (Beispiel 3.6). Die Gebäude wurden auf 180 bis 250 m² großen Grundstücken in zweigeschossiger Holz-rahmenbauweise mit Niedrigenergiestandard hergestellt. Sie sind nicht unterkellert. Technik-räume und Schuppen sind vorgelagert. Zu jedem Haus gehört ein privat nutzbarer Garten. Autos parken am Rand der Siedlung.

Entwässerungskonzept

Das Schmutzwasser der neuen Siedlung ist an einen tangierten Mischwasserkanal angeschlos-sen. Das Niederschlagswasser wird versickert bei Durchlässigkeitsbeiwerten des Bodens von 3 bis $4 \cdot 10^{-5}$ m/s und einem Grundwasserflurabstand des aufgehöhten Geländes von 2,50 m. Die Anlage von Mulden wurde aus Platzmangel verworfen. Die flach geneigten Dächer der Häuser und Nebengebäude haben eine extensive Begrünung mit einem Substrataufbau von 8 cm erhalten. Durch die Schmetterlingsform der Hausdächer bedingt wird das Wasser in der Dachmitte gesammelt und außen über Fallrohre abgeleitet.

Von den Doppelhäusern an der Sellmannsbach-straße wird das Regenwasser über offene befe-stigte Rinnen weggeführt, danach fließt und ver-sickert es in unbefestigten begrünten Rinnen entlang der Parzellengrenzen mit geringem Gefälle zu einer offenen Rigole hinter den Hausgärten.

Bei den Gebäuden an der Laarstraße werden jeweils zwei der vier Häuserreihen entwässerungs-technisch zusammengefaßt. Das Wasser gelangt

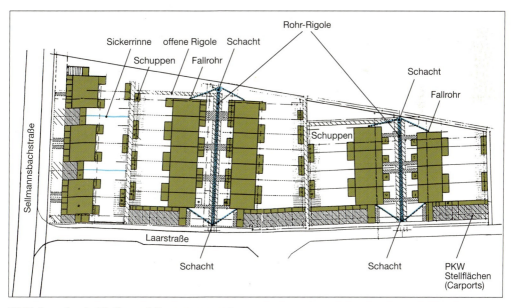

Bild 1: Lageplan der Siedlung mit Regenwassersystem

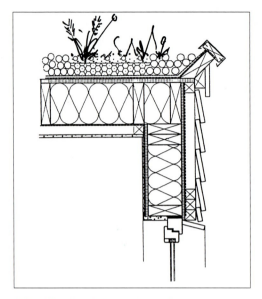

Bild 2: Detail Gründachaufbau, Schnitt

an den beiden Kopfseiten der Häuserreihen vom Fallrohr in einen Regeneinlauf mit Schlammeimer, von dort in eine Grundleitung und über einen Schacht in eine Rohr-Rigolen-Versickerungsanlage. Zwei Rigolenstränge von 44,5 und 31 m Länge sind jeweils unter den Wohnwegen zwischen den Häuserreihen eingebaut. Die wirksame Höhe ist 0,80 m, die Breite 1,20 bzw. 1,00 m. Der Abstand von der Rigolensohle zum Grundwasser beSträgt mehr als 1,20 m. An jedem Ende der Rohr-Rigolen ist ein Revisions- und Schlammfangschacht angeordnet. Einer der beiden Schächte hat eine Speicherfunktion und ist mit einer Schwengelpumpe zur Gartenbewässerung ausgestattet.

Dächer kleiner Schuppen und Wintergärten entwässern über Regentonnen in Kiesmulden. Wege und Platzflächen sind fast ausschließlich als wassergebundene Decken oder Schotterrasen ausgebaut. Geringe Anteile gepflasterter Flächen

Bild 3: Die Rohr-Rigole befindet sich in der Mitte des Erschließungsweges.

entwässern in schmale Kiesmulden in den Vorgärten.

Bemessung

Es wurde nach ATV-Arbeitsblatt 138 mit $r_{15(n=1)} = 120$ l/(s · ha), n = 0,2 1/a und $k_f = 1,5 · 10^{-5}$ m/s bemessen.

Abgekoppelte Flächen

Gesamtfläche A_E:	6.800 m²
Befestigte Flächen A_{red}:	2.120 m²
Davon	
Gründächer Wohnhäuser:	1.760 m²
Befestigte Wohnwege:	270 m²
Dachflächen Schuppen/Carports:	91 m²

Alle Flächen im Baugebiet sind vollständig von der Kanalisation abgekoppelt.

Kosten

Auf dem Gelände befand sich eine Flugabwehrstellung, was Bodenumschichtungen erforderlich machte. Repräsentative Kostenangaben können daher an diesem Standort nicht gemacht werden.

Projektstand
Fertigstellung Mitte 1998.

Projektträger:

TreuHandStelle GmbH THS, Essen, als Bauträger und Dienstleister für die 28 Baufamilien
Stadt Gelsenkirchen

Planung

Regenwasserbewirtschaftung:
Büro Grünecke, Herdecke
Büro inco, Aachen
Büro Wolf, Essen
Architektur:
Büro plus+ Bauplanungs GmbH, Prof. Hübner,
Martin Busch, Neckartenzlingen

Lage

Gelsenkirchen-Bismarck,
Laarstraße/Sellmannsbachstraße

1.7 Siedlung Schüngelberg Gelsenkirchen-Buer

Regenwassersammlung im Siedlungsbestand und -neubau, Versickerung in Mulden-Rigolen-Systemen und Mulden vor gedrosselter Einleitung in Bach - Pilotprojekt

Die Schüngelbergsiedlung entstand in den Jahren 1897 bis 1919 auf einer Fläche von 9,8 ha als gartenstädtische Siedlung mit 308 Wohnungen für die Bergleute der nördlich gelegenen Schachtanlage Hugo. In den Jahren 1995 bis

1997 wurde eine denkmalgerechte Bestandserneuerung und Wohnumfeldverbesserung durchgeführt. Als Ergebnis eines mit der IBA Emscher Park durchgeführten Wettbewerbs wurden nach Plänen des 1. Preisträgers in den Jahren 1995 bis 1997 weitere 205 Wohnungen und eine Kindertagesstätte auf einer Fläche von 6,7 ha gebaut.

Westlich und südlich der Siedlung wurde über Jahrzehnte durch die Ruhrkohle AG eine Halde aus Abraumgestein des Kohlebergbaus geschüttet. Der letzte Abschnitt wurde nach den Plänen des Architekten Keller in Form einer Doppel-

Bild 1: Die aus altem und neuem Teil bestehende Siedlung wird im Westen und Süden durch Haldenschüttungen eingefaßt.

Bild 2: Mulden-Rigolen in der alten Siedlung

Bild 3: Mulden-Rigolen in der neuen Siedlung

pyramide gestaltet. So entstand aus dem streng modellierten Material eine neue Landmarke, auf die der neue Siedlungsteil ausgerichtet ist.

Zwischen der Siedlung und der Halde verläuft der Lanferbach, ein in Spundwänden eingefaßter Schmutzwasserlauf im Emscher-System. Beim Umbau des Systems wurde jetzt in dieser Führung ein Betonrohr für die Schmutzwasserableitung verlegt. Parallel dazu wird der neue Lanferbach als naturnahes Gewässer das Grund- und Oberflächenwasser aufnehmen.

Um dem umgebauten Bach einen möglichst kontinuierlichen Zufluß zu gewährleisten, wurden am Schüngelberg umfangreiche Maßnahmen zur Regenwasserversickerung durchgeführt. Als Pilotprojekt der Regenwasserversickerung hat das Projekt – noch heute ablesbare – Entwicklungsstufen durchlaufen. Im Zuge der Umset-

zung hat ein Lernprozess im anderen Umgang mit dem Regenwasser stattgefunden. Systeme, Materialien und Ablauf der Baumaßnahmen wurden im Laufe der Maßnahme kontinuierlich verbessert.

Entwässerungskonzept

Die historische Siedlung war an die ortsübliche Mischwasserkanalisation angeschlossen, die in den Schmutzwasserlauf Lanferbach mündete. Die Fläche des neuen Siedlungsbereiches war unbebaut und wurde zum großen Teil als Pachtgartenfläche genutzt.

Die Versickerungsfähigkeit des Bodens ist in den verschiedenen Bereichen sehr unterschiedlich und stark durch die Bautätigkeit beeinflußt worden. Über Versickerungsversuche in den Mulden wurden Durchlässigkeitsbeiwerte von 10^{-6}

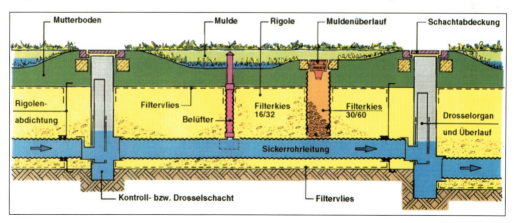

Bild 4: Systemelemente des Mulden-Rigolen-Systems

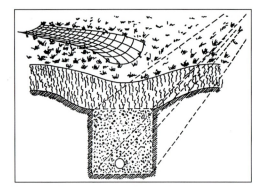

Bild 5: Mulden-Rigolen-Kombination

Bild 6: Regenwassergespeister Wasserspielplatz innerhalb der alten Siedlung

bis 10^{-7} m/s gemessen und der Bemessung zugrunde gelegt. Im Rahmen einer Dissertation (WINZIG 1997) wurde allerdings später ermittelt, daß die tatsächliche Versickerungsleistung der Mulden-Rigolen generell höher war als die vorab ermittelten Werte vermuten ließen. Die Höhendifferenz zwischen den Gartengrundstücken der alten Siedlung und der Sohle des Lanferbaches beträgt etwa 10 m.

Im Rahmen der Modernisierung wurde **im Bestand** das vorhandene überlastete Entwässerungssystem modifiziert. Nur noch das Niederschlagswasser von den straßenseitigen Dachflächen und von den Straßen gelangt in den Kanal. Die Straßenflächen sind aufgrund ihres guten Zustandes nicht umgebaut worden, sondern weiterhin an das Mischsystem angeschlossen. Der Abfluß der gartenseitigen versiegelten Flächen wird in ein Mulden-Rigolen-System auf den Grundstücken, den Grundstücksgrenzen oder den öffentlichen Grünflächen geleitet. In die bis zu 20 cm tiefen Mulden versickert das Wasser durch eine 30 cm dicke Mutterbodenschicht in die darunter liegende Rigole mit perforiertem Rohr. Verbindungsschächte sind Bindeglieder zu jeweils unterhalb liegenden Rigolen, die zu einem Netz verknüpft sind. Das nicht in den Untergrund versickernde Wasser wird stark gedrosselt in den Lanferbach geleitet.

Wegen der vermuteten schlechten Durchlässigkeit waren die Rigolen in erster Linie als Speicher gedacht, der den Abfluß extrem lange strecken sollte. Es kam deshalb bei der Ausbildung darauf an, ein möglichst großes entwässerbares

Porenvolumen zu schaffen, das höher liegt als z. B. bei Filterkies. Rigolenstränge wurden ohne Sohlgefälle ausgeführt und versuchstechnisch mit Einkornkies, Lava und Blähton gefüllt, um einen Porenanteil von mindestens 30 % zu erreichen. Da diese Materialien nicht filterstabil sind, benötigen sie eine Geotextil-Ummantelung, um das Speichervolumen zu erhalten.

Die mit Rasen begrünten Mulden erhielten zunächst ein längliches Trapezprofil mit Wassertiefen von über 30 cm. Nachdem die Wasserfläche als Gefahr für kleine Kinder angesehen und eingezäunt wurde, sind die Mulden flacher gestaltet worden. An ihrer Oberkante ist ein kiesgefüllter Schluckbrunnen angeordnet, der als Notüberlauf fungiert und gegebenenfalls anfallende Abflüsse in die darunterliegende Rigole leitet.

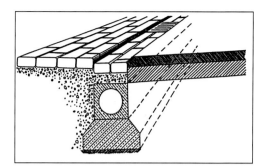

Bild 7: Prinzipdarstellung Flachnetz

In der **neuen Siedlung** wird das Regenwasser gartenseitig ebenfalls in ein Mulden-Rigolen-System geleitet, das wie oben beschrieben ausgebildet ist. Die straßenseitigen Dachflächen und die Straße selbst sind an ein unterirdisches „Flachnetz" angeschlossen, dessen Rohre und Rinnen nahe der Straßenoberfläche verlaufen; hierdurch wird das Niederschlagswasser in Versickerungsmulden geführt, die dem renaturierten Lanferbach vorgelagert sind. In der Straße „An der Ziegelei" führt das Wasser statt durch das Flachnetz in straßenbegleitenden Rinnen zu den Mulden.

In der gesamten Siedlung wird der Weg des Wassers von den Sammelflächen über die Rinnen zur Mulde vielfältig gestaltet und dadurch augenscheinlich. Spielelemente und „Wasserinszenierungen" bringen den Bewohnern und Besuchern den anderen Umgang mit dem Regenwasser nahe.

Abgekoppelte Flächen

Flächenbilanz *Altbaubereich* (A_{red}):

Dachflächen gesamt	12.000 m²
davon an Mulden und Rigolen angeschlossen	8.110 m²
an Mischsystem angeschlossen	3.890 m²
Straßenflächen an Mischsystem angeschlossen	14.840 m²
abgekoppelte Fläche gesamt	8.110 m²

Im *Neubaubereich* wird das anfallende Niederschlagswasser komplett abgekoppelt und trägt zur Grundwasseranreicherung und Niedrigwasseraufhöhung des Lanferbaches bei.

Flächenbilanz *Neubaubereich*(A_{red})

Dachflächen gesamt	13.170 m²
davon an Mulden und Rigolen angeschlossen	6.000 m²
an Flachnetz angeschlossen.	7.170 m²
Straßenflächen an Flachnetz angeschlossen	25.920 m²
abgekoppelte Fläche gesamt	39.090 m²

Von der gesamten befestigten Siedlungsfläche 6,6 ha sind somit 4,72 ha abgekoppelt, das sind 72 %.

Projektstand

Die Einrichtungen der Regenwasserableitung im Alt- und Neubaubereich wurden im Jahre 1997 fertiggestellt. Die Umgestaltung des Lanferbachs mit dem naturnahen Gewässerausbau soll 1999 abgeschlossen werden.

Kosten

Planung und Bau der Versickerungs- und Rückhalteanlagen hatten als Pilotprojekt Werkstattcharakter. Einschließlich der Kosten für Zuleitungsrinnen, Versuche und Änderungen beliefen sich die Gesamtausgaben im Altbaubereich auf 84 DM/m² und im Neubaubereich sogar auf 114 DM/m². Die Wartungskosten werden nach bisherigen Erfahrungen auf 1,40 DM/(m² · a) geschätzt.

Projektträger

Stadt Gelsenkirchen
TreuHandStelle GmbH THS, Essen,

Planung

Architektur Neubau:
Rolf Keller, Zürich
Regenwasserbewirtschaftung:
itwh Institut für wissenschaftlich-technische Hydrologie, Prof. Sieker, Hannover und Essen
Freiraumplanung:
Büro Pesch & Partner, Herdecke, Büro Brosk, Essen;
Büro Dreiseitl, Überlingen;
Büro bPlan u. Gruppe Ökologie und Planung, Essen

1.8 Wohnen auf dem Küppersbuschgelände Gelsenkirchen-Feldmark

Retention durch Gründächer, Zentralmulde, Rigolen,

Auf dem etwa 7 Hektar großen Gelände der ehemaligen Herd- und Küchenmöbelfabrik Küppersbusch in Gelsenkirchen-Feldmark ist eine Neubausiedlung mit 265 Wohnungen – vorwiegend öffentlich geförderte Mietwohnungen – entstanden. Hinzu kommen eine 5-zügige integrative Kindertagesstätte, Läden und Gewerberäume.

Die Siedlung wurde „aus einem Guß" mit einer durchgängigen Architekturhandschrift aber mit sieben verschiedenen Trägern realisiert. Dies ist das Ergebnis eines Bauträgerwettbewerbes, in dem die fortgeschriebene und weiterentwickelte Wettbewerbsplanung zur Realisierung ausgeschrieben wurde.

Ungewöhnlich ist die expressive Architektur, hinter der sich individuelle und stark differenzierte Wohnangebote, durchweg mit eigenheimähnlicher Wohnqualität im Geschoßwohnungsbau – mit eigenem Eingang, Außentreppe, Garten oder Dachgarten – verbergen.

Ungewöhnlich ist schließlich der Umgang mit dem Regenwasser im Baugebiet: Die zentrale, linsenförmige Platzanlage ist das Herzstück der Siedlung und gleichzeitig Regenrückhalte- und Versickerungsbereich. Das Dachwasser von fast 80 % der Siedlung wird in einem gestalteten, zusammenhängenden „Dachrinnensystem" zur zentralen Versickerungsmulde geführt. Das Rinnensystem ist damit gleichzeitig der „silberne Faden", der die Gebäude zusammenführt und wie ein Aquädukt die zentrale Platzfläche einfaßt.

Aus dem Bauschutt der alten Fabrikanlagen und aus schwach belastetem Aushubmaterial des Bebauungsgebietes ist am Nordrand ein terrassenförmiger „Promenadenwall" geschüttet worden, der wellenförmig als siedlungsnahe Grünfläche in das Baugebiet hineinschwingt.

Bild 1: Das Wasser wird über die aufgeständerte Rinne zu den Absturzpunkten geführt

Bild 2: Von den Spitzen der linsenförmigen Fläche fließt der Zentralrigole das Regenwasser zu.

Entwässerungskonzept

Die Dachflächen der neuen Bebauung sind zum Teil begrünt und werden über ein aufgeständertes Rinnensystem und offene Bodenrinnen entwässert. Damit können nahezu alle Dachflächen trotz der Bebauungsdichte und teilweise gegenläufigem Gefälle abgekoppelt werden. Die offenen Kastenrinnen verlaufen in etwa 5 m Höhe entlang der Gebäude, rings um die Versickerungslinse als aufgeständerte Konstruktion. Das Wasser wird über Absturzrinnen an den beiden Spitzenden in die linsenförmige Zentralmulde eingeleitet. Durch Betonquerriegel ist die Sickerfläche der Mulde in Einstauebenen gegliedert, die bei Starkregenfällen den Speisungsvorgang beleben.

Im Bereich der Mulde ist unter einer 30 cm mächtigen Mutterbodenschicht eine etwa 1.150 m² große, ca. 0,75 m dicke, mit Lavagranulat gefüllte Rigole eingebaut (Porenvolumen 35 %, entspricht ca. 300 m³ Speicherraum). Das zuströmende Wasser wird über die Bodenschicht vorgereinigt, in der Rigole gespeichert und dann

Bild 3: Die aufgeständerten Rinnen werden sehr eng an den Gebäuden geführt

versickert. Wegen der geringen Durchlässigkeit der angeschütteten oberen Bodenzone und darunter zum Teil vorhandener Lehmschichten wurden in dem Rigolenkörper Drainschächte angeordnet, die das Wasser in tiefer anstehende Sandschichten führen. Grundwasser steht 2,2 m unter der Muldensohle an. Bei voller Füllung der Mulde fließt überlaufendes Wasser unmittelbar in die Rigole. Von der Rigole gibt es bei Vollfüllung einen Notüberlauf in den vorhandenen Mischwasserkanal, um die Bebauung auch bei einem extremen Starkregen nicht zu gefährden. Ein Rückstau aus dem Kanal wird durch eine Rückstauklappe ausgeschlossen.

Die als „Promenadenwall" mit Abbruchmaterial geschüttete fast 2 ha große Halde wurde zum größten Teil abgedichtet und mit unbelastetem Bodenmaterial überdeckt. Das oberhalb der Dichtung anfallende Wasser wird mittels Dränrohren zu einer gesonderten Rigole geleitet und dort versickert.

Bemessung

Für den Muldenboden wurde ein Durchlässigkeitsbeiwert von 10^{-5} m/s angesetzt. Für den unter der Lehmschicht anstehenden sandigen Boden wurde $k_f = 5 \cdot 10^{-5}$ bis $1 \cdot 10^{-4}$ m/s ermittelt. Der Retentionsraum der Versickerungsmulde wurde auf ein fünfjährliches Regenereignis bei einer einstündigen Regendauer bemessen (Regenhöhe 23 mm). Mit 0,15 m Einstauhöhe und 1.150 m² Fläche besitzt er ein Volumen von 172,5 m³.

Das Verhältnis Versickerungsfläche A_S zu abflußwirksamer Fläche A_{red} beträgt 1 : 6,4.

Abgekoppelte Flächen

Blechdächer	2.296 m²
Grün und Terrassendächer	5.046 m²
Gesamt	7.342 m²

Etwa 13.000 m² gedichtete Haldenfläche „Promenadenwall" müssen als versiegelt angesetzt werden. Die abgekoppelte befestigte Fläche ist deshalb rd. 20.300 m² groß. Die Straßenfläche von ca. 7.350 m² entwässert in die vorhandene Mischwasserkanalisation. Von der insgesamt ca. 34.200 m² großen befestigten Fläche wurden somit etwa 60 % abgekoppelt.

Projektstand

Bis auf 2 Hausgruppen sind Siedlung, Kindergarten und Außenanlagen fertiggestellt. Das Rinnensystem und die zentrale Versickerungsmulde sind seit Anfang 1997 in Betrieb.

Bild 4: Die zentrale Mulde wird auch intensiv zum Spielen genutzt und die Grasnarbe übermäßig strapaziert

Betrieb

Der Betrieb und die Wartung der Regenwasseranlage wird durch Gelsengrün im Auftrag der Stadt Gelsenkirchen gewährleistet. Die Betriebskosten werden über Entwässerungsgebühren finanziert, die von den Wohnungsnutzern weiterhin auch für die abgekoppelten Flächen entrichtet werden.

Erste Erfahrungen lassen einen Nutzungskonflikt im Bereich der Versickerungslinse erkennen, die intensiv von Kindern zum Fußballspielen genutzt wird. Dadurch wird die Grasnarbe der Fläche auf der nur 30 cm mächtigen Bodenschicht übermäßig strapaziert. Aufgrund des hohen Bedarfs an Kinderspielmöglichkeiten sind zusätzliche Einrichtungen geplant, die das Problem beheben werden.

Der Wartungsaufwand ist in einer Betriebsanweisung festgehalten und beinhaltet regelmäßige Kontrolle und Reinigung der technischen Anlagen und die Aufrechterhaltung der biologischen Funktionen der Anlage (belebte Bodenschicht gegebenenfalls vertikutieren). Ansonsten besteht die Hauptpflegetätigkeit in der ohnehin erforderlichen Rasenpflege und einer intensiveren Absammlung von Unrat, vor allem Hundekot.

Kosten

Die Kosten für das offene Rinnensystem liegen bei 800.000 DM. Die Rigole, bestehend aus Versickerungskörper (Lavagranulat), Überläufen, Gestaltung der Mulde mit Stauwänden und umgebender Sitzmauer wird mit 585.000 DM veranschlagt. Die sich daraus errechnenden bezogenen Kosten von 188 DM/m² Dachfläche können nicht allein der Regenentwässerung zugerechnet werden. Sie dienen auch der Wohnumfeldgestaltung. Die Gesamtkosten für die Rigolenversickerungsanlage des Haldenbauwerks belaufen sich auf 644.000 DM.

Projektträger

Ruhr-Lippe-Wohnungsgesellschaft mbH, Dortmund;
LEG, Dortmund;
GGW-Gelsenkirchener Gemeinnützige Wohnungsbaugenossenschaft Gelsenkirchen und Wattenscheid e.G., Gelsenkirchen;
TreuHandStelle GmbH, Essen;
Bau+Grund Immobilien GmbH;
Firma Heidemann, Gelsenkirchen;
Firma Philipp, Oberhausen;
Stadt Gelsenkirchen

Planung

Regenwasserbewirtschaftung:
itwh Institut für wissenschaftlich-technische Hydrologie, Prof. Sieker u. Partner GmbH, Hannover und Essen
Städtebau:
Szyszkowitz – Kowalski, Graz
Architektur:
Szyszkowitz – Kowalski, Graz, und BauCoop Arthur Mandler, Köln

Freiraumplanung:

Szyszkowitz – Kowalski, Graz, mit Brandenfels, Münster

Lage

Gelsenkirchen-Feldmark, Küppersbuschstraße/ Boniverstraße

1.9 „Einfach und selber Bauen" – Siedlung „Rosenhügel" Gladbeck

Versickerungs- und Rückhaltebekken, Mulden, Rigolen, Notüberlauf

Auf der etwa 1,8 ha großen Fläche an der Rosenstraße im Grenzbereich zu Gelsenkirchen entstand in der IBA-Projektfamilie „Einfach und selber Bauen" eine Siedlung mit 42 Einfamilienhäusern in sieben Hausgruppen. Die zweigeschossigen Häuser mit 95 bis 110 m² Wohnfläche sind nicht unterkellert. Jedes der etwa 200 m² großen Grundstücke besitzt einen privat nutzbaren Garten und einen PKW-Abstellplatz (Carport). Auf einer zentralen öffentlichen Grünfläche ist ein eingeschossiges Gemeinschaftshaus entstanden. Ziel des Projektes ist die Schaffung günstigen Wohnraums für junge Familien mit Kindern. Die in einer Bauherrengruppe zusammengefaßten Bauherren erstellten unter Anleitung fachlich ausgebildeter Anleitungskräfte

in Eigenleistung einen wesentlichen Teil der Maurer-, Beton- und Zimmermannsarbeiten.

Entwässerungskonzept

In den vorhandenen Erschließungsstraßen besteht eine Mischwasserkanalisation, in die das Schmutzwasser aus der neuen Siedlung geleitet wird. Das Niederschlagswasser wird versickert, obwohl der Boden mit schluffigem Sand bzw. sandigem Schluff nur schwach durchlässig ist. Versickerungsversuche ergaben Durchlässigkeitsbeiwerte von 6,6 bis 7,6 · 10⁻⁷ m/s. Bis zu der Tiefe von 5 m unter Gelände wurde kein Grundwasser angetroffen.

Das Niederschlagswasser aller Dachflächen, Straßenflächen und auch der sonstigen befestigten Flächen wird über offene Rinnensysteme gesammelt und in zwei aufeinanderfolgende Ver-

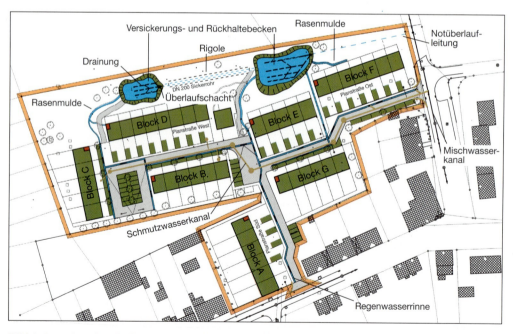

Bild 1: Lageplan der Siedlung mit Einrichtungen zur Regenwasserbewirtschaftung (blau) und Schmutzwasserleitung (braun)

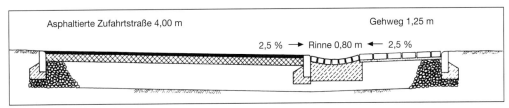

Bild 2: Die befestigte Rinne als Teil des Straßenkörpers im Schnitt

sickerungs- und Rückhaltebecken mit 200 und 400 m² Oberfläche geleitet. Innerhalb der Bebauung sind die Rinnen befestigt und dem Straßenkörper zugeordnet. Auf der öffentlichen Grünfläche, in der auch die Becken liegen, sind sie als muldenförmige Versickerungsrinnen ausgebildet. Beide Becken sind unter einer 30 cm dicken Mutterboden-Grobsand-Schicht und einer 30 cm dicken Kiesschicht dräniert. Die Einstauhöhe beträgt ca. 20 cm. Das im ersten Becken nicht in den Untergrund versickernde Wasser kann über einen Überlaufschacht in eine Kiesrigole als Verbindung in das nachfolgende Becken weitergeleitet werden. Wegen der schlechten Versickerungsleistung des Bodens wurde am zweiten Becken zur Sicherheit eine Notüberlaufleitung in den Mischwasserkanal eingerichtet. Durch eine Abflußmeßeinrichtung kann festgestellt werden, wie der Überlauf bei Starkregen beansprucht wird.

Die Stellplatzbereiche sind mit Rasengittersteinen und die Hauszuwegungen mit durchlässigem Pflaster versehen. Das dort anfallende Niederschlagswasser versickert daher zum größten Teil direkt.

Bemessung

Die Regenspende wurde mit $r_{15(n=1)} = 120$ l/(s·ha) und einer Regenhäufigkeit von zehn Jahren (n = 0,1 1/a) angesetzt. Die Berechnung der Versickerungsleistung und der erforderlichen Rückhaltevolumina erfolgte nach den ATV-Arbeitsblättern 138 und 117. Das Verhältnis von Versickerungsfläche zu befestigter Fläche ist $A_s/A_{red} = 1 : 9,5$.

Abgekoppelte Flächen

Die Gesamtfläche des Baugebietes beträgt 17.600 m². Von den etwa 6.000 m² befestigter Fläche A_{red} konnten 5.700 m² an das Regenwassersystem angeschlossen werden. Für die restlichen 280 m² Straßenfläche gelang das aufgrund der Topographie nicht.

Projektstand

Fertigstellung Mitte 1999.

Kosten

Die Kosten für die Abwasseranlagen ohne Schmutzwasserkanäle aber incl. Baustelleneinrichtung und Erdarbeiten sind mit 170.000 DM kalkuliert. Damit ergeben sich für die Regenwasserelemente etwa 30 DM pro angeschlossenem Quadratmeter A_{red}.

Projektträger

dfh-Siedlungsbau, Worms, als Bauträger und Dienstleister für die 42 Baufamilien; Übergabe der Erschließungsstraßen und Abwasseranlagen an die Städte Gladbeck und Gelsenkirchen.

Planung

Regenwasserbewirtschaftung: bPlan Ingenieurgesellschaft, Essen Architektur: Tegnestuen vandkunsten, Kopenhagen

Lage

Gladbeck-Rosenhügel, Rosenstraße, Kleiner Kamp, Am Bergerot

1.10 Ökologischer Wohnungsbau im Backumer Tal Herten

Teilversickerung, Rückhaltung, Reinigung und gedrosselte Ableitung

In Herten entstehen auf einem ca. 12 Hektar großen Gelände nördlich der Innenstadt langfristig 350 neue Wohnungen sowie ein Altenheim und eine Kindertagesstätte. Der Schwerpunkt wird im zweigeschossigen Eigenheimbau liegen. So wird auch die Realisierungsperspektive von der Vermarktungssituation abhängen. Das Siedlungsprojekt ist eines der wenigen größeren Siedlungsvorhaben im Rahmen der IBA Emscher Park, das nicht auf einer reaktivierten Brachfläche, sondern auf bislang landwirtschaftlich genutztem Areal entwickelt wurde. Die landschaftsökologische Perspektive – freiraum- und landschaftsbezogenes Bauen, Minimierung der Eingriffe in den Naturhaushalt durch konsequente Anwendung aller Prinzipien des ressourcenschonenden Bauens – steht daher im Mittelpunkt der Planung und Umsetzung: Regenwasserbehandlung vor Ort, kein Fahrverkehr, keine Stellplätze innerhalb der Siedlung, Niedrigenergiehaus-Standard, keine Keller, hoher Freiflächenanteil.

In der gesamten Bebauung prägen Rinnen, Sikkerrinnen, Mulden und Teiche in natürlichen Gefälleverhältnissen die Siedlungsstruktur und verzahnen Bebauung und Freiraum. Auf einem öffentlichen Platz wird Regenwasser im Kreislauf über einen gestalteten Brunnen mit Wasserlauf ständig sichtbar gemacht.

Entwässerungskonzept

Das häusliche Schmutzwasser wird über einen neuen Schmutzwasserkanal der unterhalb vorhandenen Mischwasserkanalisation zugeführt. Alles Niederschlagswasser wird davon abgekoppelt. Die Bodenverhältnisse lassen aber in Zusammenhang mit der Hanglage bei k_f-Werten um 10^{-6} m/s keine vollständige Versickerung zu. Die Hauptzielsetzung der Bewirtschaftung liegt daher auf Rückhaltung, Reinigung und gedrossel-

ter Ableitung in einen kleinen Bach. Der Grundwasserflurabstand spielt bei Werten zwischen 10 m und 30 m keine Rolle. Schon im Erschließungskonzept wurde die Regenwasserableitung als integraler Bestandteil der Wohnstraßen, Wege und Grünflächen behandelt. Die Niederschlagswässer werden von den Fallrohren an den zum Teil mit Gründächern ausgebildeten Gebäuden über offene Rinnen, Siefen (flache muldenförmige, grasbewachsene Gräben) bewachsene kaskadenartige Mulden und Mulden-

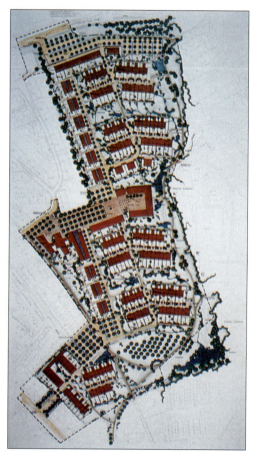

Bild 1: Die stark durchgrünte Siedlungsstruktur gibt Raum für das vernetzte Regenwassersystem

Rigolen-Elemente geleitet, am Siedlungsrand in Retentionsteichen gesammelt, gereinigt und gedrosselt in den Backumer Bach geleitet. Diesen Weg nimmt auch das Regenwasser von den Wohnstraßen und Wohnwegen. Durch die starke Retention wird die Versickerung gefördert, so daß im Zusammenhang mit der zusätzlichen Verdunstungswirkung kaum Wasser abgeleitet werden muß.

Bemessung

Die Versickerungsanlagen wurden mit einer hydrogeologischen Langzeitsimulation für eine fünfjährliche Wiederholungszeitspanne bemessen.

Abgekoppelte Flächen

Gesamtfläche	A_E =	120.000 m²
befestigte Fläche	A_{red} =	44.399 m²
davon		
Dachflächen		24.100 m²
Gründächer		1.700 m²
Wege- und Platzflächen		11.800 m²
Wohnstraßenflächen		6.700 m²

Alle befestigten Flächen werden vollständig an das Niederschlagswassersystem angeschlossen.

Projektstand

Baubeginn war Mai 1997. Der erste Bauabschnitt ist fertiggestellt. Das Entwässerungssystem wird sukzessive in Bauabschnitten zusammen mit den Außenanlagen bis zum Abschluß aller Arbeiten etwa Anfang 1999 erstellt.

Kosten

Die Investitionskosten für die Niederschlagswasserbewirtschaftung mit allen Rinnen, Siefen, Mulden, Rigolen und Teichen betragen auf Grundlage der Entwurfsplanung 1.174 Mio. DM. Das ergibt Kosten von 26,50 DM pro Quadratmeter befestigter Fläche A_{red}.

Projektträger

VEBA Immobilien, Bochum
Stadt Herten

Planung

Regenwasserbewirtschaftung:
Atelier Dreiseitl, Überlingen, in Zusammenarbeit mit itwh, Institut für technisch-wissenschaftliche Hydrologie, Prof. Sieker u. Partner GmbH, Hannover und Essen
Städtebaulicher Entwurf und Geschoßwohnungsbau:
dt 8, Köln
Wohnungsbau:
VEBA Immobilien Baupartner, Bochum
Freiraumplanung:
Rheims und Partner, Krefeld

Lage

Herten-Backum, östlich der Freizeitanlage Backumer Tal, südlich der Westerholter Straße

1.11 Gartenstadt Seseke-Aue Kamen

Offene Ableitung mit Freiraumgestaltung, Rückhaltung, Reinigung, Verdunstung, Einleitung in Fließgewässer

Westlich der Kamener Innenstadt liegt das Gelände der ehemaligen Zeche Monopol, die 1983 stillgelegt wurde. Als Bestandteil eines „Wohn- und Technologieparks Monopol" entstand in den Jahren 1995/97 auf einer rund 6 ha großen Teilfläche die „Gartenstadt Seseke-Aue" mit etwa 280 Wohnungen in der Tradition der Gartenstadt-Siedlungen des Ruhrgebiets. Nach dem – aus einem Wettbewerb hervorgegangenen –

Bild 1: Lageplan der Siedlung mit dem künstlichen Bach und einer Kette von Teichen

städtebaulichen Gesamtkonzept wurde mit drei Bauträgern eine ökologische Siedlung aus freistehenden Einfamilienhäusern, Reihenhäusern und Geschoßwohnungsbau errichtet. Sie schließt sich an eine bereits vorhandene Wohnbebauung an und wird im Süden begrenzt durch die Flußaue der zur Renaturierung anstehenden Seseke. Die weiten Freiflächen sind als Privatgärten, Hofgärten und öffentliche Grünflächen gestaltet. Eine hufeisenförmige Erschließung von außen her ermöglicht eine autofreie Bewegung nach innen und eine kinderfreundliche Gestaltung. Kindertagesstätte und Gemeinschaftshaus sowie Mieterbeteiligung und Quartiersberatung sind Ausdruck der sozialen Qualitäten dieser Siedlung.

Regenwasser spielt in der neuen Siedlung eine besondere Rolle. Wesentliche Gestaltungselemente eines „grünen Keils", der die Siedlungsfläche teilt, sind ein künstlicher Bach und eine Kette von Teichen (Bild 1).

Entwässerungskonzept

Die im Bereich des Wohngebietes vor Baubeginn vorhandenen industriellen Aufschüttungen wurden weitgehend bis auf den anstehenden Boden abgetragen. Aufgrund der heterogenen Verhältnisse und der meist schluffigen Böden soll nur das Regenwasser der unbefestigten Flächen versickern. Für das gesammelte Wasser der Dächer und Wege wurde ein Kombination aus Kreislaufführung mit Verdunstung und Teilversickerung sowie Retention mit gedrosselter Einleitung in die Seseke entwickelt. Für das Schmutzwasser wurde eine Kanalisation geschaffen, die zu einem vorhandenen Mischwasserkanal am Rande der Siedlung führt.

Das Niederschlagswasser der Dächer und Verkehrsflächen wird oberflächig abgeleitet. Es fließt von den Fallrohren in offene Rinnen, die entlang der Grundstücksgrenzen verlaufen und in offene Pflasterrinnen an den Wohnwegen übergehen. Von dort gelangt es durch die öffent-

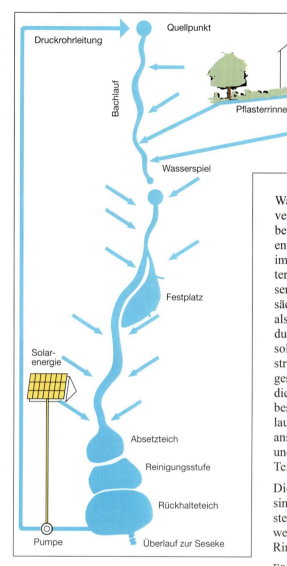

Druckrohrleitung

Quellpunkt

Bachlauf

Pflasterrinne

Pflasterrinne

Wasserspiel

Festplatz

Solar-
energie

Absetzteich

Reinigungsstufe

Rückhalteteich

Pumpe

Überlauf zur Seseke

Bild 2: Systemschema Regenwasserkreislauf: Das innerhalb der Siedlung über Rinnen gesammelte Wasser wird in einen Kreislauf geleitet

Wasserdurchlässigkeit gelangt das Wasser stark verzögert in den zweiten Teich, der als schilf-bewachsene Reinigungsstufe dient. Im Wasser enthaltene Schadstoffe werden hier, vor allem im Wurzelraum, absorbiert. Über Dränrohre un-ter der Sohle und einen Überlauf wird das Was-ser in den dritten Teich geleitet, dessen haupt-sächliche Funktion die Rückhaltung ist. Er wird als Sammelteich bezeichnet. Dort wird Wasser durch eine Unterwasserpumpe, die künftig auch solar betrieben werden soll, mit einem Förder-strom von 10 l/s gehoben und zu künstlerisch gestalteten Quellpunkten im Wohngebiet geführt, die den gesamten Bachlauf speisen. Zur Seseke besteht nur eine Verbindung über einen Über-lauf, der bei Überlastung der Speicherfähigkeit anspringt. Aufgrund der großen Wasserfläche und des Bewuchses verdunstet viel Wasser. Ein Teil versickert auch aus den Ufern der Teiche.

Die inneren Erschließungswege der Siedlung sind vollständig in wassergebundener Decke er-stellt worden. Die geringen Oberflächenabflüsse werden in die angrenzenden Freiflächen oder die Rinnen geleitet.

Für den anschließenden 9,6 ha großen Techno-logie- und Freizeitpark besteht ebenfalls eine Entwässerungskonzeption mit offener Regen-wasserführung und gedrosselter Einleitung in die Seseke.

Bemessung

Das Regenwassersystem wurde mit dem Nieder-schlags-Abfluß-Modell R-Win bemessen und zwar für drei Modellregen, den 15-Minuten-Re-gen der Häufigkeiten n = 1 und 0,1/a sowie dem 20-jährlichen 90-Minuten-Regen. Versickerung

lichen Grünflächen in einen neu geschaffenen, tongedichteten Bachlauf. Dieser passiert zu-nächst einen dauerbespannten Teich am Rande eines Festplatzes und mündet in eine Kette von drei dauerbespannten Teichen mit schwanken-den Wasserspiegeln. Im ersten, Absetzteich ge-nannt, findet die Sedimentation feinkörniger Stoffe statt. Durch einen Wall mit geringer

Bild 3: Der Teich am Festplatz innerhalb der Siedlung.

und Verdunstung wurden dabei vernachlässigt. In die Seseke fließen aus dem letzten Teich maximal 24 l/s, das entspricht einer Abflußspende von 5 l/(s · ha). Das geschaffene Speichervolumen betragt je nach Einstellung des Dauerstaus zwischen 750 und rd. 2.000 m³, das sind 112 l/m² abflußwirksamer Fläche.

Abgekoppelte Flächen

Gesamteinzugsgebiet des
Wassersammelsystems $A_E = 61.130$ m²

Befestigte Flächen $A_{red} = 24.247$ m²

davon wurden vollständig
abgekoppelt 17.829 m²,

das sind 74 %. Die restlichen Flächen mußten aus Gefällegründen an den vorhandenen Mischwasserkanal angeschlossen werden.

Bild 4: Wasserrinnen zwischen Gartenbereich und Erschließungsweg.

Kosten

Als Nettokosten werden angegeben

Teiche	400.000 DM
Brunnen, Wasserbecken	85.000 DM
Rinnen, Gräben, Schächte, Bachlauf	105.000 DM
	590.000 DM
Entwässerung von Verkehrsflächen	
(Rinnen, Sinkkästen, Schächte)	520.000 DM
Sonstige Kosten (Bepflanzung, Entw.-pflege)	40.000 DM
insgesamt	1.150.000 DM

Dies entspricht Kosten von 65 DM/m² abgekoppelter befestigter Fläche. Ein Teil dieser Kosten wurde jedoch auch für wesentliche Gestaltungselemente des Freiraums verwendet.

Projektstand

Fertigstellung der Siedlung einschließlich Außenanlagen und Wassersystem Herbst 1997.

Betrieb

Die Unterhaltung der Anlage wird durch das Tiefbauamt der Stadt Kamen gewährleistet. Erste Probleme der Verunreinigung und Beschädigung des Wasserkreislaufsystems sollen durch Beteiligung der Anwohner an der Verantwortung für die Gesamtanlage gelöst werden. In der noch nicht vollständig abgeschlossenen Bauphase mußten besonders die Teichflächen häufig von den Baumaterialien der umliegenden Baustellen befreit werden.

Projektträger

Stadt Kamen;
LEG NRW GmbH;
Investorengemeinschaft Seseke-Aue;
Wohnungsgenossenschaft Lünen e.G;
Unnaer Kreis-, Bau- und Siedlungsgesellschaft Hellweger Bauträger

Planung

Regenwasserbewirtschaftung/Freiraumplanung:
Landschaft Planen & Bauen, Berlin
Architektur:
Joachim Eble, Tübingen

Lage

Kamen südlich der Lünener Straße

Bild 5: Die Wasserinnen münden in den künstlichen Bachlauf

Bild 6: Ein Quellpunkt des künstlichen Bachlaufs

1.12 „Einfach und selber bauen" Lünen-Brambauer

Gründächer, Versickerung über Sickerrinnen und kaskadenförmige Mulden

In Lünen entsteht zur Zeit im Anschluß an den Ortskern von Brambauer auf einem zuvor landwirtschaftlich genutzten 9 ha großen Gelände an der Rudolfstraße eine Siedlung mit zweigeschossigen Gebäuden, die jeweils gruppenweise um vier zentrale Wohnhöfe angeordnet werden.

Einer dieser Wohnhöfe (Hof 1; Am Calwersbach), mit 50 Familieneigenheimen (77 bis 124 m²) wurde im Rahmen der IBA-Projektfamilie „Einfach und selber bauen" mit erheblichen Eigenleistungen der Bauherrengruppe errichtet. Die Niedrigenergiehäuser wurden als Holzrahmenkonstruktion mit einer farbigen Holzfassade und einem begrünten Schmetterlingsdach erstellt. Im Zentrum des autofreien Wohnhofes wird ein Gemeinschaftshaus inmitten einer Gemeinschaftsfläche errichtet. Die Einzelgrundstücke sind zwischen 200 m² und 360 m² groß.

Die übrigen drei Wohnhöfe mit Mietwohnungen werden in kostengünstiger Bauweise errichtet. Autostellplätze sind hier den Häusern direkt zugeordnet.

Alle Häuser der Siedlung sind nicht unterkellert.

Entwässerungskonzept

Die Siedlung besitzt ein modifiziertes Entwässerungssystem. Die Schmutzwasserkanäle sind so ausgelegt, daß sie auch den Abfluß des Niederschlagswassers von den Erschließungsstraßen aufnehmen können. Das von den extensiv begrünten Dachflächen und von Wegen abfließende Wasser wird versickert. Der anstehende Boden weist in den oberen Bodenschichten weitgehend eine befriedigende Durchlässigkeit mit $k_f = 10^{-5}$ bis zu 10^{-6} m/s auf. In Teilen stehen aber auch Schluffschichten an. Der Grundwasserflurabstand ist mit 1 m bis 1,5 m relativ gering.

Für das Regenwasser wurde ein System aus verschiedenen Rinnen und Mulden entwickelt, die innerhalb der Siedlung und in Randlage angeordnet sind. Alle Regenfallrohre der Gebäude enden über Geländeniveau und münden in flache Pflaster- oder Sickerrinnen. Letztere versickern das Wasser teilweise selbst und leiten es ansonsten weiter. Innerhalb der Grünflächen sind Sickerrinnen etwa 50 cm breit, muldenförmig in einer 30 cm dicken grasbewachsenen Mutterbodenschicht ausgebildet, unter der eine 20 cm dicke Kiesrigole liegt. In Verkehrsbereichen ist die Oberfläche mit Betongittersteinen befestigt. Die Sickerfähigkeit ist je nach Bodenbeschaffenheit unterschiedlich. In der IBA-Siedlung führen die Rinnen zunächst zu flachen Sickermulden in der

Bild 1: Der oberer Teil der Siedlung mit begrünten Pultdächern wurde im Rahmen der IBA gebaut. Am rechten Siedlungsrand sind kaskadenförmig Muldenketten angelegt.

zentralen Hoffläche. Überschüssiges Wasser wird weitergeleitet zum Siedlungsrand, wo im Geländegefälle kaskadenförmig Muldenketten angelegt sind, die bis zu 30 cm hoch eingestaut werden können. Das aus den Innenbereichen zufließende Wasser versickert spätestens hier. Dennoch ist zusätzlich die Überlaufmöglichkeit in einen zur bestehenden Bebauung gehörenden Mischwasserkanal geschaffen.

Von den in wassergebundener Decke gebauten öffentlichen Wegen wird überschüssiges Wasser in die Sickerrinnen entwässert. Stellplatzbereiche werden mit Betongroßpflaster mit 25 % Fugenanteil bzw. mit wassergebundener Decke oder Schotterrasen hergestellt.

In der Siedlung ist großer Wert darauf gelegt worden, alles Regenwasser oberflächig und nicht in Rohren zu führen. In dem flach geneigten Gelände ergaben sich jedoch Schwierigkeiten, überall ein ordnungsgemäßes durchgehendes Rinnengefälle zu erreichen, weil örtlich bei der Bauausführung in den Wege- und Geländehöhen von den Entwurfswerten abgewichen wurde. Hier sind Nachbesserungen erforderlich, zum Teil durch erdverlegte Rohre.

Bemessung

Die Bemessung der Versickerungsanlagen erfolgte auf der Grundlage des ATV A 138. Die Regenspende wurde mit 100 l/(s · ha) und einer Wiederkehrzeit von fünf Jahren angesetzt.

Abgekoppelte Flächen

Von der 9 ha großen Gesamtfläche des Bebauungsgebietes sind 3,3 ha befestigt. Auf den Wohnhof 1 entfallen davon 2.750 m². Bis auf die Zufahrtstraßen sind alle befestigten Flächen abgekoppelt.

Kosten

Innerhalb des Wohnhofes 1 wurden für Anlagen zur Regenwasserableitung und Versickerung netto 28.000 DM ausgegeben. Von der außerhalb angelegten Muldenkette werden 270 m² dem Hof 1 mit Kosten von 10.800 DM zugeordnet. Insgesamt wurden für die Regenwasserbewirtschaftung dieses Hofes 38.800 DM aufgewen-

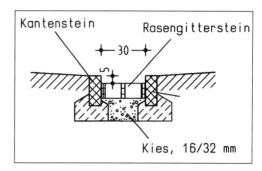

Bild 2a: Versickerungsrinne mit Rasengitterstein, Schnitt

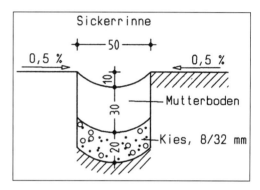

Bild 2b: Muldenförmige Sickerrinne, Schnitt

det, d.s. rd. 15 DM/m² befestigter Fläche. In den übrigen Wohnhöfen liegen die Kosten rd. 20 % höher.

Einzelpreise:

Muldenkette	40 DM/m² Muldenfläche
muldenförmige Sickerrinne	15 DM/m Rinne
befestigte Sickerrinne	90 DM/m Rinne

Projektstand

Fertigstellung der Siedlung und der Außenanlagen mit den Versickerungseinrichtungen Ende 1998.

Projektträger

THS Treuhandstelle, Essen;
Glückauf Gemeinnützige Wohnungsbaugesellschaft mbH, Lünen

Planung

Regenwasserbewirtschaftung:
Ingenieurbüro Broszio, Herten
Architektur:
Büro plus+ Bauplanungs GmbH, Prof. Hübner/
Martin Busch, Neckartenzlingen
Freiraumplanung:
Büro Brosk, Essen

Lage

Lünen-Brambauer, südl. der Rudolfstraße

1.13 Siedlung „Stemmersberg" Oberhausen-Osterfeld

Mulden- und Rigolenversickerung im denkmalgeschützten Bestand

Die gartenstädtische Siedlung „Stemmersberg" wurde um die Jahrhundertwende als Zechensiedlung gebaut. Mit 389 Wohnungen gehört sie zu den großen noch einheitlich erhaltenen Arbeitersiedlungen im Ruhrgebiet. Der architektonische und soziale Wert der Siedlung sowie das Engagement der Bewohner haben die Eigentümer zu einer umfangreichen Sanierung und Modernisierung der Bausubstanz veranlaßt. Ein Mieterrat hat mit den Eigentümern ein Erneuerungskonzept vereinbart, das weitgehend auf Bewohnerwünsche, Möglichkeiten der Selbsthilfe sowie die Belange des Denkmalschutzes eingeht. Darüber hinaus wird das gesamte Wohnumfeld von den Bewohnern im Selbstbau erneuert. Schwerpunkt wird dabei die ortsnahe Regenwasserbewirtschaftung sein.

Entwässerungskonzept

Die Bodenuntersuchung ergab eine mehrere Meter mächtige Sand- und Kiesschicht mit einem k_f-Wert von durchschnittlich $3,6 \cdot 10^{-5}$ m/s. Das erste Grundwasserstockwerk befindet sich erst in 7 bis 10 m Tiefe auf stauenden Lehmschichten. Die Voraussetzungen für eine Versickerung sind also günstig.

1997 wurden zunächst in einer Machbarkeitsstudie für die gesamte Siedlung die entwässerungstechnischen Möglichkeiten zur Versickerung unter Beachtung der Belange des Denkmalschutzes abgeschätzt, bevor 1998 mit Einzelplanungen begonnen wurde. Auf den Erhalt bzw. die Wiederanlage der typischen Gestaltung der Höfe und der Bereiche zwischen den Häusern (Ligusterhecken) wird großer Wert gelegt. Weiterhin sollte auf veränderte Fallrohrführungen verzichtet werden, und oberflächig geführte Rinnen werden mit dem Denkmalschutz abgestimmt. Die Wiedernutzung der alten Waschwasserrinnen an den Giebelseiten wurde von Seiten des Denkmalschutzes begrüßt, von den Bewohnerinnen jedoch skeptisch betrachtet.

Die Machbarkeitsstudie kommt zu dem Ergebnis, daß sich mit einer reinen Muldenversickerung 48 % der befestigten Gebäude- und Hof-

Bild 1: Die denkmalgeschützte Siedlung im Schrägluftbild

Bild 2: Offene Regenwasserführung wurde hier schon seit langem praktiziert.

Bild 3: Hofbereich mit den Schuppen im Garten

flächen abkoppeln lassen und daß mit dem zusätzlichen Einsatz von Rigolen 60 % erreichbar sind. Einem größeren Abkopplungsanteil stehen Bepflanzungen und Gefälleverhältnisse entgegen. Für beide Versickerungsformen wird vorgegeben, pro 50 cm Kellertiefe einen Gebäudeabstand von 1,50 m einzuhalten. Bei Rigolen ist zusätzlich von der Kellertiefe die Sohltiefe abzuziehen.

Es wurden für die gesamte Siedlung aufgrund unterschiedlicher Haustypen, Bebauungsvarianten und Gefälleverhältnisse vier verschiedene Entwässerungsvarianten erarbeitet und dem Lageplan zugeordnet.

Variante 1 – Doppelhäuser mit angebauten Schuppen:

Wegen schmaler Vorgärten und fehlenden Gefälles im Gartenbereich sind bei diesem Bebauungstyp problemlos nur die Schuppen und die gartenseitigen Dachflächen über Mulden entwässerbar. Die Gärten sind groß genug für eine flache Muldenversickerung. Die Fallrohre der straßenseitigen Dachflächen müssen bei etwa der Hälfte der Häuser an das Kanalnetz angeschlossen bleiben, ansonsten können die giebelseitigen Dachrinnen durch Gefälleveränderung, ggf auch über Pergolen, ebenfalls in die Gärten entwässern.

Das Regenwasser der Wege- und einiger Dachflächen auf der Straßenseite kann in Rigolen entwässert werden.

Die versiegelte Gesamtfläche eines Hauses beträgt inkl. Seitenwege 341,2 m².

Die notwendige Versickerungsfläche beträgt 40,2 m² bei Muldenversickerung (abgekoppelte Fläche ca 280 m²) und 69 m² bei einer Mulden-Rigolen-Versickerung (Abkopplung 340 m²).

Variante 2 – Häuser mit Rechteckgrundriß, Staßensüdseiten

Auf den Straßensüdseiten verläuft das natürliche Gefälle ins rückwärtige Gartenland. Aufgrund der Lage der Fallrohre an den Häuserecken kann eine Ableitung in die Gärten problemlos erfolgen. Das Regenwasser wird in offenen Rinnen abgeleitet oder durch unterirdische Rohre durch den Garten und an geeigneter Stelle wieder an die Oberfläche geleitet. Das straßenseitig anfallende Wasser kann durch die teilweise vorhandenen, historischen Rinnen auf dieselbe Weise abgeleitet werden. Das Abkopplungspotential beträgt bei diesem Bebauungstyp einschließlich der Schuppen 100 %.

Variante 3 – Häuser mit Rechteckgrundriß, Staßenwest- und -ostseiten

Die Variante 3 ist im wesentlichen aus den Varianten 2 und 4 zusammengesetzt, wobei diese Variante zu 70 % nach Variante 2 entwässert werden kann.

Variante 4 – Häuser mit Rechteckgrundriß, Staßennordseiten

Baulich ist die Hausvariante 4 mit der Situation der Variante 2 identisch. Jedoch macht ein starkes Gefälle vom Garten in Richtung Straße eine Ableitung in oberflächige Mulden unmöglich. Die Regenwasserableitung von den abgekoppelten Dach- und Wegeflächen muß somit über ein unterirdisch verlegtes Rohr verlaufen, das in Rigolen entwässert und vom natürlichen Gefälle unabhängig ist. Bei dieser Lösung darf die Hoffläche allerdings nicht mehr zum Parken von Kraftfahrzeugen und Abladen von Heizkohle genutzt werden. Die Summe der abzukoppelnden Flächen beträgt 424,5 m² pro Hauseinheit. Die erforderliche Sickerfläche beträgt 39 m².

Abkopplungspotential

Für eine Abkopplung der gesamten Siedlung wurde ein Szenario der Kombination einer Mulden- und einer Rigolenversickerung entwickelt. Es wird dabei berücksichtigt, daß eine problemlose Anlage von Rigolen aus wasserrechtlichen Gründen und wegen eines teilweise wertvollen Baumbestandes nicht überall möglich ist. Außerdem wird aufgrund der Nutzungen (Pkw) nicht für alle Hofflächen eine wasserrechtliche Genehmigung zu erlangen sein. Unter diesen Annahmen wird von einem Abkopplungspotential von 61 % ausgegangen.

Dachflächen:	15.900 m²
Hofflächen:	8.100 m²
Gesamtfläche A_{red}	24.000 m²

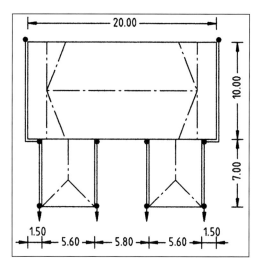

Bild 4: Variante 1: Doppelhaus mit angebauten Schuppen

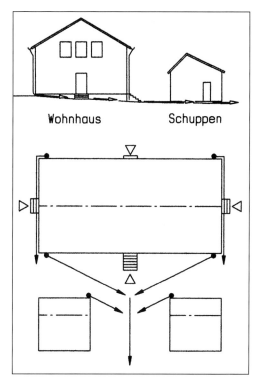

Bild 5: Variante 2: Haus mit Rechteck-Grundriß – zum Teil offene Entwässerung über alte Rinnen (Schnitt und Grundriß)

Kosten

Auf der Grundlage eines Vorentwurfs sind für die Herstellung sämtlicher Maßnahmen zur Umsetzung des Regenwasserkonzeptes für 24.000 m² abgekoppelte Fläche (18.900 m² in Mulden, 5.100 m² in Rigolen) Gesamtkosten von 240.000 DM einschließlich Anleitung und Beratung zur Selbsthilfe angesetzt worden. Damit werden Kosten von 10 DM/m² abgekoppelter Fläche erreicht.

Projektstand

Beginn der Maßnahmen Herbst 1998;
Fertigstellung erster Maßnahmen 1999

Projektträger

Die Besonderheit des Projekts liegt nicht allein in der Umsetzung einer ökologisch orientierten Regenwasserbewirtschaftung in einer historischen Arbeitersiedlung, sondern vor allem in der Art der Realisierung. Der von den Bewohnern getragene Verein Stemmersberg e.V. beabsichtigt, alle Baumaßnahmen des Regenwasserkonzepts in organisierter Gruppenselbsthilfe auszuführen. Dabei tritt der Verein als Bauherr auf. Er ist damit beispielsweise auch Antragsteller um Förderung der Abkopplungsmaßnahmen bei der Emschergenossenschaft, die das Projekt mit 10 DM/m² bezuschussen will.

Planung

Machbarkeitsstudie sowie Planung, Bauleitung und Mietermoderation Regenwasserbewirtschaftung:
Ingenieurbüro Kaiser, Dortmund

Lage

Oberhausen-Osterfeld, Industriestraße, Vereinsstraße, Aktienstraße, Ziegelstraße (1. Bauabschnitt)

1.14 Siedlung „Im Sauerfeld"
Waltrop

Naturnah ausgebautes Rückhalte-system, Teilversickerung, gedrosselter Abfluß in Bachlauf

Auf der Grundlage eines Entwurfs dänischer Architekten entsteht in Waltrop auf etwa 6,5 ha Bergbaureservefläche ein neues Wohngebiet mit Kindergarten. Das städtebauliche Konzept sieht überwiegend zweigeschossige Doppel- und Reihenhäuser vor, die in 6 Gruppen mit jeweils bis zu 20 Wohneinheiten um einen gemeinschaftlich nutzbaren Innenhof plaziert werden. Die Innenhöfe sind einer zentralen Grünfläche zugewandt, die von einem noch verrohrten aber künftig renaturierteN Bach tangiert wird. Die privaten Stellplätze sind außerhalb der Wohnblöcke angelegt. Sie werden mit wassergebundenen Decken hergestellt. In Abhängigkeit von der Nachfrage wurden bisher erst zwei Wohnhöfe realisiert.

Entwässerungskonzept

Das Schmutzwasser wird dem Hauptsammler der benachbarten alten Wohngebiete zugeführt. Der anstehende Boden kann mit $k_f = 10^{-6}$ bis 10^{-7} m/s eine nur mäßige Versickerungsleistung erbringen. Deshalb wurde eine Kombination aus oberirdischer Sammlung, Versickerung und Rückhaltung konzipiert. Die Versickerung wird nur als positive Nebenwirkung gesehen. Das gesammelte Niederschlagswasser wird über gepflasterte Rinnen, eine anschließende grabenförmige Rückhalte- und Sickermulde und über ein Rückhaltebecken mit ausgedehntem Sickerbereich gedrosselt in den renaturierten Bach geleitet. Vorfluter und Rückhaltebecken werden naturnah gestaltet; das Becken als dauerbespannter Teich. Über den Vorfluter fließt das Wasser weiter in Richtung des benachbarten Gewerbeparks Brokkenscheidt, wo ein alter Zechenteich als weiteres

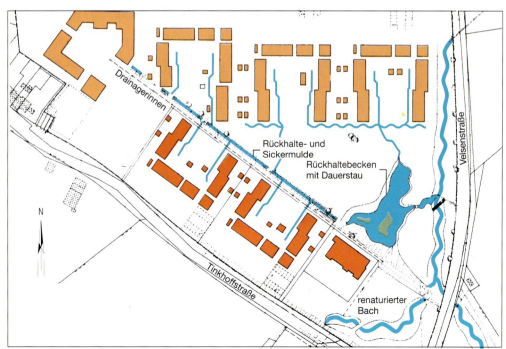

Bild 1: Lageplan. Das Rückhaltbecken wird erst mit dem Bau der nördlichen Wohnhöfen errichtet.

Bild 2: Aus den Wohnhöfen fließt das Wasser zur Sickermulde

Bild 3: Auch gartenseitig wird das Wasser über Mulden in Richtung Rückhaltebecken geleitet

Rückhaltebecken vor Einleitung in den Schwarzbach dient.

Bemessung

Rückhaltevolumina von Mulde und Becken gemäß ATV Arbeitsblatt 117 mit $r_{15(n=1)} = 110$ l/(s · ha) und n = 0,2 l/a. Die Abflußspende des Rückhaltesystems sollte einem natürlichen Einzugsgebiet entsprechen mit $q_{ab} = $ max 5 l/(s · ha). Die Versickerung wurde bei der Berechnung nicht berücksichtigt.

Abgekoppelte Flächen

Gesamtgröße $A_{ges} = 64.600$ m². Die Dach- und Hoffläche wurde mit $A_{red} = 11.500$ m² angesetzt. Die abflußwirksamen Flächen werden zu 100 % vom Kanalnetz abgekoppelt.

Projektstand

Von der Entwässerungsanlage wurde bisher nur die Ableitung innerhalb der zwei fertiggestellten Wohnhöfe realisiert. Das Wasser der ersten Bauabschnitte wird zum Tiefpunkt in Richtung zentrale Grünfläche geleitet, wo es bisher auch ohne Ausbau der Rückhalte- und Sickereinrichtungen problemlos versickert.

Kosten

Die Kosten für den Sickergraben werden mit 93.000 DM angesetzt. Für das Rückhaltebecken sind 207.000 DM ermittelt worden. Damit ergeben sich rund 26 DM/m² abgekoppelter Fläche.

Projektträger

Erschließung, Grünflächen und Gewässer: Stadt Waltrop
Wohngebäude:
Kuben Bau GmbH, Kolding, Dänemark; VEBA-Immobilien AG

Planung

Städtebaulicher Entwurf:
DAI Dansk Arkitekt Ingeniorkontor Kare Petersen, Arhus, und Svend Algren, Kopenhagen;
Regenwasserbewirtschaftung:
Ing.-Büro Sowa, Lippstadt und Lünen

Lage

Waltrop-Brockenscheidt, Tinkhoffstraße, Velsenstraße

2 Gewerbe

2.1 Gewerbe- und Wohnpark Zeche Holland Bochum-Wattenscheid

Ableitung über offene Rinnen in zentralen Regenrückhalteteich als Gestaltungselement, Verdunstung und gedrosselte Ableitung

Die etwa 22 ha große Fläche der 1974 stillgelegten Zeche Holland ist zum Gewerbe- und Wohnpark umgestaltet worden. Das Kernstück des Gewerbeparks bildet das Technologie- und Gründerzentrum „Eco-Textil", das in die denkmalgeschützten Kauen- und Verwaltungsgebäude der ehemaligen Schachtanlage eingezogen ist. Neue Verfahrenstechniken zur chemiefreien, umweltfreundlichen Arbeitsweise der Textil- und Bekleidungsindustrie sollen hier entwickelt werden. Der alte Förderturm bleibt erhalten und dient dem neuen Standort Holland als Wahrzeichen.

Westlich der Bestandsgebäude findet gewerbliche Neubebauung statt.

Im südlichen Bereich ist an der Weststraße auf etwa 2 Hektar eine viergeschossige Wohnbebauung mit 113 Wohnungen entstanden. Die zeilenförmigen Gebäude reichen bis an den benachbarten großen Freiraum, der mit einem offenen Regenrückhalteteich („Wasserbogen") ausgestattet ist. Eine Böschung führt seicht ins Wasser. Auf der gegenüberliegenden Seite laden treppenförmige Absätze zum Verweilen ein. Fußgängerbrücken verknüpfen Wohn- und Gewerbegebiet. Die Erweiterung der Wohnbebauung und die Errichtung eines Altenpflegeheimes sind geplant. Die großen Freiflächen, deren Anteil bei 50 % liegt, werden durch offene Wassersammelrinnen und den „Wasserbogen" maßgeblich gestaltet.

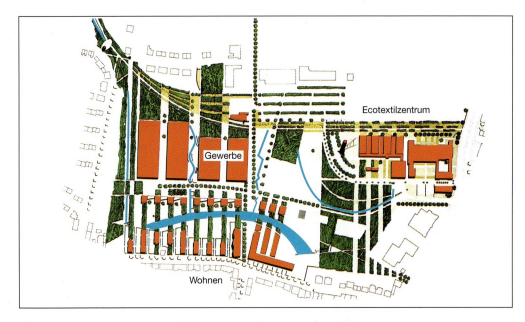

Bild 1: Lageplan des Gewerbe- und Wohnparks mit Wasserbogen und Fließrinnen

Bilder 2 und 3: Der große Wasserspeichersee mit Wohngebäuden (oberes Bild) und Gewerbebereich (unteres Bild) im Hintergrund

Bild 4: Die Gestalt der Retentionsbecken an den Bestandsgebäuden nimmt die Architektursprache auf

Entwässerungskonzept

Die Gebäude und befestigten Oberflächen des Geländes waren zur Zeit der industriellen Nutzung an die herkömmliche Mischkanalisation angeschlossen. Das neue Entwässerungskonzept koppelt das Regenwasser der Dach-, Hof- und Freiflächen ab. Eine gezielte Versickerung ist wegen der schwierigen Bodenverhältnisse (Mergelschiefer) sowie wegen nicht auszuschließender Altlasten nicht möglich. Es wurden großflächige Speicher angelegt, die auch die Verdunstung begünstigen und eine stark gedrosselte Ableitung unmittelbar in ein nahegelegenes Gewässer ermöglichen.

Die Dachflächenwässer werden über ein weitgehend offenes Rinnensystem gesammelt und in den großen foliengedichteten Rückhalteteich („Wasserbogen") eingeleitet. Die Einleitung des Oberflächenwassers aus den Grünflächen, dem zentralen Parkplatz und den gewerblichen Hofflächen (bei Einsatz von Benzin- und Ölabscheidern) ist zusätzlich geplant und in Teilen realisiert. Diese Abflüsse werden in abgedichteten Mulden vor Einleitung in den Teich zurückgehalten. Der dauerbespannte Rückhalteteich faßt ca. 20.000 m³ Wasser. Aber nur das obere Volumen von 1.400 m³ dient als Rückhalteraum.

Der Wasserspiegel schwankt dadurch um rd. 25 cm. Der Oberlauf führt in den Wattenscheider Bach, der zur Zeit noch als typischer Nebenlauf des Emscher-Systems – Mischwasserführung und Verrohrungsstrecken – gestaltet ist.

Bemessung

Durch das Retentionsvolumen und die großen Wasserverdunstungsflächen wird der Abfluß in den Wattenscheider Bach auf 5 l/(s · ha) stark reduziert. Die Rückhaltemaßnahmen wurden nach ATV-Arbeitsblatt 117 für einen 5-jährlichen Bemessungsregen von 214 l/(s · ha) dimensioniert. Es stehen 10 l/m² befestigter Fläche zur Verfügung.

Abgekoppelte Flächen

Die abgekoppelte befestigte Fläche A_{red} wird bei vollständiger Realisierung der geplanten Bebauung etwa 14 ha (ca. 70 % der Gesamtfläche) betragen.

Projektstand

Das Entwässerungssystem mit Rinnen, Durchlässen, Rückhaltebecken und Ablaufmulde ist im Zuge der Erschließungsmaßnahmen fertiggestellt worden. Der Anschluß der Gewerbebetriebe und der Wohnbebauung an das Entwässerungssystem erfolgt sukzessive mit deren Fertigstellung.

Kosten

Die geschätzten Baukosten für die Regenwasserbewirtschaftung und -gestaltung betragen etwa 2,5 Mio. DM, das sind etwa 18 DM/m² abgekoppelter Fläche. Die Kosten wurden auch bestimmt durch die auf dem Gelände vorhandenen Altlasten (z. B. Rinnenführung, Abdichtungen). Die eigentlichen Sicherungsmaßnahmen der Altlasten sind hier aber nicht enthalten.

Projektträger

Stadt Bochum
Landesentwicklungsgesellschaft NRW GmbH

Planung

Regenwasserbewirtschaftung:
Spiekermann Ingenieure, Düsseldorf
Freiraumplanung:
Planergruppe Oberhausen GmbH

Lage

Bochum-Wattenscheid, Jahnstraße/Weststraße

2.2 Kläranlage Bottrop

Mulden- und Rigolenversickerung, Rückhaltegraben

Die Kläranlage Bottrop der Emschergenossenschaft wurde auf dem Gelände einer früheren Flußkläranlage errichtet. Sie ist mit einer Kapazität von 1,3 Mio. Einwohnerwerten (einschließlich Industrie) und einem Investitionsvolumen von 450 Mio DM eine der größten und modernsten Kläranlagen in Europa. An der Schnittstelle des Emscher Landschaftspaks und der Nord-Süd-Achse des Grünzuges C wurde eine landschaftsverträgliche Industriearchitektur angestebt. In einem beschränkten Wettbewerb unter mit Ingenieurbauten erfahrenen Architekturbüros wurde dieses Ziel erreicht. Unter Mitarbeit eines renommierten Landschaftsarchitekten ist auch eine Einbindung in den Landschaftspark gelungen; die ökologisch ausgerichtete Regenwasserbewirtschaftung hat die Freiraumgestaltung wesentlich geprägt. Auf Wanderwegen und Aussichtsterrassen am Rande des Betriebsgeländes kann der Bürger anhand von Informationstafeln den Klärbetrieb verfolgen.

Entwässerungskonzept

Nach Errichtung der Klärbecken und Gebäude auf dem fast 15 ha großen Gelände der neuen Kläranlage wurden die Zwischenräume mit sandigem Material ($k_f = 10^{-3}$ bis 10^{-6} m/s) verfüllt. Das Niederschlagswasser der befestigten Flächen kann deshalb leicht versickert werden. Die Straßen und Wege, deren Verkehrsaufkommen gering ist, sind an seitlich verlaufende flache Mulden (3 bis 8 cm tief) angeschlossen. Wo für die Ausbildung von Mulden nicht genügend Platz vorhanden war, wurden rd.1 m breite und 0,5 m tiefe Rigolen angeordnet. Für das Dachwasser der neu errichteten Gebäude (Betriebsgebäude, Gebläsestation, Rechengebäude) wurden je nach Flächensituation flache oder tiefe (0,5 m) Mulden angelegt. Ein Teil des Betriebsgebäudes entwässert über eine „Wasserwand" in eine 13 m lange, 2,30 m breite und 1,50 m tiefe Rigole.

Am nahe gelegenen Zubringerpumpwerk zur Kläranlage ist der Untergrund mit $k_f = 10^{-7}$ bis 10^{-8} m/s für eine vollständige Versickerung un-

Bild 1: Schrägluftbild der Kläranlage

geeignet. Im Abstand von rd. 30 m wurde ein ringförmiger Graben von 4 m Breite und 0,6 m Tiefe angelegt, der wassertechnisch als Regenwasserspeicher mit Verdunstung und geringfügiger Versickerung dient. Er besitzt einen Notüberlauf zur Emscher.

Bemessung

Die Versickerungsleistung des Bodens im Bereich der neuen Kläranlage wurde mit einem k_f-Wert von $5 \cdot 10^{-5}$ m/s angesetzt. Die maßgebende Regenspende ist $r_{15\,(n=0,2)} = 178$ l/(s $\cdot$ ha). Mulden und Rigolen wurden nach ATV A 138 bemessen. A_s/A_{red} ist bei den flachen Mulden 1 : 2 bis 1 : 4, bei der tiefen Mulde 1 : 24.

Im Bereich des Zuleitungsbauwerks wird für ein A_{red} von 3500 m² ein Rückhaltevolumen von 370 m³ vorgesehen das sind rd. 100 l/m² befestigter Fläche.

Etwa 30 % der Jahresniederschlagsmenge versickern, 20 % verdunsten und rd. die Hälfte wird gedrosselt in den Fluß abgeschlagen.

Abgekoppelte Flächen

Gesamtfläche der Kläranlage	147.000 m²
Dachflächen Betriebs-, Gebläse- und Rechengebäude	4.350 m²
befestigten Straßen- und Platzflächen	<u>15.750 m²</u>
ges. abflußwirksame abgekoppelte Fläche A_{red}	20.100 m²

Dies entspricht 100 % der gesamten befestigten Flächen.

Projektstand

Die Kläranlage wurde in den Jahren 1991 bis 1996 errichtet.

Projektträger

Emschergenossenschaft, Essen

Bild 2: Versickerungsflächen zwischen Fahrbahn und Klärbecken.

Bild 3: Ringgraben mit Zubringerpumpwerk

Planung

Architektur:
Jourdan+Müller, Architekten, Frankfurt
Entwässerungs- und Freiraumplanung:
Projektbüro Stadtlandschaft, Kassel

Lage

Bottrop-Welheim, Gladbecker Straße/südlich In der Welheimer Mark

2.3 Dienstleistungs-, Gewerbe- und Landschaftspark Erin Castrop-Rauxel

Wasser als Gestaltungselement, Rückhaltung in Mulden und Becken, gedrosselte Einleitung in einen Bach

Der Dienstleistungs-, Gewerbe- und Landschaftspark Erin liegt zwischen dem Regionalen Grünzug E und der Castroper Innenstadt auf dem Gelände der ehemaligen Zeche Erin. Bis auf ein denkmalgeschütztes Fördergerüst und ein altes Pförtnerhaus sind die Zechenbauwerke abgebrochen worden. Die im Gelände angefallenen belasteten Bodenmassen sind innerhalb eines neuen Erdbauwerks durch aufwendige Fo-

Bild 1: Die Ost-West-Achse mit dem Wasserlauf ist die tragende Struktur des städtebaulichen Konzepts (Planausschnitt)

Bild 2: Die Wasserachse mit dem westlich nachgeschalteten Rückhaltebecken im Modell

Bild 3: Die fertiggestellte Wasserachse als Verbindung der Stadt in die offene Landschaft

liendichtung gesichert und eingebaut worden. Diese künstlichen Berge sind neben den Wasserflächen wesentliche Gestaltungselemente des Parkes. Die „neue Landschaft" erinnert an den irischen Ursprung der Zeche Erin.

Das zu entwässernde Gesamtgebiet umfaßt ca. 41 ha. Das Planungskonzept sieht einen Freiflächenanteil von rund 50 % vor. Für die neuen Gewerbe- und Dienstleistungsbetriebe auf dem ehemaligen Zechengelände sind insgesamt rund 14 ha Baufläche vorgesehen. Folgende Nutzungen sind dort geplant bzw. bereits realisiert:

– Verwaltungs- und Dienstleistungszentrum,

– Gründerzentrum für unternehmensbezogene Dienstleistungen,

– Gewerbepark für Handwerks- und Produktionsbetriebe.

Ein dominantes Gestaltungselement des Erin-Geländes ist eine große, zentrale Wasserachse, der Ost-West-Graben.

Entwässerungskonzept

Die Fläche liegt im Einzugsbereich des nahen Landwehrbaches, der als „Noch-Schmutzwasserlauf" zum Emscher-System gehört, das ökologisch umgestaltet wird.

Der Park wird im Trennsystem mit zum Teil oberflächennaher Führung des Niederschlagswassers entwässert. Da diffuse Schadstoffbelastungen im Boden nicht ausgeschlossen werden können, und wegen der geringen Durchlässigkeit kann Regenwasserversickerung nur im westlichen Randbereich stattfinden.

Die neuen Gewerbe- und Dienstleistungsbetriebe werden in den zwei räumlich getrennten Bereichen „West" und „Ost" angesiedelt, die durch die Wasserachse miteinander verbunden werden. Dieses neue Fließgewässer verbindet den Obercastroper Bach im Osten mit dem Roßbach im Westen. Beide sind nicht mit Schmutzwasser belastete Nebenläufe des Landwehrbaches. Der

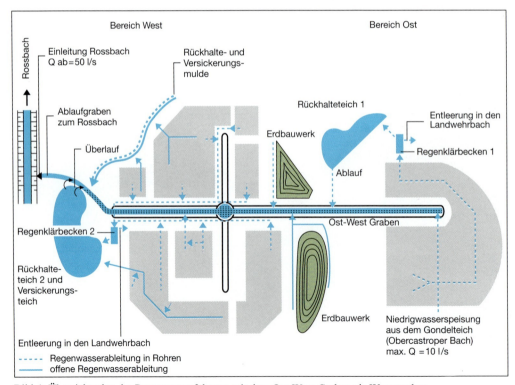

Bild 4: Übersichtsplan der Regenwasserführung mit dem Ost-West-Graben als Wasserachse

Ost-West-Graben erhält einen ständigen Niedrig-wasserzufluß über eine Leitung aus dem soge-nannten Gondelteich, der vom Obercastroper Bach gespeist wird. Die wasserwirtschaftliche Aufgabe des Ost-West-Grabens ist die gedros-selte Ableitung von Regenwasser. Als Land-schaftselement verbindet er die stadtnahen Be-reiche des Gewerbeparks mit der offenen Land-schaft. Diese Funktion wird in der Gestaltung deutlich: Im östlichen, stadtnahen Abschnitt ist das Gewässer durch senkrechte Natursteinwände streng gefaßt, mit wachsender Entfernung zum Stadtkern lösen sich die Uferlinien in weiche Konturen auf, die Form des Gewässers folgt der Landschaft.

Das Niederschlagswasser von Straßen-, Hof- und Lagerflächen des Erin-Parks wird, da Verschmut-zungen nicht auszuschließen sind, zunächst in jedem der beiden Teilgebiete einem Regenklär-becken zugeführt. Die Klärrückstände gelangen über die Schmutzwasserkanalisation zum Land-wehrbach. Zur deutlichen Drosselung des Nie-derschlagswassers erhält jedes Teilgebiet einen dauerbespannten Rückhalteteich.

Für den westlichen Teilbereich ist eine getrenn-te Entwässerung der Dachflächen vorgesehen. Das Wasser wird über Rinnen und zum Teil über gedichtete Mulden abgeleitet, die im weiteren Verlauf als Versickerungsmulden über dort nicht kontaminiertem Boden ausgebildet sind. Ande-re Dachflächen haben Anschluß an den Rück-halteteich 2 mit offener Sohle und allerdings geringer Versickerungsleistung. Im östlichen Bereich wird das gesamte Niederschlagswasser aus dem gedichteten Rückhalteteich 1 in den Ost-West-Graben geführt. Weitere Zuflüsse erhält der Ost-West-Graben aus der Oberflächenentwässe-rung der großen Freiflächen einschließlich der Landschaftsbauwerke. Seinen Abfluß hat der Ost-West-Graben in einem Ablaufgraben zum westlich verlaufenden Roßbach (s. auch Beitrag WÜLFING).

Bemessung

Zur Bemessung der hydraulischen Anlagen wur-de eine Regenspende von $r_{15(n=1)} = 100$ l/(s · ha)

angenommen. Die beiden Rückhalteteiche mit Dauerbespannung wurden als Regenrückhalte-becken nach dem ATV-Arbeitsblatt 117 für $n = 0{,}2$ berechnet mit einer vorgegebenen Ab-flußspende von $q_{ab} = 5$ l/(s · ha). Die Ver-sickerungsmengen wurden rechnerisch nicht be-rücksichtigt. Die Wasserbilanz weist aber die Verdunstung mit einer Jahreswassermenge aus, die nicht sehr viel geringer ist als die letztlich zum Roßbach abzuleitende.

Abgekoppelte Flächen

Einzugsgebiet	A_E:	137.000 m²
befestigte Flächen	A_{red}:	101.000 m²

Alle befestigten Flächen wurden abgekoppelt.

Projektstand

Umbau Bestandsgebäude	1991
Neubau Gründerzentrum	1994
Neubau Dienstleister/Gewerbe	ab 1996
Fertigstellung Landschaftspark mit Wasserachse	1998

Kosten

Die Kosten sind in den Einzelmaßnahmen der Erschließung, Freiraumplanung und Altlasten-sanierung integriert und nicht gesondert für den Teilbereich Regenwasser darstellbar.

Projektträger

Stadt Castrop-Rauxel,
Landesentwicklungsgesellschaft NRW GmbH

Planung

Regenwasserbewirtschaftung:
Spiekermann Ingenieure, Düsseldorf
Freiraumplanung:
Büro Prof. Pridik+Freese GbR, Marl

Lage

Castrop-Rauxel-Behringhausen, Karlstraße/Alt-stadtring

2.4 Wissenschaftspark Gelsenkirchen-Ückendorf

Landschaftsgestaltender Speichersee, Brauchwasserzisterne, Verdunstung, verzögerter Abfluß

Mit dem Wissenschaftspark in Gelsenkirchen wurde ein leistungsfähiger Standort für Forschungs- und Entwicklungsgesellschaften im Emscher-Lippe-Raum etabliert. Dazu wurde das etwa 6,5 Hektar große Gelände der ehemaligen Gußstahlfabrik (Thyssen-Guß) an der Bochumer Straße reaktiviert. Die Fabrikanlagen wurden bis auf das ehemalige Verwaltungsgebäude des Gußstahlwerks aus dem Jahre 1920 abgerissen. Das repräsentative Verwaltungsgebäude ist inzwischen der Sitz des Gelsenkirchener Arbeitsgerichts. Für das Technologiezentrum wurden neun dreigeschossige Pavillons und eine vorgelagerte etwa 300 m lange Glasarkade errichtet. Arbeitsschwerpunkte der hier angesiedelten Firmen sind Solarenergietechnik und Technologiefolgenabschätzung. Eine Kindertagesstätte, in der Architektursprache der des Technologiezentrums verwandt, wurde bereits 1995 eröffnet.

Die Gebäude des Wissenschaftsparks sind in eine großzügige, sich zur Stadt öffnenden Parklandschaft eingebettet. Zentrale Elemente des Parks sind ein großer, dem Technologiezentrum vorgelagerter See und alter Baumbestand aus der Betriebszeit des Gußstahlwerks. Die Wasserfläche vermittelt zwischen der markanten Kontur der schrägen Glasfront, einem kleinen strengen Platz vor dem Arbeitsgericht und den offenen Räumen des Parks mit flachen geschwungenen Ufern. Der Nutzungsdruck auf den See durch die Bevölkerung der Nachbarschaft war so groß, daß die Uferbefestigung nachträglich verstärkt werden mußte.

Entwässerungskonzept

Das Gelände war während seiner industriellen Nutzung an die Mischwasserkanalisation angeschlossen. Im neuen Wissenschaftspark sollte das Niederschlagswasser weitgehend abgekoppelt werden. Aufgrund von Bodenbelastungen ist aber keine gezielte Versickerung des Regenwassers von versiegelten Flächen möglich. Die Lösung wurde in dem großen Speichersee mit Verdunstung und starker Abflußdrosselung gefunden. Das Dachwasser des Technologiezentrums, des Arbeitsgerichtes und des Kindergartens wird in den mit Folie und Tonlagen gedichteten See und in eine 350 m² große Zisterne geleitet. Diese sammelt Brauchwasser für die Nutzung innerhalb des Gebäudes und zum Verdunstungsausgleich der Teichfläche. Die hohe Verdunstungsleistung der Wasserfläche sorgt für Wasserstandsschwankungen von 20 bis 30 cm, die die Aufnahme der anfallenden Regenwassermengen ermöglichen. Ober einen gedrosselten Abfluß in den Mischwasserkanal stellt sich nach Starkregenereignissen der Normalwasserspiegel wieder ein. Der Überlauf ins Kanalnetz springt nur bei extremen Starkregenereignissen an. Die normalen Regenfälle werden durch die Wasserstandsschwankungen der großen Teichfläche aufgenommen. Ein Grundablaß ermöglicht die Komplettleerung des Teiches zur Reinigung.

Bild 1: Bis zum Ende der 80er Jahre stand auf dem Gelände eine Gußstahlfanrik

Bild 2: Der Regenwasserteich ist die landschaftliche Antwort auf die städtebaulich dominante Glasarkade

Abgekoppelte Flächen

Dachflächen Technologie-zentrum	8.300 m²
Dachflächen Kindergarten	660 m²
Dachflächen Arbeitsgericht	700 m²
Sonstige befestigte Flächen	2.800 m²
abgekoppelte befestigte Fläche A_{red}	12.460 m²

Bild 3: Das Gebäude öffnet sich zum Wasser

Projektstand

Das Technologiezentrum ist seit 1995 fertigge-stellt und in Betrieb.

Projektträger:

Stadt Gelsenkirchen;
Landesentwicklungsgesellschaft (LEG) NRW GmbH

Planung

Regenwasserbewirtschaftung:
Spiekermann Ingenieurgesellschaft, Duisburg
Architektur:
Kiesler+Partner, München,
Freiraumplanung:
Büro Drecker, Bottrop,

Lage

Gelsenkirchen-Ückendorf, Munscheidstraße

2.5 Öko-Zentrum NRW und Gewerbepark Hamm-Heeßen

Rückhaltung, Nutzung, Versickerung in Becken und Mulden

Auf dem rund 50 ha großen Gelände der 1979 stillgelegten Zeche Sachsen in Hamm-Heeßen werden verschiedene Einrichtungen zur Förderung des ökologischen Planens und Bauens sowie ein entsprechend ausgerichteter Gewerbepark mit rund 32 ha Bruttobauland angesiedelt. Auf den übrigen Flächen werden Grün- und Forstflächen entstehen.

Den Kern des Konzepts bildet das Öko-Zentrum Nordrhein-Westfalen, das im ersten Bauabschnitt bis zum Jahre 1996 auf einer Fläche von rund 4 ha fertiggestellt wurde. Es umfaßt eine große Messehalle im ehemaligen Maschinenhaus der Zeche, ein Verwaltungszentrum in einem Fachwerkhaus sowie den Neubau eines Schulungszentrums für das Bauhandwerk. Ein Gründerzentrum für Handwerksbetriebe in ökologischen Gewerken ist ebenfalls realisiert.

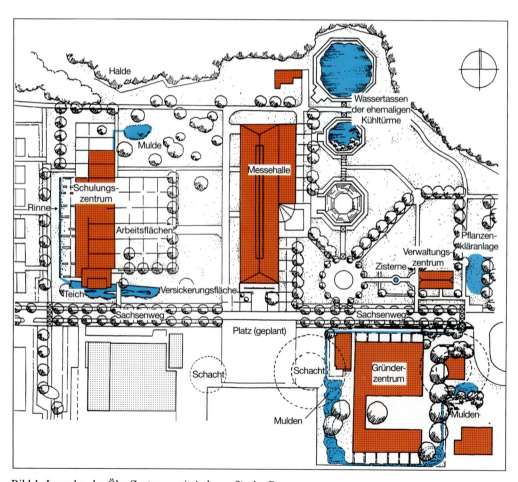

Bild 1: Lageplan des Öko-Zentrums mit Anlagen für das Regenwasser

Im zweiten Bauabschnitt entstehen ein Bauhandwerkerhof, eine Musterhaussiedlung und ein Öko-Baumarkt. Weitere Bauabschnitte folgen in den nächsten Jahren.

Um einen möglichst hohen Freiflächenanteil im Gewerbepark zu gewährleisten, wurde die Grundflächenzahl im Bebauungsplan auf 0,6 bzw. 0,7 begrenzt. Darüber hinaus macht ein Gestaltungshandbuch den Investoren zur Freiflächen- und Entwässerungsplanung folgende Vorgaben:

- 60 % der nicht überbauten Fläche dürfen nicht versiegelt werden.

- Stellplätze und Fußwege sind aus wasserdurchlässigen Materialien herzustellen.

- Für die Dachentwässerung ist nach Möglichkeiten zur Versickerung zu suchen.

Entwässerungskonzept

In Anlehnung an das in Teilflächen vorhandene Mischsystem wurde für das gesamte Baugebiet ein modifiziertes Entwässerungssystem zur Ableitung des Schmutzwassers und der belasteten Niederschlagswässer von befahrbaren Flächen gebaut. Wasser von Dach- und Terrassenflächen wird zurückgehalten und weitgehend abgekoppelt. Da durch Altablagerungen des Zechenbetriebs auf dem Gelände sehr heterogene Bodenverhältnisse vorliegen, wurden für die einzelnen Teilbereiche differenzierte Lösungen einer ökologisch orientierten Regenwasserbewirtschaftung entwickelt.

Am neu errichteten Schulungszentrum wird das Dachwasser über eine offene, gedichtete Rinne bzw. Mulde zu einer Wasserfläche im Eingangsbereich geführt. Diese Wasserfläche ist zweigeteilt. Vor einem Wintergarten ist der Teich gedichtet und dient so als Spiegel für die Glaskonstruktion. Getrennt durch den Eingangssteg liegt daneben eine Versickerungsfläche, die das überschüssige Wasser aufnimmt. Sie besitzt einen Notüberlauf zur Kanalisation.

Die Arbeitsflächen auf den Demonstrationsbaustellen östlich des Gebäudes wurden aufgrund der erwarteten Verunreinigungen durch den Baubetrieb an den Kanal angeschlossen. Die Hoffläche im Norden wird über Schlitzrinnen in

Bild 2: Retentionsteich am Schulungszentrum

den Unterbau des Platzes und von dort über Dränrohre in eine Mulde entwässert.

Das Dachwasser der Messehalle wird zum Teil als Brauchwasser im Sanitärbereich genutzt. Es gelangt über ein Rohrsystem in ein großflächiges Becken, die Tasse eines ehemaligen Kühlturms, das als Regenrückhaltebecken mit Drosselung auf $q_{ab} = 5$ l/(s · ha) ausgebildet ist. Die erwartete hohe Verdunstung ging in die Bemessung nicht ein. Der Ablauf wird über eine Schachtversickerung dem Grundwasser zugeführt. Ein Notüberlauf ist vorhanden.

Das Dachwasser des Verwaltungszentrums wird über eine offene Rinne in eine Zisterne im Garten geleitet und kann für die Gartenbewässerung genutzt werden. Das im Gebäude anfallende Schmutzwasser wird in einer Pflanzenkläranlage mit anschließender Versickerung entsorgt.

Für das Gründerzentrum wurden zwei Muldensysteme auf der Ost- und Westseite des Gebäudes angelegt mit Einstautiefen bis zu 40 cm. Hier versickern die Niederschlagswässer aller Dach-, Terrassen- und Parkflächen. Die Verbindungselemente, offene Pflasterrinnen an den Regenfallrohren und flache Längsmulden in den Grünbereichen zeigen den Zusammenhang des Systems auf und unterstreichen mit den Muldenketten als Gestaltungselemente den ökologischen Grundsatz des Öko-Zentrums. Die jeweils letz-

Bild 3: Dachwasserspeier am Schulungszentrum.

Bild 4: Muldenkaskade am Gründerzentrum

Bild 5: Die ehemaligen Kühltassen der Zechenanlage werden als Regenwasserspeicher genutzt.

te Mulde der beiden Systeme besitzen einen Notüberlauf zur Kanalisation.

Das Wasser der großen Wege- und Platzflächen wird über die Nebenflächen entwässert. Bei Starkregen dienen Gräben neben den Wegen als Stauraum, die mit Notüberläufen zur Schachtversickerung ausgestattet sind.

Für die weiteren Bauabschnitte ist aufgrund der Altlastensituation eine dezentrale Versickerung nur sehr eingeschränkt möglich. Das Regenwasser soll daher weitgehend in einem nach unten abgedichteten Muldensystem gefaßt und einem zentralen Rückhalte- und Versickerungsbecken zugeleitet werden.

Bemessung

Für die Versickerungsflächen wurden k_f-Werte um 10^{-6} m/s zugrunde gelegt und zur Bemessung der hydraulischen Anlagen eine Regenspende von $r_{15(n=1)} = 110$ l/(s · ha) und 10-jährliches Wiederkehrintervall (n = 0,1 l/a) angenommen.

Projektstand

Das Öko-Zentrum NRW ist weitestgehend fertiggestellt. Der Gewerbepark wird sukzessive ausgebaut und an das modifizierte Entwässerungssystem angeschlossen.

Abgekoppelten Flächen

Gesamtfläche Gewerbepark A_E: 314.000 m²
Öko-Zentrum NRW, A_E: 194.000 m²
A_{red} 119.505 m²

Abgekoppelt gem. wassertechnischer Berechnung rd. 30 %

Projektträger

Landesentwicklungsgesellschaft (LEG) NRW GmbH;
Öko-Zentrum Hamm GmbH

Planung

Regenwasserbewirtschaftung:
LEG NRW GmbH;
Spieckermann Ingenieure, Düsseldorf
Freiraumplanung:
Prof. A.S. Schmid, Treiber und Partner, Leonberg
Bauleitung:
Katrin Kley, Hamm

Lage

Hamm-Heeßen, Sachsenweg

2.6 Innovationszentrum Herne-Baukau

Rohr-Rigolen-Versickerung

Auf einer vormals industriell genutzten Fläche von 11.600 m² (Bosch, Blaupunkt) entstand in den Jahren 1993/94 das Innovationszentrum Herne. Schwerpunkte sind Automatisierungstechnik, Qualitätssicherung und logistische Planungen privater Unternehmen. Klare Orientierung, umweltfreundliche Materialien – Holz, Glas, Stahl – und viel Licht bestimmen die Architektur. Der Kommunikations- und Verwaltungsbereich ist zur Innenstadt orientiert und durch eine Glasvorhangfassade vor Lärm geschützt. In Richtung Norden strecken sich kammartig vier Funktionsgebäude. Mit 28 Firmen und etwa 150 Mitarbeitern der wirtschafts-

nahen Dienstleistungsbranche ist das Gebäude vollständig belegt.

Nördlich des Innovationszentrums wird auf einer bisher nicht genutzten, 8 ha großen Erweiterungsfläche der Technologie- und Gewerbepark entwickelt. Mit einem 50-prozentigen Freiflächenanteil ist das Gelände eingebettet in die Entwicklung eines durchgängigen Ost-West-Grünzugs entlang von Emscher und Rhein-Herne-Kanal.

Entwässerungskonzept

Für die Erschließung des Gesamtgeländes wurde ein modifiziertes Entwässerungssystem konzipiert. Das Kanalnetz soll nur das Schmutzwas-

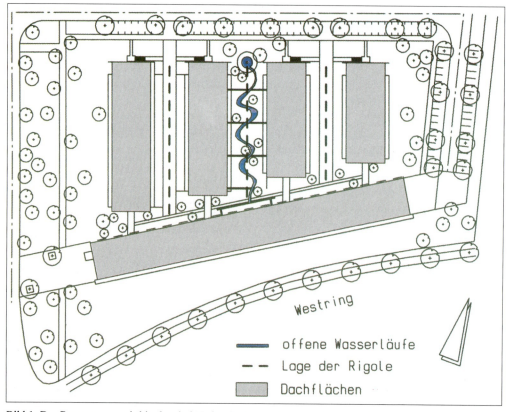

Bild 1: Das Regenwasser wird in den drei Höfen des Innovationszentrums versickert

ser und das von den öffentlichen versiegelten
Verkehrsflächen abgeleitete Niederschlagswasser aufnehmen. Die Erwerber von Grundstücken werden vertraglich verpflichtet, sämtliches Regenwasser vollständig vor Ort zu versickern.

Die Bodenschichtung ist sandig-kiesig mit ge-
legentlichen Schluffbeimengungen. Die Wasserversickerung ist bei k_f-Werten um 10^{-4} m/s gut
möglich, wird jedoch stellenweise durch die
Schluffbereiche beeinträchtigt. Der Grundwasserflurabstand beträgt ca. 3 bis 4 m.

Das Innovationszentrum trägt seinen Namen
auch in Bezug auf den Umgang mit dem Regenwasser zu recht. Die kostengünstige, wenig aufwendige und gestalterisch ansprechende Lösung
könnte beispielgebend für Gebäude dieser Art
sein:

Bild 2: Offene Rinnen nehmen das Wasser aus den
Fallrohren auf

Das Niederschlagswasser von den Dachflächen
wird über Fallrohre in offenen Rinnen in die drei
Innenhöfe zwischen den Funktionsgebäuden abgeleitet. In jedem Innenhof wurde eine kies-
gefüllte Rohr-Rigole mit 2,20 m Breite und
1,20 m Höhe angelegt. Im mittleren, bepflanzten Innenhof führt eine breite, mäandrierende
Pflasterrinne bis zum Ende des Gartenhofes und
dort in den Einlauf der Rigole, die in Gegen-
richtung durchflossen wird. Der Lauf des Wassers läßt sich auch bei Trockenheit anhand des
ausgesparten Grasbewuchses ablesen. In den
zwei anderen, mit wasserdurchlässigem Pflaster
befestigten, befahrbaren Innenhöfen werden die
unter den Höfen liegenden Rigolen in umgekehr-
ter Richtung beschickt. Am Einlauf der Rigolen
sind jeweils Kontroll- und Schlammabsetz-
schächte angeordnet. Die drei Rohr-Rigolen sind
insgesamt 115 m lang.

Die Parkplätze sind mit versickerungsfähigem
Pflaster versehen und nicht an das Rigolensystem
oder den Kanal angeschlossen. Sie entwässern
im Extremfall in die angrenzenden Pflanz-
flächen.

Bemessung

Die Rohr-Rigolen wurden nach ATV-Arbeitsblatt
138 für eine Regenspende $r_{15(n=1)} =$
100 l/(s · ha) bemessen. Der k_f-Wert liegt durch

Bild 3: Das Wasser der Dachflächen wird durch den
Gartenhof zum Rigoleneinlauf geführt.

Foto 4: Innenhof mit durchlässigem Pflaster als Anlieferzone der Betriebe.

die im sandigen Boden eingelagerten Schluff-linsen zwischen 10^{-4} und 10^{-8} m/s.

Abgekoppelte Flächen

An die Versickerungselemente sind alle befestig-ten Flächen des Innovationszentrums ange-schlossen, das sind etwa 4.500 m² Dachflächen und 350 m² Pflasterflächen.

Projektstand

Das Innovationszentrum ist mit allen Einrich-tungen der Regenwasserableitung fertiggestellt. Das Erschließungssystem für den gesamten Technologie- und Gewerbepark ist im ersten Abschnitt fertiggestellt und wird je nach Bau-fortschritt weiterentwickelt. Die Ansiedlung weiterer Betriebe ist sukzessive vorgesehen.

Betrieb

Die Anlage wird seit Anfang 1996 vom Projekt-träger betrieben. Es gab bisher keine Störungen. Auch beim Winterbetrieb traten keine Probleme auf. Regelmäßige Betriebsleistungen sind:

- Sichtkontrolle monatlich,
- Reinigen der Auffangsiebe zweimal jährlich,
- Inneninspektion der Schächte alle 2 Jahre,
- Reinigung alle 5 Jahre erwartet.

Kosten

Die abgerechneten Mehrkosten für den Bau des Rigolensystems gegenüber denen einer Ablei-tung ins Netz betragen 32.900 DM, das sind rd. 7 DM/m² abflußwirksamer Fläche. Sie werden durch die entfallende Regenwassergebühr von zur Zeit 0,88 DM pro Quadratmeter befestigter Fläche, das sind rd. 4.000,- DM aufgefangen.

Die jährlichen Betriebskosten werden mit 5 DM/m · 115 m Rigolenlänge = 575 DM/a kal-kuliert, das sind 0,12 DM/(m² · a).

Projektträger:

Wirtschaftsförderungsgesellschaft Herne mbH

Planung

Regenwasserbewirtschaftung:
Ingenieurbüro Skiba, Herne-Eickel
Architektur:
Nicolic + Partner, Aachen/Berlin/Kassel
Freiraumplanung:
Büro Brosk, Essen

Lage

Herne-Baukau, Westring Bahnhofstraße

2.7 Gewerbepark Brockenscheidt Waltrop

Modifiziertes Entwässerungssystem, Rückhaltung durch Dachbegrünung und Teich, gedrosselte Einleitung in Bach

Auf dem Gelände der ehemaligen Zeche Waltrop I/II werden auf einer Gesamtfläche von rund 35 ha neue Gewerbe- und Grünflächen entstehen. Der Kern des Gewerbeparks liegt in den historischen, denkmalgeschützten Gebäuden der Zeche, deren Restaurierung abgeschlossen ist. Auf diesen rd. 5 ha Fläche ist die Ansiedlung von mittelständischen Handwerksbetrieben nahezu vollständig gelungen. In einem zweiten Bauabschnitt werden auf dem ehemaligen Werksbahnhof neue Gewerbebauten entstehen, so daß die Gewerbefläche insgesamt auf rd. 12,4 ha anwachsen wird.

Entwässerungskonzept

Wie bei vielen Altstandorten bestehen die Böden nahezu flächendeckend aus künstlichen Sub-

Bild 1: Gebäude und bereits mit Straßen erschlossener Neubaubereich im Schrägluftbild

straten mit zum Teil kontaminierten Altablagerungen. Eine Regenwasserversickerung auf dem Gelände wird daher ausgeschlossen. Zur Regenrückhaltung im Neubaubereich des Gewerbeparks wurde ein Dachbegrünungsanteil von mind. 40 % im Bebauungsplan festgesetzt. Das Trennsystem des ehemalige Zechengeländes wird prinzipiell beibehalten, wobei die Dachwässer geschlossen zu einem alten Zechenteich außerhalb des kontaminierten Werksbereiches abgeleitet werden, der eine Oberfläche von fast 1 ha hat und dessen Sohle nicht gedichtet ist. Ein diesem Teich vorgelagertes Beruhigungs- und Retentionsbecken verbessert die Güte- und Mengenbewirtschaftung des Teiches. Der Wasserspiegel fällt in den heißen, trockenen Monaten sehr stark ab. Das Regenwasser der Verkehrsflächen wird über einen modifizierten Schmutzwasserkanal abgeführt.

Abgekoppelte Flächen

Die abgekoppelten befestigten Flächen sind die Dächer mit 2,8 ha.

Projektstand

Die vorhandenen Gebäude werden als Gewerbe- und Industriebetriebe genutzt. Erschließung Neubaubereich 1998.

Projektträger

Stadt Waltrop;
Landesentwicklungsgesellschaft NRW GmbH

Planung

Regenwasserbewirtschaftung:
Ing.-Büro Wolfgang Sowa, Lippstadt und Lünen
Straßenbau:
Ing. Büro Kühnert, Bergkamen
Freiraumplanung:
Büro Grünplan, Baer und Müller, beide Dortmund

Lage

Waltrop-Brockenscheidt, südlich der Sydowstraße

3 Integrierte Projekte

3.1 Stadtmittebildung Ebertstraße Bergkamen

Erlebniselement Wasser im Straßenraum, Teilversickerung, gedrosselte Ableitung

Die Stadtmittebildung Bergkamen umfaßt eine Vielzahl städtebaulicher und architektonischer Maßnahmen, die dem Zentrum der aus sechs Gemeinden gebildeten Stadt mehr Identität geben sollen. Zu den Einzelprojekten gehören u. a. die Umgestaltung des Marktplatzes und der Ebertstraße. Dieser zentrale Straßenzug erhält auf 550 m ein völlig neues Profil. Alleebäume und platzartige Aufweitungen bieten höhere Aufenthaltsqualität für Passanten. Ein prägendes Gestaltungselement im Straßenraum ist eine flache, mit blauer Keramik geflieste „Blaue Rinne", die mit Regenwasser von Dach- und Straßenflächen gespeist wird.

Entwässerungskonzept

In der Ebertstraße befindet sich ein zum Teil sanierungsbedürftiger Mischwasserkanal, der nach wie vor das anfallende Schmutzwasser aufnimmt. Das Regenwasser von ca. 0,7 ha befestigter Dach- und Verkehrsfläche soll zum Teil versickern, im Wesentlichen aber die Blaue Rinne im Kreislauf speisen. Dazu wird es in einer 20 m³ großen Zisterne gespeichert. Überschüssiges Wasser wird gedrosselt dem Mischwasserkanal zugeführt. Eine Rückstauklappe verhindert das Eintreten von Mischwasser in die Zisterne.

Das Niederschlagswasser aus dem Straßenraum und den PKW-Stellplätzen wird über eine Kette von Mulden, die die Ebertstraße begleiten, nach Passieren einer 30 cm dicken Mutterbodenschicht in darunter liegende Rigolen abgeleitet. Dorthin entwässern unmittelbar auch die Dachflächen südlich der Ebertstraße. Jedem Fallrohr ist ein Filterschacht zugeordnet. Die Dachflächen auf der nördlichen Straßenseite sind an eine Sammelleitung angeschlossen, die über einen Filtersack direkt in die Zisterne führt. Aus den Rigolen versickert bei einer Bodendurchlässigkeit mit $k_f = 2,3 \cdot 10^{-8}$ m/s nur wenig Wasser in den Untergrund. Vielmehr dient das Rigolenvolumen zusammen mit der anschließenden Zisterne als Speicher. Von ihr wird über eine Pumpe ein künstlerisch gestalteter Quellpunkt der Blauen Rinne mit einem Förderstrom von 5 l/s gespeist.

Abgekoppelte Flächen

Befestigte Flächen im Straßenraum:	5.021 m²
Dachflächen:	1.759 m²
Gesamte abgekoppelte Fläche:	6.780 m²

Bild 1: Die Ebertstraße vor der Umgestaltung

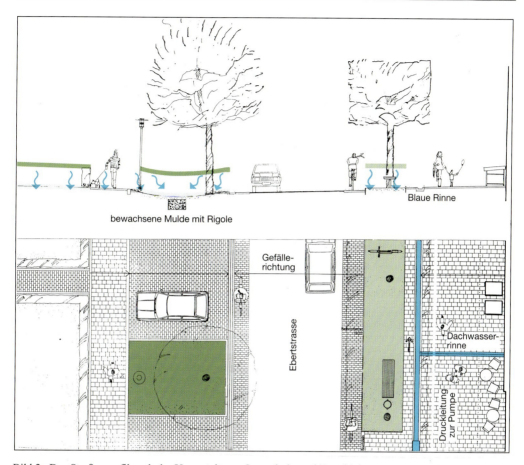

Bild 2: Das Straßenprofil nach der Umgestaltung. Querschnitt und Draufsicht

Bemessung

Zur Ermittlung des Langzeitverhaltens der Anlagen wurde eine Simulation mit einer über 27 Jahre aufgezeichneten Regenreihe durchgeführt. Dimensioniert wurde für eine fünfjährliche Belastung. Das Zisternenvolumen von 20 m³ wird zur Speicherung ergänzt durch ein Rigolenvolumen von 49 m³. Bezogen auf die befestigte Fläche stehen 10,2 l/m² zur Verfügung.

Projektstand

Fertigstellung bis Mitte 1999.

Kosten

Kostenschätzung incl. Planung für Mulden, Rigolen, Blaue Rinne, Zisterne, Zu- und Ableitungen von 414.000 DM.

Projektträger

Stadt Bergkamen

Planung

Regenwasserbewirtschaftung:
itwh Institut für technisch-wissenschaftliche Hydrologie, Prof. F. Sieker und Partner GmbH, Essen und Hannover,
Freiraumplanung:
Gruppen for by-og landskabsplanlaegning, Kolding, Dänemark

Lage

Ebertstraße zwischen Präsidentenstraße und Hubert-Biernat-Straße

3.2 Stadtteilpark City Bergkamen

Regenwasserrückhaltung und -verdunstung in gestalteter Wasserfläche

Im Zentrum von Bergkamen entsteht auf einer ursprünglich für eine Straße vorgehaltenen Fläche ein Stadtpark. Der Parkentwurf setzt dem Betongebirge der City aus den 70er Jahren eine große regenwassergespeiste Wasserfläche entgegen, die eine zentrale Achse aus der Stadt heraus in das Waldgebiet Lüttke Holz beschreibt. Nördlich der Wasserfläche ist eine Promenade mit verschiedenen Aktions- und Erlebnisbereichen für alle Altersklassen vorgesehen. Am Südufer wird mit der schilfbewachsenen "weichen" Kante ein naturnaher Akzent gesetzt. In einer mit Rinnen durchzogenen Wasserlandschaft kommt dem Wasser als Spielelement besondere Bedeutung zu.

Entwässerungskonzept

Von Dachflächen der angrenzenden Bebauung wird Regenwasser gesammelt und in eine ca. 4.000 m² große, lang gestreckte Wasserfläche eingeleitet. Bei vollständiger Füllung fließt das Wasser an mehreren Überläufen in die Rinnen der Wasserlandschaft. Am Tiefpunkt ist eine Zisternengalerie als Speicher angeordnet, von wo Pumpen das Wasser in ein hoch gelegenes Schilfbecken zur biologischen Reinigung im Wurzelraum fördern. Am Fuß des Schilfbeckens wird das Wasser in einer Dränung aufgefangen und über Kaskaden dem großen Wasserbecken wieder zugeführt.

Über regelmäßige Messungen der Pegelstände und der Temperatur werden das Pumpensystem und die Ventile des Systems gesteuert. Das

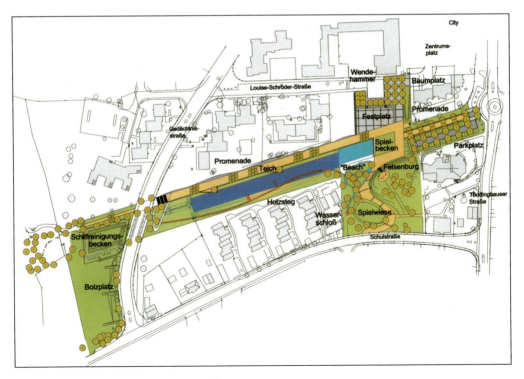

Bild 1: Entwurf Stadtteilpark City

Schilfbecken soll einen Notüberlauf in eine Mulde zur Versickerung und in einen vorhandenen Graben erhalten. Für außergewöhnliche Regenereignisse ist der manuell bedienbare Grundablaß des großen Wasserbeckens an das Kanalsystem angeschlossen. Kleinere Wasserspiele innerhalb des Parks sollen durch Photovoltaik-Pump-Systeme betrieben werden.

Abgekoppelte Flächen

Für einen Betrieb des Systems, der weitgehend unabhängig von einem Grundwasserzuschuß ist, gibt die Planung erforderliche Abkopplungsflächen von 10.000 m² an. Zunächst werden die befestigten Flächen eines Kaufhauses angeschlossen. Der Anschluß weiterer Dachflächen umliegender Wohnbereiche und der City hängt insbesondere von der Mitwirkungsbereitschaft der Eigentümer ab.

Bemessung

Für verschieden große Abkopplungsflächen werden mit mehreren Modellregen und einem

Bild 2: Ein Steg führt in die südliche Flachwasserzone

Jahresniederschlag von 700 mm die Verdunstungs- und Versickerungsverluste errechnet sowie wassertechnischen Einrichtungen (Zisternen, Druckrohrleitung, Notüberlauf) bemessen.

Projektstand

Beginn der Arbeiten 1998;
Fertigstellung 1999.

Kosten

Die Kosten für das Wassersystem mit großem Wasserbecken, Schilfbecken, Bachläufen, Solar-Pumpeinheiten, Zisternengalerien, Grundwasserpumpe, Steuerungssystemen belaufen sich gemäß Kostenschätzung auf netto 420.000 DM (ohne Umfeldgestaltung, Hausanschlüsse der Regenwasserbewirtschaftung und Erdbauarbeiten). Ein Bezug allein auf die zunächst angeschlossenen Flächen ergäbe mit ca. 42 DM/m² einen abwegigen Wert, da wesentlich größere Bereiche angeschlossen werden können und weil der gestalterische Aspekt der Maßnahme im Vordergrund steht.

Projektträger

Stadt Bergkamen

Planung

Regenwasserbewirtschaftung/Freiraumplanung:
Landschaft Planen & Bauen, Berlin

Lage

Zentrum Bergkamen, zwischen Gedächtnisstraße und Töddinghauser Straße

3.3 Gesundheitspark Quellenbusch Bottrop

Regenwasserspeier im Quellgarten, Rückhalte- und Versickerungsmulden

Der Gesundheitspark Quellenbusch liegt im Südwesten von Bottrop zwischen dem in den 30er Jahren errichteten Knappschaftskrankenhaus und dem Revierpark Vonderort. Das Gesundheitshaus und der sich anschließende Gesundheitspark wurden als Einrichtung des Krankenhauses zwischen 1994 und 1997 realisiert. Die Bezeichnung „Quellenbusch" weist auf ein Waldgebiet mit Quellen und Wasserläufen hin. Die ursprünglichen Quellbereiche waren versiegt und nur anhand der zum Teil vorhanden Mulden im Wald zu erkennen. Im Rahmen der Parkplanung wurden diese Bereiche reaktiviert und erweitert. Die Themen Wasser und Wassertherapie finden sich in vielfältigen Formen. Im Wald wurden unter anderem ein Wassertretbecken und ein Ionisator installiert. Der mit Trinkwasser gespeiste Hydroionisator sprüht periodisch Wassernebelwolken in den Wald, die für extrem hohe Luftfeuchtigkeit sorgen und die Atemluft durch Ionenwandlung mit Sauerstoff anreichern. Ein Effekt, der in ähnlicher Weise bei natürlichen Wasserfällen erzielt wird.

Entwässerungskonzept

Die Versickerungswerte des kiesig-sandigen Bodens sind ausreichend, um das Regenwasser der zur Hälfte begrünten Dachflächen des Gesundheitshauses und Dachflächenteile des alten Krankenhauses aufzunehmen. Die Versickerung im direkten Umfeld des Krankenhauses wurde aber aus Platzmangel nicht realisiert. Zudem sollte das Wasser innerhalb der Gärten und des Parks verwendet und gestalterisch eingesetzt werden.

Das Dachwasser des neuen Gesundheitshauses und eines Teils der Dachflächen des Knappschaftskrankenhauses wird über Grundleitungen gesammelt und zu einem Regenwasserspeicher geführt. Von dort aus fließt das Wasser über Mulden und Rinnen in die Tiefe des Waldes, wo es

Bild 1: Gesundheitshaus

letztendlich versickert. Die vorhandenen Mulden und Gräben wurden teilweise aufgeweitet und mit Staubereichen versehen. Das Regenwasser ist dadurch eine Zeitlang sichtbar und erlebbar gemacht und wird zum Bestandteil des Wassertherapiebereiches.

Abgekoppelte Flächen

Bisher abgekoppelte Fläche:

Gesundheitshaus mit Dachbegrünung	640 m²
Gesundheitshaus	560 m²
Knappschaftskrankenhaus	1.050 m²
insgesamt	2.250 m²

Projektstand

Fertiggestellt seit 1997.

Bild 2: Ionisator

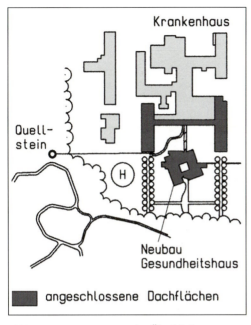

Bild 3: Regenwassersystem im Überblick

Kosten

Für die Regenwasseranlagen inclusive Grundleitungen, Quellspeier und Bearbeitung der Mulden (Bepflanzung und Findlinge) wurden ca. 20.000,- DM aufgewendet. Damit ergeben sich für die Regenwasserelemente etwa 8,90 DM pro angeschlossenem Quadratmeter A_{red}.

Projektträger

Stadt Bottrop
Bundesknappschaft
Verein Gesundheitspark Quellenbusch

Planung

Regenwasserbewirtschaftung:
Konzept der itwh, Prof Sieker und Partner, Essen und Hannover
Landschaftsarchitekten:
Planungsbüro Drecker, Bottrop
AG Freiraum Dittus, Freiburg

Lage

Bottrop, Osterfelder Straße

Bild 4: Aus dem Quellstein am Waldrand (oben) fließt das Regenwasser in Mulden und Rinnen

3.4 Dienstleistungspark Innenhafen Duisburg

Verzögerte Ableitung über Grachten und altes Hafenbecken als Elemente der Stadtgestaltung, Versickerung

Während der Duisburg-Ruhrorter Hafen als einer der größten Binnenhäfen Europas nach wie vor große wirtschaftliche Bedeutung hat, büßte der Duisburger Innenhafen in den letzten Jahrzehnten seine Rolle als Getreide- und Holzumschlagplatz und „Brotkorb des Ruhrgebietes" immer mehr ein. Die imposanten Getreidespeicher und Kornmühlen verloren ihre Funktion. Auf der Basis eines Masterplanes wird nun das bisher isolierte Areal des Innenhafens als Dienstleistungspark mit der nahen Innenstadt verbunden bei gleichzeitiger Öffnung der City zum Wasser. Mit Umnutzung der denkmalgeschützten Gebäude entwickelt sich ein neuer urbaner Lebensraum, in dem Arbeiten, Wohnen und Freizeit miteinander verbunden sind. Alle Planungen haben einen direkten Bezug zum alten Hafenbecken. Das Thema Wasser wird besonders

herausgestellt. Im östlichen Innenhafen wird der Wasserspiegel angehoben – aus stadtgestalterischen und wassertechnischen Gründen, aber auch zur besseren Freizeitnutzung. In Verbindung damit werden quer dazu drei im Mittel 100 m lange und 10 m breite Grachten geschaffen. Gesäumt werden sie durch je zwei Gebäudezeilen mit ca. 500 hochwertigen Eigentumswohnungen. Für diesen bisher am weitesten entwickelten südöstlichen Bereich spielt das Regenwasser eine herausragende Rolle im System der Wasserbewirtschaftung und -präsentation.

Entwässerungskonzept

Das Schmutzwasser der alten und neuen Gebäude wird von der bestehenden Mischkanalisation aufgenommen. Das Regenwasser der Dachflächen und versiegelten Oberflächen von den am Hafenbecken stehenden Gebäuden wird unmittelbar ins Hafenbecken geleitet – künftig über ein Mulden-Rigolen-System. Für die neue Wohnbebauung wurde ein abgestuftes System von

Bild 1: Wohnen an der Gracht im Innenhafen in Duisburg. Im Hintergrund altes Speichergebäude

Reinigen, Drosseln, Gestalten, Verdunsten, Versickern und Ableiten ohne Benutzung der Kanalisation geschaffen.

Trotz der hohen Durchlässigkeit des Untergrundes verbietet sich eine direkte Versickerung wegen der besonderen Grundwassersituation. In unmittelbarer Nähe von Rhein und Ruhr schwankt der Grundwasserspiegel sehr stark. Zeitweilig ist der Flurabstand minimal. Steigende Flußwasserstände dämpfen den Grundwasserabfluß. Bei Hochwasser kehrt sich die Fließrichtung sogar um.

Das gewählte Regenwassersytem ist mehrstufig. Von dem insgesamt 62.500 m² großen Bauareal fließt alles Niederschlagswasser in Mulden, die in den Freiflächen angelegt sind. Nach der reinigenden Bodenpassage wird es gedrosselt in darunter liegenden Rigolen aufgefangen, die nach unten und seitlich abgedichtet sind. Durch Dränrohre ergänzt haben sie allein die Aufgabe, alles Wasser zu den Grachten zu führen. Die sichtbaren Einleitungsstellen sind durch gestalterische Elemente und durch Kleinbiotope so ausgebildet, daß die Funktion der Gracht für das Niederschlagswasser erkennbar ist. Das Regenwasser

Bild 2: Schrägluftbild Innenhafen

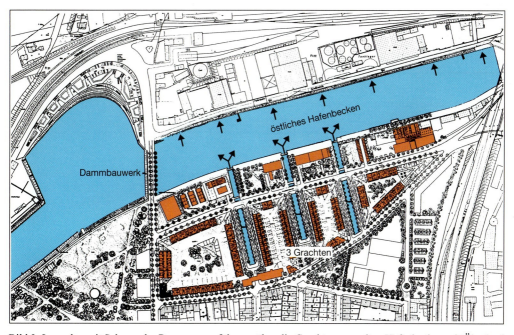

Bild 3: Lageplan mit Schema der Regenwasserführung über die Grachten zum alten Hafenbecken mit Überlauf.

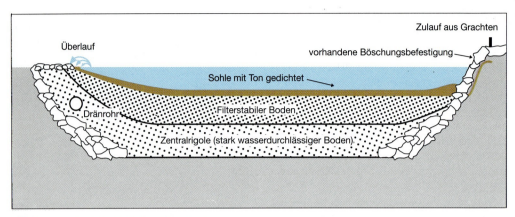

Bild 4: Querschnitt des östlichen Hafenbeckens

aus den für den Autoverkehr nicht zugelassenen Wegeflächen um die Grachten wird oberflächig in eine 1 m breite Rinne rechts und links der Grachten eingeleitet.

Die Grachten sind gegen das Grundwasser abgedichtet. Um einen bestimmten Wasserspiegel auch in trockenen Zeiten zu halten, ist im Kopfbereich der Grachten je ein Brunnen angeordnet, aus dem als Verdunstungsausgleich kühles Grundwasser mittels Sonnenenergie gefördert und über einen künstlerisch gestalteten „Quellbereich" in die Gracht geleitet wird. Die Förderleistung ist stets ein Abbild der Lichteinstrahlung.

Wird bei Wasserüberschuß der Sollwasserstand in der Gracht überschritten, findet ein Überlauf in das alte östliche Hafenbecken statt, dessen eingestauter Wasserspiegel gut 1 m tiefer liegt als der in den Grachten. Die Sohle des alten Beckens wurde aufgehöht. Dabei ist unten eine 2,5 m dicke „Zentralrigole" aus einem Kies-Sand-Gemisch geschaffen worden. Die Rigole wird am Norufer in der Böschungsneigung bis zum Beckenwasserspiegel hochgezogen. Im übrigen Bereich liegt über der Rigole eine 3,5 m dicke Bodenauffüllung, auf die als neue Beckensohle eine zweilagige Tonabdichtung aufgebracht ist, die auch die Böschungen bis zum Wasserspiegel bedeckt. Vom restlichen Hafen ist das östliche Becken abgetrennt durch ein Querungsbauwerk als Fangdammkonstruktion aus Stahl mit innenliegendem großen Stauraumkanal für die bestehende Mischwasserkanalisation.

Die Zentralrigole hat zwei Aufgaben: einmal die Grundwasserströmung zwischen Nord und Süd trotz der Sohlaufhöhung zu erhalten, zum anderen das aus dem Hafenbecken am Nordufer überlaufende Regenwasser aufzunehmen, zu speichern und ins Grundwasser einzuleiten. Die Versickerungsleistung ist vom Rheinwasserspiegel abhängig. Während eines Rhein-Ruhr-Hochwassers und gleichzeitig starken Niederschlägen wird das Wasser über eine Dränleitung in ein benachbartes Hafenbecken geleitet.

Bemessung

Die Abflüsse in den einzelnen Teilen des hydraulischen Systems wurden aus dem Bemessungsregen $r_{15(n=1)} = 100$ l/(s · ha) ermittelt. Die Versickerungsleistung der Zentralrigole über dem stark durchlässigen Untergrund (alluviale Kiese)

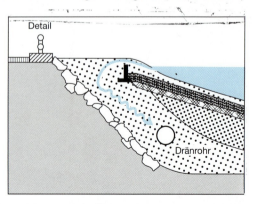

Bild 5: Details des Überlaufs aus dem Hafenbecken in die Zentralrigole

wurde nicht nachgewiesen. Eine Wasserbilanz für Grachten und Innenhafen weist die Verdunstungsverluste und den Bedarf an solargefördertem Grundwasser in Trockenzeiten nach. Die maximale Pumpenleistung je Gracht liegt bei 140 m³ pro Tag.

Abgekoppelte Flächen

Im gesamten Grachten- und Innenhafengebiet wird das Regenwasser von der Mischwasserkanalisation abgekoppelt. Die befestigte Fläche A_{red} ist 4,6 ha groß.

Projektstand

Die Wohnbebauung um die erste Gracht wurde bis Ende 1997, die Auffüllung des Hafenbeckens und der Absperrdamm Mitte 1998 fertiggestellt. Der Ausbau der ehemaligen Speichergebäude und die Fertigstellung weiterer Wohngebäude wird sukzessive in den kommenden Jahren erfolgen.

Kosten

Die Gesamtaufwendungen zur Herrichtung des Erlebnisraumes Innenhafen werden mit 19 Mio DM errechnet. Darin sind auch enthalten die Kosten für:

– Mulden, Rigolen und Rohre,

– Erstellung der drei Grachten,

– Umbau des Hafenbeckens mit Sperrdamm,

– Zentralrigole und solarbetriebenes Rückpumpsystem.

Der auf die Regenwasserbewirtschaftung entfallende Anteil ist nicht zu ermitteln.

Projektträger

Entwicklungsgesellschaft Innenhafen Duisburg GmbH

Planung

Regenwasserbewirtschaftung:
Abdou GmbH, Wasserbau und Umwelttechnik, Duisburg

Lage

Duisburg-Altstadt, Innenhafen, Philosophenweg

Bild 6: Bauarbeiten zur Herstellung der Zentralrigole unter dem östlichen Hafenbecken

3.5 Landschaftspark Duisburg-Nord
Duisburg-Meiderich

Wassersammlung, Retention, Speisung eines Gewässers

Der Landschaftspark Duisburg-Nord ist ein herausragendes Beispiel für einen industriell geprägten Park. Er umfaßt über 200 ha Fläche, vorwiegend Industriebrachen, rund um das stillgelegte aber erhaltene Hochofenwerk Meiderich. Bei der Gestaltung des Parks spielen die Bewahrung industriegeschichtlicher Zeugnisse und die Entwicklung der spontanen Vegetation die zentrale Rolle.

Der Landschaftspark wird auf einer Länge von etwas mehr als 3 Kilometern von der Alten Emscher durchflossen. Als offener Schmutzwasserlauf wird sie durch das Abwasser der Haushalte und der Industrie gespeist. Aufgrund von Bergsenkungen wurde der Mündungsbereich der Emscher 1914 nach Norden verlegt, so daß keine Verbindung der alten Mündungsstrecke zum Hauptstrom der Emscher mehr besteht.

Der Restwasserlauf entwässert über ein Pumpwerk in den Rhein. Ihm fehlt aber die Quelle. Neben dem Regenwasser aus dem Mischsystem wird „sauberes" Wasser nur aus einem nahegelegenen Polderbereich eingeleitet. Eine Pumpe senkt hier den Grundwasserspiegel ab und leitet kontinuierlich zwischen 10 und 20 l/s Wasser in die Alte Emscher.

Im Rahmen des Umbaus des Emscher-Systems wird jetzt der Schmutzwasserlauf auf gesamter Länge umgestaltet: Das Schmutzwasser wird künftig parallel zum Gewässer in einem Rohr geführt, das Gewässerbett wird aus seiner extremen Tieflage angehoben und mit Ton gedichtet. Im Verlauf der alten Trasse wird eine Folge ökologisch leistungsfähiger Gewässerabschnitte mit Tief- und Flachwasserbereichen, bewachsenen Ufer- und Sumpfzonen, Kies- und Sandbänken und temporär feuchten Stellen geschaffen. Der mittlere Teil wird zum sogenannten „Klarwasserkanal". Mangels Grundwasserzufluß ist dieser

Bild 1: Der zentrale Parkbereich rund um das ehemalige Hochofenwerk; der Klarwasserkanal in der Trasse der Alten Emscher ist im Bau.

„Wasserpark" im wesentlichen auf das Oberflächenwasser der versiegelten Flächen des Landschaftsparkes angewiesen. So entsteht ein neues Gewässer, das nicht Formen eines natürlichen Bachbettes kopiert, sondern in einer durch die industrielle Nutzung vollkommen überformten Landschaft seinen künstlichen Ursprung nicht verleugnet.

Im Landschaftspark, insbesondere im ehemalige Hüttenwerk mit seinen großen versiegelten Flächen, soll möglichst viel Regenwasser gesammelt, gedrosselt, gereinigt und dosiert in die regenwassergespeisten Gewässerstrecken eingeleitet werden. Die Sammlung und Nutzung des Wassers soll auf seinem gesamten Weg möglichst ablesbar und nachvollziehbar, in allen Zusammenhängen erfaßbar sein.

Entwässerungskonzept

Das Regenwasser wird im Bereich des ehemaligen Hüttenwerks zu etwa 95 % von der vorhandenen Mischwasserkanalisation zur Speisung des Gewässers abgekoppelt. Nur einige Restflächen und nicht anschließbare Dächer entwässern

weiter in die alte Kanalisation. Eine Flächenentsiegelung und gezielte Versickerung schied aufgrund der zum Teil vorhandenen Schadstoffe im Boden in vielen Bereichen des Hüttenwerkes aus.

Über ein Sammelsystem, die sogenannten „Wasserpfade", mit Rohrleitungen, offenen Rinnen, Retentionsbereichen und Zwischenspeichern wird das Regenwasser in freiem Gefälle in Richtung Alte Emscher geführt.

Schotterpackungen und Mulden drosseln den Abfluß auf dem Fließweg. Von einigen Dächern stürzt das Wasser durch geschlossene Hochleitungen und Wasserspeier in Becken und Teiche ab. Der Parkbesuch wird so auch während und nach einem Regenfall zum Erlebnis. Rückhaltevolumen wird in den vorhandenen ehemaligen Kühltassen, tiefen Bunkertaschen und großen Klärbecken vorgehalten. Ein ergiebiges Regenereignis wird durch den gedrosselten Abfluß in seiner Auswirkung deutlich verlängert und damit für den Parkbesucher auch später noch sichtbar. Die Rückhaltepotentiale sind beträchtlich. Für eine befestigte Fläche von fast 16 ha im al-

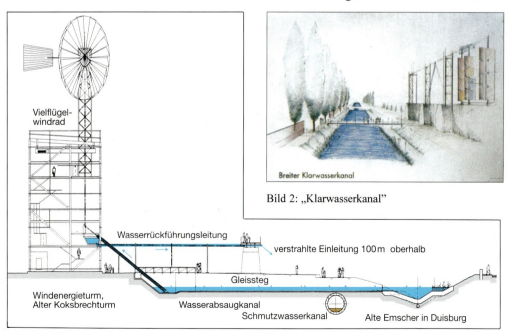

Bild 2: „Klarwasserkanal"

Bild 3: Umwälzung von Wasser zur Sauerstoffanreicherung aus der Alten Emscher (Klarwasserkanal) mittels Windrad auf einem alten Koksbrechturm

Bild 4: Von den Regenfallrohren gelangt das Wasser in offene Rinnen, die es weiter in Richtung Alte Emscher leiten

Bild 5: Rohrleitungen können in vorhandenen Konstruktionen untergebracht werden und Barrieren überbrücken. An den Abstürzen kommt es bei Regen zu spannenden Wasserspektakeln

ten Hüttenwerk stehen Speichervolumen von 16.000 m³ zur Verfügung, das sind rd. 100 l/m². Damit wird es gelingen, eine Stoßbelastung der Alten Emscher zu vermeiden und vor allem dem Gewässer während der Sommermonate zum Ausgleich der Verdunstungsverluste und zur Senkung der Temperatur genügend Wasser aus regenreichen Perioden zuzuführen. Auf dem Weg zur Alten Emscher wird das Regenwasser in unterschiedlichen Stufen gereinigt. Schotterpakkungen und Becken sorgen für eine mechanische Klärung. In bepflanzten Teichen finden biologische Prozesse statt. Ferner soll durch eine Windanlage das Wasser umgewälzt, verstrahlt und mit Sauerstoff angereichert werden.

Abgekoppelte Fläche

Im Hüttenwerksbereich sind 22.000 m² Dachflächen und weitere 138.000 m² befestigte Flächen an das Wassersammelsystem angeschlossen. 95 % davon, das sind 152.000 m², wurden abgekoppelt.

Bemessung

Für die Auslegung der Rinnen und Speicherelemente wurde die ortsspezifische Regenspende von $r_{10(n=1)} = 120$ l/(s · ha) und ein nur alle 20 Jahre auftretender extrem intensiver Regen (n = 0,05 1/a) angenommen. Das Rückhaltevolumen des Regenwassersammelsystems bestehend aus den ehemaligen Kühltassen, Klärbecken und Tiefbereichen der Erzbunkeranlage innerhalb des Hüttenwerkes beträgt etwa 16.000 m³ das sind 100 l/m² befestigter Fläche. Der durch die Vielzahl der nacheinander geschalteten Zwischenspeicher erreichte Drosseleffekt läßt sich nach Starkregenereignissen am lang anhaltenden kontinuierlichen Abfluß aus den Wasserpfaden beobachten.

Projektstand

Das Wassersammelsystem des Landschaftsparks ist fertiggestellt. Die Alte Emscher ist in Teilen bereits umgestaltet und wird 1999 als Wasserpark realisiert sein.

Kosten

Wassersammelsystem inkl. Retentionsbecken und Umwälzung mittels Windturm ca.

Bild 6: Kühltasse mit Seerosen speichert und reinigt Regenwasser

Bild 7: Rückhalte- und Schönungsteich am Parkeingang Alte Emscher

Bild 8: Wasserfall in den Stahltrichter

Bild 9: Fließstrecke mit Schotterpackung

3 Mio DM, auf die abgekoppelte Fläche umgelegt ergibt das Kosten von ca. 20 DM/m².

Projektträger

Landesentwicklungsgesellschaft NRW als Treuhänder der Stadt Duisburg;
Emschergenossenschaft, Essen, für die Alte Emscher

Planung

Gewässer und Wasserpfade:
Entwurf: Latz+Partner, Kranzberg, mit Korte + Greiwe, Beckum
Bauleitung: Büro Latz-Riehl-Schulz, Kassel, und Emschergenossenschaft

Lage

Duisburg-Meiderich, Emscherstraße/Lösorter Straße, südlich der BAB 42, Autobahnkreuz BAB 59

3.6 Evangelische Gesamtschule Gelsenkirchen-Bismarck

Gründächer, Rohr-Rigolen- und Mulden-Rigolen-Versickerung

Als Bestandteil eines neu entwickelten Wohngebiets mit rd. 100 Wohnungen in dem Stadtteil mit besonderem Erneuerungsbedarf Gelsenkirchen-Bismarck (s. auch Beispiel 1.6) baut die Evangelische Kirche von Westfalen eine fünfzügige Gesamtschule. Das Schulkonzept ist multikulturell und multikonfessionell orientiert, es verbindet theoretisches, praktisches und soziales Lernen. Die Gemeinschaftsräume von der Aula bis zu den Werkstätten werden als Begegnungsstätte für den Stadtteil zur Verfügung gestellt. Am Architektur- und Umweltkonzept der in Holzbauweise errichteten Schule wurden Eltern, Lehrer und Schüler beteiligt, die bei der Einrichtung ihrer Klassenräume zusammen mit arbeitslosen Jugendlichen selbst mit Hand anlegten. Alle Dachflächen sind extensiv begrünt.

Entwässerungskonzept

Im benachbarten Gebiet betreibt die Gelsenkanal GmbH einen Mischwasserkanal. Daran ist das Schmutzwasser der Schule angeschlossen. Das Niederschlagswasser wird weitestgehend über Rigolen versickert bei Durchlässigkeitsbeiwerten des Bodens um 10^{-5} m/s. Bis auf eine Ausnahme stehen im Gelände keine ausreichenden Flächen für eine Mulden-Versickerung zur Verfügung.

Von den extensiv begrünten Dächern fließt überschüssiges Wasser über Fallrohre in Grundleitungen mit 60 cm Erdüberdeckung. Sie münden über Absetzschächte in 11 Rohr-Rigolen-

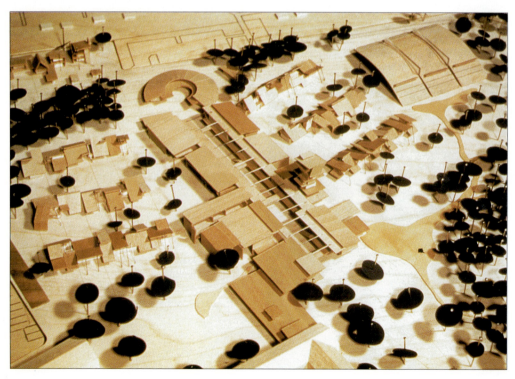

Bild 1: Modellfoto

Stränge mit insgesamt etwa 500 m Länge und einem einheitlichen Querschnitt von 1,2 m². Die Rigolen sind mit Kies gefüllt, mit Vlies ummantelt und 30 cm mit Oberboden überdeckt. Der Porenanteil liegt bei 35 %. Von den Gebäuden wurde ein Abstand von 6 m weitestgehend eingehalten. Vereinzelte Unterschreitungen werden toleriert, weil der Durchlässigkeitsbeiwert um eine Zehnerpotenz geringer ist als der im Arbeitsblatt A 138 dafür zugrunde gelegte Wert. Der Grundwasserstand schwankt in seiner Höhe um rd. 1 m. Die Rigolensohle hält einen Mindestabstand von 75 cm vom maximalen Wert. Der sonst übliche Abstand von 1 m konnte unterschritten werden, weil bei der mitteldichten bis dichten Lagerung die gewachsenen schluffigen Sande in der Reinigungsleistung einer 1 m dicken Kiesschicht nicht nachstehen.

Unmittelbar am Bibliotheksgebäude ist ein gedichteter Teich angelegt, der mit Wasser von Dächern beschickt wird. Ein gepflasterter Überlauf leitet überschüssiges Wasser in eine Mulden-Rigolen-Kombination. Wegen möglicher organischer Verschmutzungen muß hier über belebten Oberboden in einer Mulde versickert werden, die einzige Ausnahme von der direkten Rigolen-Versickerung.

Hofflächen, die von Anlieferern und Müllfahrzeugen befahren werden, sind wie die Belagsflächen des Pausenhofes an den Mischwasserkanal angeschlossen. Die gesamten Wege im Schulgelände entwässern seitlich in die angrenzende Vegetation.

Bemessung

Als ortsspezifische Regenspende wurde $r_{15(n=1)}$ = 120 l/(s · ha) angenommen. Es wurde nach ATV-Arbeitsblatt 138 mit n = 0,2 1/a und k_f = 10⁻⁵ m/s bemessen.

Abgekoppelte Flächen

Befestigte Flächen A_{red}:   15.300 m²
Davon:
Gründächer   10.830 m²
An Mischwasserkanal angeschlossen   4.270 m²

Versickert wird von 11.030 m², das sind 72 % aller befestigten Flächen.

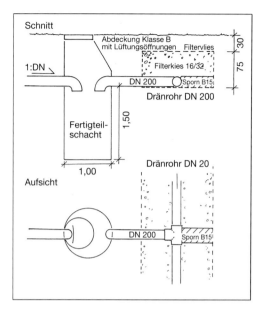

Bild 2: Absetzschacht vor einer Rohr-Rigole

Kosten

Es werden Gesamtkosten von 74.000 DM kalkuliert – für 500 m Rohr-Rigolen 55.000 DM und für 10 Absetzschächte 19.000 DM, das sind 6,70 DM/m² befestigter Fläche.

Projektstand

Fertigstellung Ende 1999.

Projektträger:

Evangelische Kirche von Westfalen

Planung

Regenwasserbewirtschaftung und Freiraumgestaltung:
Christoph Harms, Garten- und Landschaftsarchitekt, Tübingen
Architektur:
Büro plus+ Bauplanungs GmbH, Prof. Hübner, Martin Busch, Neckartenzlingen

Lage

Gelsenkirchen-Bismarck, Laarstraße/Sellmannsbachstraße

3.7 Landschaftspark Nordstern – BUGA 1997 Gelsenkirchen-Horst

Inszenierung von Wasser im Park, Versickerung, Rückhaltung

Auf dem Gelände der ehemaligen Zeche Nordstern und der zugehörigen Kokerei ist ein Landschafts- und Gewerbepark entstanden. Wesentliche Bereiche des Areals sind im Rahmen der Bundesgartenschau (BUGA) 1997 gestaltet worden, ohne die Bergbauvergangenheit zu leugnen. In dem denkmalgeschützten alten Zechenensemble sind Gewerbebetriebe angesiedelt. Daran schließen sich künftig eine neue Gewerbebebauung und das Projekt „Wohnen am Bugapark" an.

Das Element Wasser ist ein zentrales Thema in diesem Park: Die Emscher und der Rhein-Herne-Kanal verlaufen durch das Gelände und gliedern es. Mehrere neue Brückenbauwerke heben beide Gewässer bewußt durch einen ästhetischen Akzent hervor, obwohl die Emscher kein intakter Fluß, sondern derzeit noch ein kanalisierter Schmutzwasserlauf ist. Ständige Geländeabsenkungen infolge des unterirdischen Kohleabbaus waren der Grund für die unkonventionelle Abwasserableitung in der Region. Als Hypothek des früheren Bergbaus sind auch Teile des Nordsternparks abgesunken und liegen nun als Polder tiefer als der Wasserspiegel der Emscher. Ein Vorflutpumpwerk der Emschergenossenschaft sorgt für die Entwässerung. In dem für die Bundesgartenschau umgestalteten Pumpwerk werden der begonnene Umbau des Emscher-Systems mit künftig sauberen Gewässern erläutert und die besondere Situation der Polderbewirtschaftung in der Emscherzone (fast 40 % des Emschergebietes müssen künstlich entwässert werden) anhand von Schautafeln und Modellen dargestellt.

Auf den Umgang mit dem Regenwasser bezogen stellt sich in einem Poldergebiet die Frage, ob eine Regenwasserversickerung auch innerhalb solcher Gebiete sinnvoll ist, aus denen alles Wasser, auch das versickerte Regenwasser, gepumpt werden muß. Zwar wird durch eine ökologische Regenwasserbewirtschaftung die Jahresfördermenge allenfalls durch den größeren Verdunstungsanteil reduziert, die starke Drosselung der Abflußspitzen bei Regenfällen ermöglicht aber einen vergleichmäßigten Abfluß und damit kleiner dimensionierte Fördereinrichtungen.

Bild 1: Regenwasser ist Gestaltungsmittel für die große Treppe am Festplatz

In einem ehemaligen Zechen- und Kokereigelände setzen aber Altlasten enge Grenzen für die

Bild 2: Pumpwerk der Emschergenossenschaft (links). Pyramide und Festplatz im Hintergrund (rechts).

Bild 3: Festplatz mit Freitreppe und Wasserspiel

Regenwasserversickerung. Schwerpunkte des Regenwassermanagements wurden hier deshalb bei der Gestaltung mit Wasser, bei der Rückhaltung und verzögerten Ableitung gelegt.

Ein alter Holzkühlturm, ein Element des ehemaligen Wasserkreislaufs der Zeche, wurde zur künstlerischen Darstellung von Wasserphänomenen genutzt. Erscheinungsformen des Wassers

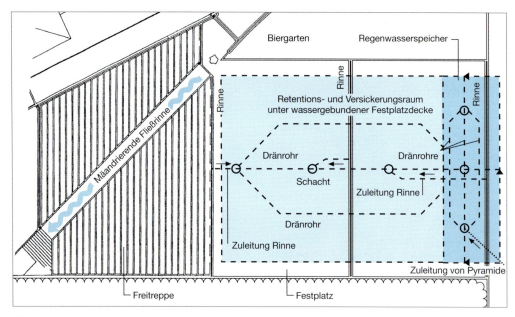

Bild 4: Lageplan Freitreppe und Festplatz mit darunterliegenden Einrichtungen zur Regenwasserbewirtschaftung

wie Nebel und verschiedene Intensitäten von Regen waren im Innern des Turms erlebbar (Bilder dazu s. Beitrag LONDONG: Die IBA und das Wasser). Die körperlich fühlbaren Wasserereignisse wurden durch zusätzliche Licht- und Klangeffekte unterstützt.

Entwässerungskonzept

Das Gelände war zur Zeit der industriellen Nutzung stark befestigt. Die Oberflächenabflüsse wurden im Regelfall zusammen mit dem Schmutzwasser in ein Mischwassersystem eingeleitet. Zum Teil wurde Regenwasser für den Wasserkreislauf der Industrieanlagen (Kühlsystem) genutzt.

Für den Eingangsbereich des neuen Nordsternparks wurde ein Wasserbewirtschaftungskonzept entwickelt, das eine kombinierte Sammlung, Reinigung, Speicherung, Nutzung und Versickerung ermöglicht. Der Festplatz mit anschließendem Biergarten wurde auf einer Fläche von 6.430 m² um 3 m über dem ursprünglichen Geländeniveau angelegt. Eine breite, langgezogene Freitreppe schafft den Zugang. Der Platz erhielt einen versickerungfähigen Oberbodenaufbau und darunter einen 13.000 m³ großen Retentions- und

Versickerungsraum aus porenreichem Material (Blähton). Ein großes Speichervolumen wird schon deshalb benötigt, weil der anstehende Boden nur einen Durchlässigkeitsbeiwert von $k_f = 10^{-6}$ aufweist. Das anfallende Regenwasser gelangt zum Teil durch die Festplatzdecke unmittelbar in den Speicher, um dann langsam zu versickern. Bei Starkregenereignissen entsteht ein Oberflächenabfluß. Um sicherzustellen, daß dieser Wasseranteil nicht über die Treppe abfließt, wird er in Aco-Rinnen aufgenommen, dann in Senkkästen von Grobstoffen befreit und über Verteilungsschächte in die durch ein Vlies geschützte Retentions- und Sickerschicht geführt.

Am Rand des Platzes ist ein Teil des darunter liegenden Retentions- und Versickerungsraumes abgetrennt und allseitig abgedichtet. Dieser ebenfalls mit Blähton gefüllte Raum dient als Regenwasserspeicher für Wasserspiele im Eingangsbereich. Er wird über einen Filterschacht mit Niederschlagswasser beschickt, das vor allem aus einem südlich des Festplatzes liegenden 12.000 m² großen Bereich stammt. Auf diesem Gelände wurde eine vorhandene Halde pyramidenförmig zu einem Landschaftsbauwerk gestaltet. Um einen möglichen Sauerstoffzutritt in die Bergehalde zu verhindern und damit die

Brandgefahr des Haldenkörpers zu minimieren, wurde der Körper unter einer Rasendecke mit einer Tonschicht gedichtet, auf der das Regenwasser abläuft.

Die Wasserspiele beleben den Eingangsbereich. Eine etwa 60 m lange Wasserrampe quert die große Rampentreppe diagonal und wird von den Besuchern gekreuzt. Innerhalb der etwa 4 m breiten Rampenkonstruktion aus Naturstein sind Strömungsmuster mit einem Hochdruckwasserstrahl ausgeschnitten worden. Das durch Pumpen umgewälzte Wasser fließt zum Teil unter den aufgeständerten Platten hindurch und mündet in ein Wassersammelbecken.

Vor dem Gebäude der ehemaligen Sieberei und dem Förderturm am anderen Ende des Festplatzes liegt der obere Brunnen. Er besteht aus einer linearen Sammelrinne, welche die Linie des nach Süden führenden Hauptweges aufnimmt, einigen intarsienartig in den Pflasterbelag eingebauten Fließrinnen und dem „Klinkerkeil", einer sich auffächernden Wassertreppe. Sie wird durch eine 16 m lange querliegende „Wasserflöte" mit einem gleichmäßig ausströmenden Wasserfilm benetzt. Durch die sich auffächernden Stufenbreiten und unterschiedlichen Lichteinfall entsteht ein abwechslungsreiches Wasserspiel.

Innerhalb des neuen Nordsternparkes sind die Flächen nur gering befestigt, anfallendes Niederschlagswasser wird in altlastenfreien Grünflächen unmittelbar versickert.

Auf dem Gelände zwischen Emscher und Rhein-Herne-Kanal waren wegen der Kokerei-Vornutzung umfangreiche Oberflächenabdichtungen erforderlich. Das hier anfallende Niederschlags- und Dränwasser der Altlastenteilflächen wird gesammelt und zentral einem großflächigen Rückhaltebecken im Gelände zugeführt. Nicht verdunstetes Überschußwasser wird mit kleinem Förderstrom in die Emscher gepumpt.

Das Niederschlagswasser im alten Zechenensemble muß weiterhin über Mischwasserkanäle abgeleitet werden. Für den geplanten Buga-Wohnpark ist aber ein bewußter Umgang mit dem Regenwasser vorgesehen. Bodenverunreinigungen lassen allerdings keine Versickerung zu, sondern nur eine Drosselung und eine ge-

staltitische Darstellung des Wassers im Freiraum.

Projektstand

Der Park mit seinen Wasserspielen und Rückhalteeinrichtungen wurde bis Anfang 1997 zur Bundesgartenschau fertiggestellt. Das geplante Wohngebiet und das Gewerbe- und Industriegebiet sollen bis 1999 realisiert werden.

Projektträger

Bundesgartenschau:
BUGA 1997 GmbH
Landschafts- und Gewerbepark:
Nordstern Park GmbH

Planung

Regenwasserbewirtschaftung:
itwh Institut für wissenschaftlich-technische

Bild 5: Der vom Wasser überströmte Klinkerkeil wird gern als Ort des Spielens genutzt.

Hydrologie, Prof. Sieker u. Partner GmbH, Hannover und Essen
Rahmenplanung Städtebau und Landschaftsgestaltung:
Prof. Pridik + Freese GbR, Marl,
PASD Feldmeier und Wrede, Hagen
Städtebauliche Gestaltung Nordsternplatz:
Prof. Sieverts, Bonn

Wasserinstallationen im Gelände und im Kühlturm:
Atelier Dreiseitl, Überlingen

Lage

Gelsenkirchen-Horst, An der Rennbahn/Kranefeldstraße

Nachweise

Kurzzeichen

Kurzzeichen	Bedeutung	Einheit
a	Jahr	
A_E	Fläche des Einzugsgebietes einer Entwässerungsanlage	m²; ha
A_{ges}	Summe mehrerer Flächenanteile, Gesamtfläche	m²; ha
A_{red}	befestigte Fläche	m²; ha
A_s	Versickerungsfläche	m²
ATV	Abwassertechnische Vereinigung	
BMFT	Bundesministerium für Forschung und Technik (heute BMBF)	
BNatSchG	Bundesnaturschutzgesetz	
BTX	Benzol, Tuluol, Xylol	
BUGA	Bundesgartenschau	
d	Tag oder Durchmesser	
DTV	durchschnittliche tägliche Verkehrsmenge	Fahrzeuge/24 h
EG	Emschergenossenschaft	
GOK	Geländeoberkante	
ha	Hektar	
IBA	Internationale Bauausstellung	
k_f	Durchlässigkeitsbeiwert	m/s
l	Liter	
LEG	Landesentwicklungsgesellschaft	
LV	Lippeverband	
LWG	Landeswassergesetz	
m	Meter	
min	Minuten	
MRS	Mulden-Rigolen-System	
MURL	Ministerium für Umwelt und Landwirtschaft in NRW	
n	Häufigkeit, Regenhäufigkeit	1/a
NRW	Nordrhein-Westfalen	
OPTIWAK	BMFT-Forschungsprojekt „Optimierung des Wasserkreislaufs" in Dortmund und Zwickau	
PAK	Polycyclische Aromatische Kohlenwasserstoffe	
Q	Durchfluß, Abfluß	l/s; m³/s
r	Regenspende	1/(s · ha)
RWV	Regenwasserversickerung	
s	Sekunde	
T	Regendauer	min
T_n	Wiederholungszeitspanne	a
THS	Treuhandstelle für Bergmannswohnstätten	
WE	Wohneinheit	
WHG	Wasserhaushaltsgesetz der Bundes	

Begriffe

Abflußbeiwert

Verhältnis des abfließenden Regenwassers zum Gesamtregenwasser.

Abkoppeln

Niederschlagswasserabflüsse von bebauten und befestigten Flächen nicht mehr sofort in den Kanal führen, sondern versickern, verdunsten oder gedrosselt in ein Oberflächengewässer einleiten.

Altlasten

Umweltgefährdende Bodenverunreinigungen.

Befestigte Fläche (A$_{red}$)

Befestigter Teil des angeschlossenen Entwässerungsgebietes. Die befestigte Fläche ist nicht wasserundurchlässig wie die versiegelte Fläche (m²; ha).

Bemessungsregenspende (r$_{r,n}$)

Regenspende, nach der Bauteile bemessen werden, mit zugehöriger Regendauer und Regenhäufigkeit (1/(s · ha)).

Dezentrale Versickerung

Versickerung von Regenwasser auf demselben Grundstück, auf dem der Regenabfluß entsteht oder in unmittelbarer Nähe davon.

Durchlässige Befestigungen

Bodenbefestigungen mit Abflußbeiwerten um 0,2 bis 0,5. Dazu gehören wassergebundene Decken, Schotterrasen und Pflasterbeläge mit hohem Fugen- oder Lochanteil.

Durchlässigkeitsbeiwert (k$_f$)

Drückt die Wasserdurchlässigkeit des Bodens aus. Sie hängt stark u. a. von der Lagerungsdichte, der Korngröße und ihrer Verteilung ab (m/s).

Emscher-System

Im Einzugsgebiet der Emscher, das ist die Kernzone des „Ruhrgebiets", kam es ständig zu Störungen der Abflußverhältnisse durch bergbaubedingte Bodensenkungen. Abwasser wurde deshalb aus hygienischen Gründen außerhalb der Kernbebauung offen in den Oberflächengewässern abgeleitet, die technisch so ausgebaut wurden, daß sie immer wieder schnell den durch Senkungen veränderten topographischen Verhältnissen angepaßt werden konnten. Die Emscher und ihre Nebenläufe wurden damit zu sogenannten Schmutzwasserläufen. Mit dem Ausklingen der Bergsenkungen wird jetzt das System umgebaut.

Entsiegelung

Erhöhung der Versickerungsfähigkeit versiegelter oder befestigter Flächen durch Beseitigung oder Veränderung des Belags.

Entwässerungstechnische Versickerung

Planmäßige und konstruktiv vorgesehene Versickerung von Regenwasser.

Flächenversickerung

Flächenförmige Versickerung über eine durchlässige Oberfläche.

Flurabstand

Abstand zwischen Grundwasseroberfläche und Geländeoberkante.

Grundwasserneubildung

Zugang von infiltriertem Wasser zum Grundwasser.

Herkunftsflächen (A)

Oberflächen, von denen Regenwasser abläuft (m²; ha).

Mischverfahren; Mischsystem

Gemeinsames Ableiten von Schmutzwasser und Regenwasser in einem Kanal; Kanalnetz, das so betrieben wird.

Modifiziertes Entwässerungsverfahren; -system

Getrenntes Bewirtschaften von unbelastetem Niederschlagswasser, das versickert oder in ein Oberflächengewässer eingeleitet wird, und belastetem, das in einem Kanal abgeleitet wird; Kanalnetz, das so betrieben wird.

Muldenversickerung

Flächenförmige Versickerung über die belebte Bodenzone in einer Mulde. Infiltration über feinkörnige Deckschichten.

Niedrigwasserabfluß

Unterer Grenzwert der Abflüsse eines Gewässers.

Niederschlagswasser

Das von Niederschlägen (Regen, Schnee, Hagel usw.) aus dem Bereich von bebauten oder befestigten Flächen abfließende und gesammelte Wasser, im Wesentlichen Regenwasser.

Notüberlauf

Eine Verbindung zum Kanalnetz, die nur bei solchen Regenereignissen genutzt wird, die größer sind als der Bemessungsregen.

Ortsnah, vor Ort

Sachgerechter räumlicher Zusammenhang zwischen Anfallort und Bewirtschaftungsort des Niederschlagswassers unabhängig von den Grundstücksgrenzen.

Polder

Im Emschergebiet Geländeflächen, die durch Pumpen entwässert werden müssen, weil sie durch Bodensenkungen infolge des Kohleabbaus abgesunken sind.

Projektkostenbarwert

Wert einer Kostenreihe (Planung, Investition, Betrieb, Instandhaltung, Reinvestition) zu einem bestimmten Zeitpunkt. Beim Vergleich zweier Alternativen nach dieser Methode verkörpert die Differenz die kapitalisierte Kostenersparnis.

Qualifiziertes Entwässerungsverfahren; -system

Bedeutungsgleich mit „modifiziertem" Verfahren oder System.

Regenwasser

Der weitaus größte Teil des Niederschlagswassers. In der Entwässerungstechnik gleichgesetzt mit Niederschlagswasser.

Regenhäufigkeit (n)

Anzahl der Regenabschnitte eines Jahres für eine gegebene Regendauer (1/a).

Regenintensität (i)

Regendargebot an einem bestimmten Ort in einer betrachteten Zeitspanne, ausgedrückt in Wasserhöhe pro Zeiteinheit (mm/min).

Regenspende (r)

Quotient aus Regenintensität und beregneter Fläche (1/(s · ha)).

Regenwasserabfluß (Q_r)

Regenwasservolumen das in einer Zeiteinheit abfließt (l/s; m³/min).

Retention

Abflußhemmung und -verzögerung durch natürliche Gegebenheiten (Geländemulden, Auen) oder künstliche Maßnahmen (Becken, Rigolen, Teiche).

Rigole

In der Melioration ein Entwässerungsgerinne, das durch tiefes Umgraben des Bodens hergestellt wurde. In der Siedlungswasserwirtschaft ein mit einer Sickerpackung (Kies, Schotter, Blähton) gefüllter Graben zur Versickerung, Speicherung und Ableitung von Niederschlagswasser.

Rigolenversickerung

Linienförmige Versickerung durch eine Rigole.

Rohr-Rigole

Eine Rigole mit perforiertem Rohrstrang (Drainrohr) in der Sickerpackung, durch den Wasser zu- oder abgeleitet wird.

Schachtversickerung

Punktförmige Versickerung über einen Schacht. Infiltration direkt in sickerfähige Schichten.

Schmutzwasserlauf

Mit rohem Abwasser belasteter Wasserlauf im Emscher-System.

Sickerrinne

Rasenbewachsener, muldenförmiger, flacher Graben, ggf. mit darunterliegender Rigole, in dem Wasser zum Teil versickert, abgeleitet wird und verdunstet.

Schotterrasen

Flächenbefestigung mit einem Schotter-Boden-Gemisch, das eingesät wird.

Sohlabstand

Abstand zwischen Grundwasseroberfläche und Sohle der technischen Versickerungsanlage.

Trennverfahren; Trennsystem

Getrenntes Ableiten von Schmutz- und Regenwasser in verschiedenen Kanälen, Kanalnetz, das so betrieben wird.

Versiegelte Fläche (A_u)

Wasserundurchlässige befestigte Fläche (z. B. Blechdach) (m²; ha).

Vor Ort

s. ortsnah

Wassergebundene Decke

Flächenbefestigung mit mineralischem Material (Schotter, Kies) ohne weitere Bindemittel (Zement, Bitumen).

Wiederholungszeitspanne, Wiederkehrzeit (T_n)

Zeitlicher Abstand, in dem ein Ereignis, z. B. Regen bestimmter Intensität und Dauer, einmal erreicht oder überschritten wird ($T_n = 1/n$) (a).

Zentrale Versickerung

Meist benutzt für zusammengefaßte Versickerung in einer Siedlung oder von Abflüssen einer größeren Zahl von Grundstücken.

Schrifttum

ADAMS, R. 1996: Dezentrale Versickerung von Niederschlagsabflüssen in Siedlungsgebieten. Umsetzung von Maßnahmen und Anlagen in die Praxis. Hannover. (= Schriftenreihe für Stadtentwässerung und Gewässerschutz, Bd. 14).

ARBEITSGRUPPE BODEN 1994: Bodenkundliche Kartieranleitung. Bundesanstalt für Geowissenschaften und Rohstoffe und Geologische Landesämter der BRD (Hrsg.), Hannover.

ATV 1977: Arbeitsblatt (A) 117, Richtlinien für die Bemessung, die Gestaltung und den Betrieb von Regenrückhaltebecken. Abwassertechnische Vereinigung, St. Augustin.

ATV 1977: Arbeitsblatt (A) 118, Richtlinien für die hydraulischen Berechnung von Schmutz-, Regen- und Mischwasserkanälen. Abwassertechnische Vereinigung, St. Augustin.

ATV 1990: Arbeitsblatt (A) 138: Bau und Bemessung von Anlagen zur dezentralen Versickerung von nicht schädlich verunreinigtem Niederschlagswasser. Abwassertechnische Vereinigung, St. Augustin.

ATV 1995: Arbeitsbericht der Arbeitsgruppe 1.4.1 „Versickerung von Niederschlagsabflüssen". In: Korrespondenz Abwasser, Heft 5.

BALE, H.; RUDOLPH, K.-H. 1998: Ökonomische Determinanten der naturnahen Regenwasserbewirtschaftung und ihr Einfluß auf die Gebührenfestsetzung. In: SIEKER 1998: Naturnahe Regenwasserbewirtschaftung, Analytica Verlagsgesellschaft, Berlin.

BENEKE, G. 1998 a: Akzeptanz neuer Verfahren im Umgang mit Regenwasser. In: SIEKER 1998: Naturnahe Regenwasserbewirtschaftung, Analytica Verlagsgesellschaft, Berlin.

BENEKE, G. 1998 b: Naturnahe Regenwasserbewirtschaftung – Ein Selbstläufer? Zur Verankerung dieses Ansatzes in Kommunalpolitik und Kommunalverwaltung. In: Zeitschrift für Kulturtechnik und Landentwicklung, Jg. 39, Heft 6.

BLUME, H.-P. 1992: Handbuch des Bodenschutzes, Kiel.

BMFT Verbundprojekt 02 WT 8901 1993: Vorkommen von organischen Schadstoffen und Schwermetallen im Regenwasserabfluß und ihr Verhalten in der ungesättigten Bodenzone. Literaturstudie zum BMFT Verbundprojekt „Möglichkeiten und Grenzen der entwässerungstechnischen Versickerung unter Berücksichtigung des Schutzes von Boden und Grundwasser".

BOLLER, M. 1995: Die Rolle der Siedlungsentwässerung bei der Schadstoffanreicherung. EAWAG news, 17-21, Zürich.

BÖRGER M. 1996: Ergebnisse der ATV-Umfrage zur Versickerung von Niederschlägen. In: Korrespondenz Abwasser, Heft 7.

CAESPERLEIN, G. 1997: Abschlußdokumentation Deusen, Ingenieurbüro Kaiser/Stadt Dortmund, Dortmund.

CZYCHOWSKI, M. 1991: Kommentar zum WHG, 7. Auflage, Rn. 1 a.

DAVIDS, P.; TERFRÜCHTE, F. 1997: Ökologisch ausgerichteter Umgang mit Niederschlagswasser in Siedlungsgebieten. Wettbewerb der Emschergenossenschaft. Werkbericht 1994-1996, Dortmund.

DAVIDS, TERFRÜCHTE & PARTNER; HYDROTEC INGENIEUR-GESELLSCHAFT, 1997: Pilotprojekt „Möllenbruchshof Neukirchen-Vluyn", Studie im Auftrag der Bezirksregierung Düsseldorf. Essen, Aachen (unveröffentlicht).

DEDY, H. 1997: Rechtsfragen der getrennten Niederschlagswassergebühr; In: Städte- und Gemeinderat 1997, 48.

DER RAT VON SACHVERSTÄNDIGEN FÜR UMWELTFRAGEN (HRSG.) 1989: Altlasten Sondergutachten.

EBEL, W. 1994: Altlastensanierung zur Errichtung eines Dienst-, Gewerbe- und Landschaftsparks auf dem ehemaligen Zechen- und Kokereigelände ERIN in Castrop-Rauxel. In: VDI (Hrsg.): VDI-Berichte 1119: Wege zur sicheren Beherrschung von Altlasten. Tagung Dresden, 17. und 28.04.1994, Düsseldorf.

EMSCHERGENOSSENSCHAFT 1991 bis 1998: Materialien zum Umbau des Emscher-Systems, Hefte 1 bis 9, Essen.

EMSCHERGENOSSENSCHAFT 1991: Rahmenkonzept zum ökologischen Umbau des Emscher-Systems. Heft 1 der Materialien zum Umbau des Emscher-Systems, Essen.

EMSCHERGENOSSENSCHAFT /IBA 1993, Wohin mit dem Regenwasser?, Heft 7 der Materialien zum Umbau des Emscher-Systems, Essen/Gelsenkirchen.

FRIEDING, S. 1998: Zwischenbilanz zur Durchführung des Projektes „Ökologisch ausgerichteter Umgang mit Niederschlagswasser im Bereich Flachsbach" in Dortmund-Lanstrop, DR. HOFMANN GMBH/STADT DORTMUND, Dortmund.

GEIGER, W.; DREISEITL, H. 1995: Neue Wege für das Regenwasser, Handbuch zum Rückhalt und zur Versickerung von Regenwasser in Baugebieten, Hrsg. Emschergenossenschaft, Essen, und Internationale Bauausstellung Emscher Park GmbH, Gelsenkirchen. Oldenbourg-Verlag, München.

GOLWER, A. 1991: Belastung von Böden und Grundwasser durch Verkehrswege. In: Forum Städte-Hygiene 42.

GROTEHUSMANN, D. 1996: Qualitätsaspekte der Regenwasserversickerung. In: Kommunale Umweltaktion (Hrsg.): Regenwasserversickerung. Hannover. (Schriftenreihe der kommunalen Umweltaktion U.A.N.)

GRUBER, M. 1997: Rechtliche Aspekte der Versikkerung von Niederschlagswasser in Baugebieten. In: Natur un Recht 1997, S. 521 ff.

GRÜNING, H. 1998: Sanierung des Geländes der ehemaligen Zeche HOLLAND in Bochum-Wattenscheid. In: BrachFlächenRecycling, Heft 1.

HÖLTING, B. 1989: Hydrogeologie: Einführung in die allgemeine und angewandte Hydrogeologie. Stuttgart.

ING.-BÜRO F. FISCHER 1993: Reduzierung des Regenwasserabflusses durch Entsiegelung und Abkopplung, Studie im Auftrag der Emschergenossenschaft, Solingen. (unveröffentlicht)

ING.-BÜRO F. FISCHER 1996: Zentralabwasserplan Kirchhörder Bach, im Auftrag der Emschergenossenschaft und der Stadt Dortmund. Dortmund. (unveröffentlicht)

IPSEN, D. 1998 a: Stadt, Städter und der Umgang mit Natur. In: IPSEN, D., CICHOROWSKI, G., SCHRAMM, E. (Hrsg.): Wasserkultur: Beiträge zu einer nachhaltigen Stadtentwicklung, Kassel.

IPSEN, D. 1998 b: Die Bedeutung ökologischer Ästhetik. In: IPSEN, D., CICHOROWSKI, G., SCHRAMM, E. (Hrsg.): Wasserkultur: Beiträge zu einer nachhaltigen Stadtentwicklung, Kassel.

JAHN, T.; SCHRAMM, E. 1998: Stadt, Ökologie und Nachhaltigkeit. In: IPSEN, D., CICHOROWSKI, G., SCHRAMM, E. (Hrsg.): Wasserkultur: Beiträge zu einer nachhaltigen Stadtentwicklung, Kassel.

KAISER, M. 1996: Arbeitskarte zur dezentralen Regenwasserbewirtschaftung für das Stadtgebiet Dort-mund – Erläuterungen –, Universität Dortmund, Fakultät Raumplanung/Stadt Dortmund, Umweltamt, Dortmund.

KAISER, M. 1997: Einsparung von Baukosten und Gebühren durch naturnahe Regenwasserbewirtschaftung. In: Neue Landschaft, Heft 10.

KAISER, M. 1998 a: Ökologischer Stadtumbau – Ziele, planerische Möglichkeiten und Perspektiven einer naturnahen Gestaltung des Wasserkeislaufes. In: SIEKER, F. (Hrsg.): Naturnahe Regenwasserbewirtschaftung. Stadtökologie Band I, Berlin.

KAISER, M. 1998 b: Nutzungsdauer und Regenerierungsmöglichkeiten von Regenwasserversickerungsanlagen. In: DOHMANN, M. (Hrsg.): Gewässerschutz-Wasser-Abwasser 165, Impulse aus Europa – Impulse für Europa, Aachen.

KAISER, M.; STECKER; A. 1996 a: Auswirkungen der Versickerung von Niederschlagswasser auf den Naturhaushalt am Beispiel des Gewerbegebietes Flautweg in Dortmund. In: Kommunale Umweltaktion (Hrsg.): Ökologischer Wasserhaushalt. Naturnahe Regenwasserbewirtschaftung in Kommunen. Planung und Umsetzung. Hannover. Heft 29. (Schriftenreihe der Kommunalen Umweltaktion U.A.N.).

KAISER, M.; STECKER, A. 1996 b: Integration naturnaher Konzepte in die Planungspraxis. In: Kommunale Umweltaktion (Hrsg.): Ökologischer Wasserhaushalt. Naturnahe Regenwasserbewirtschaftung in Kommunen. Planung und Umsetzung. Hannover, Heft 16. (Schriftenreihe der Kommunalen Umweltaktion U.A.N.).

KAISER, M.; STECKER, A. 1997: Integration naturnaher Konzepte in die Planungspraxis. In: ATV-Schriftenreihe. Versickerung von Niederschlagswasser. Abwassertechnische Vereinigung, Hennef.

KOMMISSION DER EUROPÄISCHEN GEMEINSCHAFTEN 1997: Richtlinie des Rates zur Schaffung eines Ordnungsrahmens für Maßnahmen der Gemeinschaft im Bereich der Wasserpolitik. Brüssel. (Entwurf)

KOTULLA 1995: Möglichkeiten des Grundwasserschutzes durch Flächennutzungsplanung, ZfBR 1995.

LANGGUT, H.R.; VOIGT, R. 1980: Hydrogeologische Methoden, Berlin, New York.

LAWA 1994: Länderarbeitsgemeinschaft Wasser, Leitlinien zur Durchführung von Kostenvergleichsrechnungen.

LONDONG, D. 1993: Der große Umbau im Emschergebiet, In: Wasser und Boden, Heft 3, Hamburg und Berlin.

LONDONG, D. 1994: Das Wasser, die Emscher, die Genossenschaft und das Revier, In: Wasserwirtschaft 84.

LONDONG, D. 1996: Versickerung von Regenwasser – Voraussetzungen und Kosten. In: Gewässerschutz-Wasser-Abwasser, H. 156, Aachen.

LONDONG, D. 1997: Wie hoch ist der Kostenanteil für das Regenwasser bei einer Kläranlage. In: Korrespondenz Abwasser, Heft 12.

MAILE, A. 1997: Leistungsfähigkeit von Oberflächenabdichtungssystemen zur Verminderung von Sickerwasser- und Schadstoffemissionen bei Landschaftskörpern, Dissertation Universität-GH Essen.

MENK 1998: Siedlungsentwässerung wie sie früher war – Streifzug durch die Epochen. In: Wasser und Boden, Heft 7.

MINISTERIUM FÜR UMWELT, RAUMORDNUNG und LANDWIRTSCHAFT: Landeswassergesetz – LWG – Neufassung vom 25.06.1995.

PRIDNIK, W.; WÜLFING, P. 1991: Wasser und Gewerbe – Wasserentsorgung als nachvollziehbares Erlebnis im Gewerbepark ERIN, Castrop-Rauxel. In: StadtBauwelt. Heft 36.

RAIMBAULT, G.; MARCOS, L.; ROUAUD, J. M. 1998: Evolution temporelle du fonctionnement hydrologique d´un chausée poreuse à structure-reservoir. 3rd International Conference on Innovative Technologies in Urban Storm Drainage (NOVATECH). Proceedings Vol 1. Lyon.

REMMLER, F.; HÜTTER, U.; SCHÖTTLER, U. 1997: Qualitative Aspekte der Regenwasserversickerung an ausgewählten Beispielen. In: Forum angewandte Geographie (Hrsg.): Dezentrale Regenwasserbewirtschaftung, Bochum.

REMMLER, F.; SCHÖTTER, U. 1998: Qualitative Anforderungen an eine naturnahe Regenwasserbewirtschaftung aus der Sicht des Boden- und Grundwasserschutzes. In: SIEKER, F. (Hrsg.): Naturnahe Regenwasserbewirtschaftung, Stadtökologie Band I, Analytica Verlagsgesellschaft, Berlin.

ROTH, V. 1998: Versickerung von Niederschlagswasser in der Entwässerungssatzung fördern. In: der städtetag 1998.

SCHNEIDER, K. J. 1996: Bautabellen für Ingenieure mit europäischen und nationalen Vorschriften. Werner Verlag, Düsseldorf.

SCHULZE, M.; DE VRIES, J. M. 1995: Regenwasserbehandlung. In: Korrespondenz Abwasser, Heft 5.

SIEKER, F. (Hrsg.) 1998: Naturnahe Regenwasserbewirtschaftung. Stadtökologie Band 1, Analytica Verlagsgesellschaft, Berlin.

SIEKER, F. et. al. 1992: Naturnahe Regenwasserbewirtschaftung in Siedlungsgebieten, Grundlagen, Leitfaden, Anwendungsbeispiele; Schriftenreihe Kontakt und Studium, Band 508, expert Verlag.

SIEKER, F. et. al. 1997: Möglichkeiten einer naturnahen Regenwasserbewirtschaftung in Siedlungsgebieten, untersucht und demonstriert an Beispielen der Städte Dortmund und Zwickau, Verbundprojekt BMFT. 07SIO09 1, (OPTIWAK), Materialsammlung. In: Schriftenreihe für Stadtentwässerung und Gewässerschutz, Bd. 17, Hannover.

SIEKER, F.; PESCH, F. 1992: Studie zur ökologisch orientierten Regenwasserentsorgung versiegelter Flächen. IBA Emscher Park Planungsgrundlagen Nr. 6, Gelsenkirchen.

WEIßBACH, A. 1998: Versickerungsversuche als Berechnungsgrundlage dezentraler Regenwasserbeseitigungsanlagen am Beispiel des Projektes „Ökologisch ausgerichteter Umgang mit Niederschlagswasser im Bereich Flachsbach" in Dortmund-Lanstrop, Diplomarbeit an der Universität Trier. Trier.

WINZIG, G. 1997: Untersuchung der Funktionsfähigkeit von dezentralen Regenwasserversickerungsanlagen unter besonderer Berücksichtigung des Bodenwasserhaushaltes. Shaker Verlag, Aachen.

WINZIG, G.; BURGHARDT, W. 1995: Untersuchungen des Zufluß- und Abflußverhaltens von Mulden-Rigolen. In: Mitteiln. Dtsch. Bodenkundliche Gesellschaft, 76.

WÖHLER, M. 1998: Regenwasserprojekt Feldbach, Zwischenbilanz, Ingenieurbüro Kaiser/Stadt Dortmund, Dortmund.

ZIMMER, U. 1998: Einsatzmöglichkeiten und Grenzen von Modellrechnungen zur Beschreibung und Bewertung von Anlagen zur Retention und Versickerung von Regenwasser, Dissertation Universität-GH Essen.

Gesamtverzeichnis der Bilder und Tafeln

Bild 5: Projektgebiet Flachsbach: Rasenmulden nach starkem Regenereignis. Quelle: MICHAEL LEISCHNER

Bild 6: Projekt Kirchderne: Über einen Teich wird das Regenwasser auf eine Rasenfläche geleitet. Quelle: MICHAEL LEISCHNER

Bild 7: Großzügige Abstandsflächen zum Geschoßwohnungsbau ermöglichen schlichte und kostengünstige Versickerungsmaßnahmen. Quelle: MICHAEL LEISCHNER

Bild 8: Projektgebiet Scharnhorst: Stark verdichteter Boden im Bereich der Siedlung. Quelle: MICHAEL LEISCHNER

Vom Modellprojekt zur Routine – Das Thema Regenwasser im Projektmanagement
Wolfram Schneider

Bild 1: Blick von der Halde Rungenberg über die neue und alte Siedlung Schüngelberg zum Bergwerk Hugo. Quelle: WOLFRAM SCHNEIDER

Bild 2: Die Rigole wird mit dem Wurzelvlies ausgekleidet. Quelle: WOLFRAM SCHNEIDER

Bild 3: Gestaltete Wegequerung eines Muldenstranges. Quelle: WOLFRAM SCHNEIDER

Bild 4: Ein Muldenstrang mit Zulaufrinnen in der alten Siedlung. Quelle: WOLFRAM SCHNEIDER

Bild 5: An der großen Wasserspirale sitzen die Frauen der Nachbarhäuser. Quelle: WOLFRAM SCHNEIDER

Bild 6: Beim Umwelt-Aktionstag wird die Regenwasserableitung mit dem Demonstrationsmodell erklärt. Quelle: WOLFRAM SCHNEIDER

Bild 7: Ein Wasserplatz unterhalb einer Mulde in der neuen Siedlung. Quelle: WOLFRAM SCHNEIDER

Warum abkoppeln? – Motivation und Erfahrung einer Wohnungsbaugesellschaft
Marcus Collmer

Tafel 1: Abwasserhebesätze einiger Kommunen in NRW. Zusammenstellung: MARCUS COLLMER

Bild 1: Muldenausbildung in der Schüngelberg-Siedlung. Quelle: MARCUS COLLMER

Bild 2: Handschwengelpumpe zur Wasserförderung aus einer Zisterne in der Bergarbeitersiedlung Moers-Repelen. Quelle: MARCUS COLLMER

Bild 3: Flachmulde in der Siedlung Tackenberg, Oberhausen. Quelle: MARCUS COLLMER

Bild 4: Schematische Darstellung einer Flachmulde, wie sie bei der THS favorisiert wird. Quelle: GROHMANN + SCHÖNHUT (Ausschnitt)

Die Gestaltungskraft des Regenwassers in Landschaft und Städtebau – Ästhetik als Botschafterin
Annette Nothnagel

Bild 1: Regenwasser-Unterwelt: Gesucht wird die Alternative. Quelle: THOMAS BRENNER

Bild 2: Die Taucher im Nordpark haben auch Verantwortung für das Regenwassersystem übernommen. Quelle: IBA

Bild 3: Kinderbeteiligung bei der Planung der Gartenstadt Seseke-Aue – es wird mit dem Wasser gebaut. Quelle: IBA

Bild 4: Regenwassereinleitung in Speichersee. Quelle: ANNETTE NOTHNAGEL

Bild 5: Wasserflächen inszenieren Architektur, Wissenschaftspark Gelsenkirchen bei Nacht. Quelle: MANFRED VOLLMER

Bild 6: Die Wasserachse setzt der Verkehrserschließung eine angemessene Gestaltungskraft entgegen. Quelle: ANNETTE NOTHNAGEL

Bild 7: Wege des Regenwassers auf Küppersbusch. Quelle: ANNETTE NOTHNAGEL

Bild 8: Wasserinne als Grenzziehung mit Überbrückung (Erin). Quelle: ANNETTE NOTHNAGEL

Bild 9: Retentionsbereich mit Biotopqualität (Kläranlage Bottrop). Quelle: ANNETTE NOTHNAGEL

Bild 10: Pflasterfugen begrünen sich. Quelle: ANNETTE NOTHNAGEL

Bild 11: Mulden in kunstvoll gestalteter Topographie, Potsdam-Kirchsteigfeld, Planung: MÜLLER/KNIPPSCHILD/WEHBERG. Quelle: GUDRUN BENEKE

Bild 12: Kaskaden in „architektonischen" Mulden, Zeche Holland. Quelle: ANNETTE NOTHNAGEL

Bild 13: Landschaftlich modellierte Mulden, Regenbogen-Siedlung Hannover, Planung: JOHANNA SPALING-SIEVERS. Quelle: GUDRUN BENEKE

Bild 14: Kantensteine fassen die gestuften Muldenränder, Potsdam-Kirchsteigfeld, Planung: MÜLLER/KNIPPSCHILD/WEHBERG. Quelle: GUDRUN BENEKE

Bild 15: Sickerteich mit Dauerstau, Berlin – Britzer Straße, Planung: MÜLLER/KNIPPSCHILD/WEHBERG. Quelle: GUDRUN BENEKE

Bild 16: Wegbegleitende Rinne am Hang, Reutlingen-Schafstall, Planung: BEZZENBERGER/SCHMEL-ZER. Quelle: GUDRUN BENEKE

Bild 17: Architektonische Regenwasserrinne mit stehendem Wasser, Zeche Holland. Quelle: ANNETTE NOTHNAGEL

Bild 18: Rinne mit blauen Fliesen, Berlin – Britzer Straße, Planung: MÜLLER/KNIPPSCHILD/WEHBERG. Quelle: GUDRUN BENEKE

Bild 19: Aus Sorge vor Unfällen überdeckte Rinne. Quelle: ANNETTE NOTHNAGEL

Bild 20: Steinerner Mäander. Quelle: IBA

Bild 21: Handschwengelpumpe im Regenwassersystem. Quelle: GUDRUN BENEKE

Bild 22: Schluckbrunnen im Regenwasserkreislauf, Gartenstadt Sesekeaue. Quelle: MANFRED VOLLMER

Bild 23: Regenwasser zwischen Grün und Grau. Quelle: GUDRUN BENEKE

Kreative Lösungen für schwierige Standorte – Abkoppeln geht immer und überall
Herbert Dreiseitl

Bild 1: Gestaltung mit Regenwasser im PRISMA-Gebäude. Quelle: ATELIER DREISEITL

Bild 2: Wasser – Glaskunst – Wand. Quelle: ATELIER DREISEITL

Bild 3: Schilfbepflanzung im Urbanen Gewässer am Potsdamer Platz. Quelle: ATELIER DREISEITL

Bild 4: Wellenstrukturen beleben die Wasserflächen. Quelle: ATELIER DREISEITL

Bild 5: Regenwasserkonzept für den Hauptbahnhof Gelsenkirchen. Quelle: ATELIER DREISEITL

Bild 6: Klimatisierende Wirkung der Wasserwand. Quelle: ATELIER DREISEITL

Regenwasser auf Industriebrachen – Die Altlastenproblematik
Peter Wülfing

Bild 1: Historische Aufnahme der Zechenanlage Erin, Castrop-Rauxel. Quelle: STADT CASTROP-RAUXEL

Bild 2: Wasserflächen inszenieren die neue Architektur auf dem ehemaligen Zechengelände. Quelle: THOMAS BRENNER

Bild 3: Historische Aufnahme der Schachtanlage Holland in Wattenscheid; im Vordergrund das jetzt von

ECO-Textil genutzte ehemalige Verwaltungsgebäude. Quelle: STADT BOCHUM

Bild 4: Neue Nutzung des Verwaltungsgebäudes der ehemaligen Zeche Holland; im Vordergrund seitlich Flächen für die Regenwasserbewirtschaftung. Quelle: ANNETTE NOTHNAGEL

Aus Erfahrung lernen – Was man zu Planung und Ausführung wissen muß
Mathias Kaiser

Tafel 1: Anwendungsbereiche verschiedener Versickerungstechniken. Quelle: MATHIAS KAISER

Tafel 2: Empfehlungen zu Auswahl geeigneter Dimensionierungsverfahren. Quelle: MATHIAS KAISER

Tafel 3: Charakteristische Merkmale konventioneller und neuerer Versickerungsanlagen. Quelle: MATHIAS KAISER

Tafel 4: Verschmutzungsgrade von Niederschlagswasser. Quelle: REMMLER/SCHÖTTLER 1998 (S. 109)

Tafel 5: Strukturdaten der Fallbeispiele. Quelle: MATHIAS KAISER

Bild 1: Kombination und Einsatzbereich der Bewirtschaftungselemente. Quelle: MATHIAS KAISER

Bild 2: Auswahl von Sickertechniken bei unterschiedlichen Boden- und Flächenverhältnissen. Quelle: MATHIAS KAISER

Bild 3: Angestaute Mulden am Flautweg im Februar 1995. Quelle: MATHIAS KAISER

Bild 4: Versickerungsmulde mit differenzierten Vegetationstypen. Quelle: MATHIAS KAISER

Bild 5: Versickerungsbecken in Frohnau mit Dauerstau. Quelle: MATHIAS KAISER

Bild 6: Versickerungsbecken in Frohnau ohne Dauerstau. Quelle: MATHIAS KAISER

Die finanzielle Seite – Kosten und Finanzierung
Dieter Londong

Tafel 1: Wesentliche Einflußgrößen auf die Regenwasserbewirtschaft vor Ort. Quelle: DIETER LONDONG

Tafel 2: Kosten verschiedener Maßnahmen in DM/m^2 bezogen auf A_{red}. Quelle: DIETER LONDONG

Bild 1: Abhängigkeit der auf A_{red} bezogenen Investitionskosten vom Durchlässigkeitsbeiwert k_f. Quelle: DIETER LONDONG

Bild 2: Kostenvergleich zwischen örtlicher Bewirtschaftung und konventioneller Ableitung. Quelle: DIETER LONDONG

Bemessungssicherheit und Schadstoffrückhaltung bei der Versickerung – Ein wissenschaftlicher Beitrag
Carsten Dierkes, Wolfgang F. Geiger, Udo Zimmer

Bild 1 a): Schema-Querschnitt durch eine Mulden-Rigolen-Kombination in Gelsenkirchen Schüngelberg. Quelle: CARSTEN DIERKES u. a.

Bild 1 b): Vergleich der gemessenen Werte und der berechneten Kurven für den Dränabfluß und den Füllstand in der Rigole. Quelle: CARSTEN DIERKES u. a.

Bild 2: Wassergehaltsverteilung im Boden, berechnet nach der Methode der finiten Elemente. Quelle: CARSTEN DIERKES u. a.

Bild 3: Schemaskizze einer Versuchssäule mit einem Straßenaufbau der Bauklasse V und Ergebnisse der Schwermetallanalytik bei einer Kiestragschicht (TS = Tragschicht). Quelle: CARSTEN DIERKES u. a.

Leistungsfähigkeit und Beeinträchtigung von Mulden-Rigolen-Systemen – Ein wissenschaftlicher Beitrag
Guido Winzig

Bild 1: Schematischer Längsschnitt durch die Versuchsmulde mit Rigole. Quelle: GUIDO WINZIG

Bild 2: Vergleich zwischen gemessener und berechneter max. Wassermenge in der Mulde für zwei Zuflüsse. Quelle: GUIDO WINZIG

Tafel 1: k_f-Werte (m/s) des Oberbodens bei Versuchsmulde I und II. Probenzahl n = 10. Quelle: GUIDO WINZIG

Tafel 2: Mittlere Schwermetallgehalte von Böden in NRW sowie mittlere Schwermetallgehalte in Dach- und Straßenabflüssen. Quelle: GUIDO WINZIG

Tafel 3: Überschlagsrechnung für die jährliche Schwermetallbelastung bei einer Mulden- und Schachtversickerung. Quelle: GUIDO WINZIG

Die Beispiele – Technische Lösungen und gestalterische Wege

1 Wohnsiedlungen

1.1 Siedlung Welheim, Bottrop

Tafel 1: Abgekoppelte Flächen der Bauabschnitte. Quelle: MATTHIAS KAISER

Bild 1: Lageplan der Siedlung Welheim. Quelle: IBA

Bild 2: Der Gartenstadtcharakter der Siedlung bietet gute Voraussetzungen für die dezentrale Regenwasserbewirtschaftung. Quelle: HANS BLOSSEY

Bild 3: Die große flache Rasenmulde im Vorgarten verändert das Bild der Siedlung kaum. Quelle: MATHIAS KAISER

1.2 Wohnsiedlung CEAG, Dortmund

Bild 1: Schrägluftaufnahme der gerade fertiggestellten Siedlung. Quelle: HANS BLOSSEY

Bild 2: Längsschnitt der flächigen Rohr-Rigole unter den Gebäuden. Quelle: ERDBAULABORATORIUM AHLENBERG (überarbeitet), Grafik: MANFRED ARNSMANN

1.3 Siedlung Fürst Hardenberg, Dortmund-Lindenhorst

Bild 1: Lageplan der Siedlung. Quelle: ING.-BÜRO BROSZIO (überarbeitet), Grafik: MANFRED ARNSMANN

Bild 2: Die Siedlung und ihre Bewohner. Quelle: MANFRED VOLLMER

Bild 3: Versickerungsmulde mit Rohr-Rigole am Einlaufschacht, Schnitt. Quelle: ING.-BÜRO BROSZIO (überarbeitet)

1.4 „Einfach und selber Bauen"/Taunusstraße, Duisburg-Hagenshof

Bild 1: Schrägluftbild der Siedlung. Quelle: MARTIN FRANK

Bild 2: Die Erschließungsflächen sind in wassergebundener Decke hergestellt; im Hintergrund die begrünten Pultdächer. Quelle: KARL-HEINZ DANIELZIK

1.5 Wohnsiedlung, Essen-Schönebeck

Bild 1: Versickerungsversuch mit dem Doppelringinfiltrometer. Quelle: DAVIDS, TERFRÜCHTE & PARTNER

Bild 2: Der in Handarbeit ausgehobene Rigolenkörper mit dem eingelegten Schutzvlies. Quelle: DAVIDS, TERFRÜCHTE & PARTNER

Bild 3: Durch die gute Zusammenarbeit der Nachbarn konnten die Schachtringe innerhalb des Gartens ohne maschinelle Hilfe bewegt werden. Quelle: DAVIDS, TERFRÜCHTE & PARTNER

Bild 4: Sickerteichanlage im Zuge einer umfassenden Gartenumgestaltung. Quelle: DAVIDS, TERFRÜCHTE & PARTNER

1.6 „Einfach und selber Bauen" Laarstraße/Sellmannsbachstraße, Gelsenkirchen-Bismarck

Bild 1: Lageplan der Siedlung mit Regenwassersystem. Quelle: ING.-BÜRO WOLF (überarbeitet), Grafik: MANFRED ARNSMANN

Bild 2: Detail Gründachaufbau, Schnitt. Quelle: BÜRO PLUS + (überarbeitet)

Bild 3: Die Rigole befindet sich in der Mitte des Erschließungsweges. Quelle: KARL-HEINZ DANIELZIK

1.7 Siedlung Schüngelberg, Gelsenkirchen-Buer

Bild 1: Die aus altem und neuem Teil bestehende Siedlung wird im Westen und Süden durch Haldenschüttungen eingefaßt. Quelle: HANS BLOSSEY

Bild 2: Mulden-Rigolen in der alten Siedlung. Quelle: IBA

Bild 3: Mulden-Rigolen in der neuen Siedlung. Quelle: IBA

Bild 4: Systemelemente der Mulden-Rigolen-Kombination. Quelle: ING.-BÜRO FISCHER

Bild 5: Mulden-Rigolen-Kombination. Quelle: INSTITUT FÜR WASSERWIRTSCHAFT, UNIVERSITÄT HANNOVER

Bild 6: Regenwassergespeister Wasserspielplatz in der alten Siedlung. Quelle: IBA

Bild 7: Prinzipdarstellung Flachnetz. Quelle: INSTITUT FÜR WASSERWIRTSCHAFT, UNIVERSITÄT HANNOVER

1.8. Wohnen auf dem Küppersbusch-Gelände, Gelsenkirchen-Feldmark

Bild 1: Das Wasser wird über die aufgeständerte Rinne zu den Absturzpunkten geführt. Quelle: MICHAEL SCHOLZ

Bild 2: Von den Spitzen der linsenförmigen Fläche fließt der Zentralrigole das Regenwasser zu. Quelle: ANNETTE NOTHNAGEL

Bild 3: Die aufgeständerten Rinnen werden sehr eng an den Gebäuden geführt. Quelle: DIETER LONDONG

Bild 4: Die zentrale Mulde wird auch intensiv zum Spielen genutzt und die Grasnarbe übermäßig strapaziert. Quelle: KARL-HEINZ DANIELZIK

1.9 „Einfach und selber Bauen" – „Siedlung Rosenhügel, Gladbeck

Bild 1: Lageplan der Siedlung mit Einrichtung zur Regenwasserbewirtschaftung (blau) und Schmutzwasserleitung (braun). Quelle: bPLAN INGENIEURGESELLSCHAFT (überarbeitet), Grafik: MANFRED ARNSMANN

Bild 2: Die befestigte Rinne als Teil des Straßenkörpers im Schnitt. Quelle: bPLAN INGENIEURGESELLSCHAFT (überarbeitet)

1.10 Ökologischer Wohnungsbau im Backumer Tal, Herten

Bild 1: Die stark durchgrünte Siedlungsstruktur gibt Raum für das vernetzte Regenwassersystem. Quelle: ATELIER DREISEITL

1.11 Gartenstadt Seseke-Aue, Kamen

Bild 1: Lageplan der Siedlung mit dem künstlichen Bach und einer Kette von Teichen. Quelle: LANDSCHAFT PLANEN UND BAUEN (überarbeitet), Grafik: MANFRED ARNSMANN

Bild 2: Systemschema Regenwasser. Das innerhalb der Siedlung über Rinnen gesammelte Wasser wird in einen Kreislauf geleitet. Quelle: LANDSCHAFT PLANEN UND BAUEN (überarbeitet), Grafik: MANFRED ARNSMANN

Bild 3: Der Teich am Festplatz innerhalb der Siedlung. Quelle: MANFRED VOLLMER

Bild 4: Wasserrinnen zwischen Gartenbereich und Erschließungsweg. Quelle: MANFRED VOLLMER

Bild 5: Die Wasserrinnen münden in den künstlichen Bachlauf. Quelle: MANFRED VOLLMER

Bild 6: Ein Quellpunkt des künstlichen Bachlaufs. Quelle: KARL-HEINZ DANIELZIK

1.12 „Einfach und selber Bauen", Lünen-Brambauer

Bild 1: Der obere Teil der Siedlung mit begrünten Pultdächern wurde im Rahmen der IBA gebaut. Quelle: HANS BLOSSEY

Bilder 2: a) Versickerungsrinne mit Rasengitterstein, Schnitt b) Muldenförmige Sickerrinne, Schnitt. Quelle: ING.-BÜRO BROSZIO (überarbeitet)

1.13 Siedlung „Stemmersberg", Oberhausen-Osterfeld

Bild 1: Die denkmalgeschützte Siedlung im Schrägluftbild. Quelle: HANS BLOSSEY

Bild 2: Offene Regenwasserführung wurde hier schon seit langem praktiziert. Quelle: KARL-HEINZ DANIELZIK

Bild 3: Hofbereich mit den Schuppen im Garten. Quelle: MANFRED VOLLMER

Bild 4: Variante1: Doppelhaus mit angebauten Schuppen. Quelle: MATHIAS KAISER (überarbeitet)

Bild 5: Variante 2: Haus mit Rechteck-Grundriß zum Teil offene Entwässerung über alte Rinnen(Schnitt und Grundriß). Quelle: MATHIAS KAISER (überarbeitet)

1.14 Siedlung „Im Sauerfeld", Waltrop

Bild 1: Lageplan. Quelle: ING.-BÜRO SOWA (überarbeitet), Grafik: MANFRED ARNSMANN

Bild 2: Aus den Wohnhöfen fließt das Wasser zur Sickermulde. Quelle: KARL-HEINZ DANIELZIK

Bild 3: Auch gartenseitig wird das Wasser über Mulden in Richtung Rückhaltebecken geleitet. Quelle: KARL-HEINZ DANIELZIK

2 Gewerbe

2.1 Gewerbe- und Wohnpark Zeche Holland, Bochum-Wattenscheid

Bild 1: Lage des Gewerbe- und Wohnparks mit Wasserbogen und Fließrinnen. Quelle: PLANERGRUPPE OBERHAUSEN (überarbeitet), Grafik: MANFRED ARNSMANN

Bild 2: Der große Wasserspeichersee mit Wohngebäuden und Gewerbebereich im Hintergrund. Quelle: MANFRED VOLLMER/ANNETTE NOTHNAGEL

Bild 3: Die Gestalt der Retentionsbecken an den Bestandsgebäuden nimmt die Architektursprache auf. Quelle: FIRMA PETER KNAPPMANN KG

2.2 Kläranlage, Bottrop

Bild 1: Schrägluftbild der Kläranlage. Quelle: MARTIN FRANK

Bild 2: Versickerungsflächen zwischen Fahrbahn und Klärbecken. Quelle: ANNETTE NOTHNAGEL

Bild 3: Ringgraben am Zubringerpumpwerk. Quelle: ANNETTE NOTHNAGEL

2.3 Dienstleistungs-, Gewerbe- und Landschaftspark Erin, Castrop-Rauxel

Bild 1: Die Ost-West-Achse mit dem Wasserlauf ist die tragende Struktur des städtebaulichen Konzepts (Planausschnitt). Quelle: PROF. PRIDIK + FREESE

Bild 2: Die Wasserachse mit dem westlich nachgeschalteten Rückhaltebecken im Modell. Quelle: GEORG ANSCHUTZ

Bild 3: Die fertiggestellte Wasserachse als Verbindung der Stadt in die offene Landschaft. Quelle: MANFRED VOLLMER

Bild 4: Übersichtsplan der Regenwasserführung mit dem Ost-West-Graben als Wasserachse. Quelle: SPIEKERMANN INGENIEURE (überarbeitet), Grafik: MANFRED ARNSMANN

2.4 Wissenschaftspark, Gelsenkirchen-Ückendorf

Bild 1: Bis zum Ende der 80er Jahre stand auf dem Gelände eine Gußstahlfabrik. Quelle: STADT GELSENKIRCHEN

Bild 2: Der Regenwasserteich ist die landschaftliche Antwort auf die städtebaulich dominante Glasarkade. Quelle: HANS BLOSSEY

Bild 3: Das Gebäude öffnet sich zum Wasser. Quelle: MANFRED VOLLMER

2.5 ÖKO-Zentrum NRW und Gewerbepark, Hamm-Heesen

Bild 1: Lageplan des ÖKO-Zentrums mit Anlagen für das Regenwasser. Quelle: SCHMID, TREIBER UND PARTNER (ergänzt und überarbeitet), Grafik: MANFRED ARNSMANN

Bild 2: Retentionsteich am Schulungszentrum. Quelle: KATRIN KLEY

Bild 3: Dachwasserspeier am Schulungszentrum. Quelle: KARL-HEINZ DANIELZIK

Bild 4: Muldenkaskade am Gründerzentrum. Quelle: KATRIN KLEY

Bild 5: Ehemalige Kühltassen der Zechenanlage werden als Regenwasserspeicher benutzt. Quelle: IBA

2.6 Innovationszentrum, Herne-Baukau

Bild 1: Das Regenwasser wird in den drei Höfen des Innovationszentrums versickert. Quelle: ING.-BÜRO BROSK/KARL-HEINZ DANIELZIK

Bild 2: Offene Rinnen nehmen das Wasser aus den Fallrohren auf. Quelle: THOMAS BRENNER

Bild 3: Das Wasser der Dachflächen wird durch den Gartenhof zum Rigoleneinlauf geführt. Quelle: ANNETTE NOTHNAGEL

Bild 4: Innenhof mit durchlässigem Pflaster als Anlieferzone der Betriebe. Quelle: ANNETTE NOTHNAGEL

2.7 Gewerbepark Brockenscheidt, Waltrop

Bild 1: Gebäude und bereits mit Straßen erschlossener Neubaubereich im Schrägluftbild. Quelle: HANS BLOSSEY

3 Integrierte Projekte

3.1 Stadtmittebildung Ebertstraße, Bergkamen

Bild 1: Die Ebertstraße vor der Umgestaltung. Quelle: POST & WELTERS

Bild 2: Das Straßenprofil nach der Umgestaltung, Querschnitt und Draufsicht. Quelle: GRUPPEN VOR BYOG LANDSKABSPLANLAEGNING (überarbeitet), Grafik: MANFRED ARNSMANN

3.2 Stadtteilpark City, Bergkamen

Bild 1: Entwurf Stadtteilpark City. Quelle: LANDSCHAFT PLANEN UND BAUEN

Bild 2: Ein Steg führt durch die südliche Flachwasserzone. Quelle: LANDSCHAFT PLANEN UND BAUEN

3.3 Gesundheitspark Quellenbusch, Bottrop

Bild 1: Gesundheitshaus. Quelle: MANFRED VOLLMER

Bild 2: Ionisator. Quelle: MANFRED VOLLMER

Bild 3: Regenwassersystem im Überblick. Quelle: PLANUNGSBÜRO DRECKER/KARL-HEINZ DANIELZIK

Bild 4: Aus dem Quellstein am Waldrand fließt das Regenwasser in die Mulden und Rinnen. Quelle: ANNETTE NOTHNAGEL

3.4 Dienstleistungspark Innenhafen, Duisburg

Bild 1: Wohnen an der Gracht im Innenhafen in Duisburg. Quelle: MANFRED VOLLMER

Bild 2: Schrägluftbild Innenhafen. Quelle: STADT DUISBURG

Bild 3: Lageplan mit Schema der Regenwasserführung über die Grachten zum alten Hafenbecken mit Überlauf. Quelle: ABDOU GMBH (überarbeitet), Grafik: MANFRED ARNSMANN

Bild 4: Querschnitt des östlichen Hafenbeckens. Quelle: ABDOU GMBH (überarbeitet), Grafik: MANFRED ARNSMANN

Bild 5: Detail des Überlaufs aus dem Hafenbecken in die Zentralrigole. Quelle: ABDOU GMBH (überarbeitet), Grafik: MANFRED ARNSMANN

Bild 6: Bauarbeiten zur Herstellung der Zentralregiole unter dem östlichen Hafenbecken. Quelle: HANS BLOSSEY

3.5 Landschaftspark Duisburg-Nord, Duisburg-Meiderich

Bild 1: Der zentrale Parkbereich rund um das ehemalige Hochofenwerk; der Klarwasserkanal ist im Bau. Quelle: MARTIN FRANK

Bild 2: „Klarwasserkanal". Quelle: LATZ & PARTNER

Bild 3: Umwälzung von Wasser zur Sauerstoffanreicherung aus der alten Emscher mittels Windrad auf einem alten Koksbrechturm. Quelle: LATZ & PARTNER, Grafik: MANFRED ARNSMANN

Bild 4: Von den Regenfallrohren gelangt das Wasser in offene Rinnen, die es weiter in Richtung Alte Emscher leiten. Quelle: KARL-HEINZ DANIELZIK

Bild 5: Rohrleitungen können in vorhandenen Konstruktionen untergebracht werden und Barrieren überbrücken. An den Abstürzen kommt es bei Regen zu spannenden Wasserspektakeln. Quelle: KARL-HEINZ DANIELZIK

Bild 6: Kühltasse mit Seerosen speichert und reinigt Regenwasser. Quelle: DIETER LONDONG

Bild 7: Rückhalte- und Schönungsteich am Parkeingang Alte Emscher. Quelle: KARL-HEINZ DANIELZIK

Bild 8: Wasserfall in den Stahltrichter. Quelle: KARL-HEINZ DANIELZIK

Bild 9: Fließstrecke mit Schotterpackung. Quelle: KARL-HEINZ DANIELZIK

3.6 Evangelische Gesamtschule, Gelsenkirchen-Bismarck

Bild 1: Modellfoto. Quelle: BÜRO PLUS +

Bild 2: Absetzschacht vor einer Rohr-Rigole. Quelle: BÜRO PLUS + (überarbeitet)

3.7 Landschaftspark Nordsternpark – BUGA 1997, Gelsenkirchen-Horst

Bild 1: Regenwasser ist Gestaltungsmittel für den Festplatz mit der großen Freitreppe. Quelle: KARL-HEINZ DANIELZIK

Bild 2: Pumpwerk der Emschergenossenschaft mit Pyramide und Festplatz im Hintergrund. Quelle: KARL-HEINZ DANIELZIK

Bild 3: Festplatz mit Freitreppe und Wasserspiel. Quelle: ANNETTE HUDEMANN

Bild 4: Lageplan Freitreppe und Festplatz mit darunterliegenden Einrichtungen zur Regenwasserbewirtschaftung. Quelle: ITWH ESSEN (überarbeitet), Grafik: MANFRED ARNSMANN

Bild 5: Der von Wasser überströmte Klinkerkeil wird gern als Ort des Spielens genutzt. Quelle: DIETER LONDONG

Autorinnen und Autoren

Michael Becker, Dipl.-Ing., geb. 1953 in Wuppertal. Studium Bauingenieurwesen 1975 bis 1982 an der TH München, 1982 bis 1988 Wissenschaftlicher Mitarbeiter am Lehrstuhl für Wassergütewirtschaft und Gesundheitsingenieurwesen in der TH München, seit 1988 Gruppenleiter für den Fachbereich Regenwasser bei Emschergenossenschaft/Lippeverband in Dortmund.

Gudrun Beneke, Dipl.-Ing. M.A., geb. 1950 in Schwaz/Tirol. 1969 bis 1973 Studium der Innenarchitektur an der Werkkunstschule Hannover, 1973 bis 1977 in Planungsbüros und freiberufliche Tätigkeit als Innenarchitektin, 1977 bis 1982 Studium der Soziologie, Politik und Psychologie an der Universität Hannover, danach Bearbeitung von Forschungsprojekten im Bereich Wohn- und Stadtforschung mit den Schwerpunkten Obdachlosigkeit, Wohnen im Alter und Ökologisches Bauen, seit 1993 als wissenschaftliche Mitarbeiterin bzw. Lehrbeauftragte am Institut für Freiraumentwicklung und Planungsbezogene Soziologie, Universität Hannover, und eingehende Auseinandersetzung mit dem Thema Wasser sowohl unter soziologischen als auch freiraumplanerisch-städtebaulichen Aspekten.

Jan Marcus Collmer, Dipl.-Biologe, geb. 1964 in Stuttgart. Studium der Biologie 1984 bis 1991 in Stuttgart und Kiel, Ausbildung zum technischen Referenten für Umweltschutz, Tätigkeit als Umweltreferent in Kiel sowie für das Landesbüro der Naturschutzverbände in NRW, seit 1992 Umweltreferent bei der TreuHandStelle für Bergmannswohnstätten (THS) GmbH in Essen.

Karl-Heinz Danielzik, Dipl.-Ing., geb. 1961 in Gelsenkirchen. 1985 bis 1990 Studium der Landwirtschaft an der TU München-Weihenstephan. Seit 1992 Büroleiter des Projektbüros Landschaftspark Duisburg-Nord für Latz + Partner Kranzberg. Umsetzung des Parkkonzepts. Seit 1996 Zusammenarbeit mit Landschaftsarchitekt Reiner Leuchter, Duisburg, gemeinsames Büro.

Carsten Dierkes, Dipl.-Geologe, geb. 1970 in Hamm/Westfalen. Studium Geologie und Paläontologie 1989 bis 1996 an der Westfälischen Wilhelms Universität Münster, seit 1996 im Graduiertenkolleg „Verbesserung des Wasserkreislaufs urabner Gebiete zum Schutz von Boden und Grundwasser" der DFG an der Universität-GH Essen.

Herbert Dreiseitl, geb. 1955 in Ulm/Donau. Bildhauer- und Architekturstudien mit Gastaufenthalten in Norwegen und Griechenland. Sozial- und kunsttherapeutische Tätigkeit. Strömungsforschungsstudien bei J. Wilkes, Emerson College England und W. Schwenk, Institut für Strömungswissenschaften, Südschwarzwald. Mitglied im Bundesverband Bildender Künstler, Deutschland, sowie in Architektur- und Ingenieurvereinigungen. 1980 Gründung und Aufbau des eigenen Büros Atelier Dreiseitl mit den Bereichen Kunst, Freiraumarchitektur, Stadthydrologie und Siedlungsentwässerung, Umwelttechnik und einer eigenen Entwicklungswerkstatt. Seither zahlreiche Projektrealisierungen im In- und Ausland, wie das soeben fertiggestellte Urbane Gewässer am Potsdamer Platz in Berlin, Ausstellungen, Wettbewerbserfolge, Auszeichnungen für innovative Lösungen in Verbindung von Technik und Kunst in der Stadthydrologie.

Karl Ganser, Prof. Dr., geb. 1937 in Schwaben. Studium der Chemie, Biologie, Geologie und Geographie an der Universität und an der Technischen Hochschule München. 1964 Promotion zum Doktor rer. nat. an der TU München mit einer Arbeit zur sozialräumlichen Analyse der Stadt München. Danach Habilitation und außerplanmäßige Professur an der TU. Ab 1967 Aufbau der Stadtentwicklung bei der bayerischen Landeshauptstadt. Seit Anfang der 70iger Jahre Leitung der Bundesforschungsanstalt für Landeskunde und Raumordnung in Bonn. Ab 1980 Abteilungsleiter im Städtebauministerium des Landes NRW mit Zuständigkeiten für Stadterneuerung, Denkmalschutz, kommunalen Straßenbau und Bauleitplanung. Seit Mai 1989 Geschäftsführer der Gesellschaft Internationale Bauausstellung Emscher Park.

Wolfgang Geiger, Prof. Dr.-Ing., nach vielfacher Tätigkeit in der generellen Entwässerungsplanung und der wasserwirtschaftlichen Rahmenplanung sowie in Lehre und Forschung seit 1988 Universitätsprofessor für das Fach Siedlungswasserwirtschaft an der Universität-GH Essen. Schwerpunkte der derzeitigen Forschung sind die Regenwasserbehandlung und die Versickerung von Regenwasser.

Jörg-Michael Günther, Dr. jur., Ministerialrat, geb. 1960 in Castrop-Rauxel. Studium der Rechtswissenschaften 1979 bis1985 in Köln, Promotion 1993, 1988 bis 1994 stellvertretender Leiter des Rechtsamtes der Stadt Ratingen, 1992 bis 1994 Lehrbeauftrager an der Fachhochschule für öffentliche Verwaltung, 1994 bis 1998 Referent für Wasserrecht im Ministerium für Umwelt, Raumordnung und Landwirtschaft des Landes Nordrhein-Westfalen, ab 1998 Referatsleiter öffentliches Dienst- und Personalvertragsrecht im Ministerium für Umwelt, Raumordnung und Landwirtschaft des Landes Nordrhein-Westfalen.

Ernst-Ludwig Holtmeier, Dr. jur., Ltd. Ministerialrat, geb. 1938 in Dortmund. Juristisches Studium in Freiburg/Br., Kiel, Berlin und Köln. Dissertation. 1967 Eintritt in den Dienst des Landes Nordrhein-Westfalen, seit 1989 Gruppenleiter im Ministerium für Umwelt, Raumordnung und Landwirtschaft des Landes Nordrhein-Westfalen, seit November 1998 Gruppenleiter für Abfallwirtschaft, Altlasten.

Mathias Kaiser, Dipl.-Ing., geb. 1963 in Witten/Ruhr. Studium der Architektur (1982 bis 1987) und Raumplanung (1988 bis 1992) in Dortmund; 1988 bis 1990 Mitarbeiter am Institut für Energieplanung und Systemanalyse in Münster, 1990 bis 1993 Mitarbeiter bei Gertec-beratende Ingenieure in Essen; seit 1992 wissenschaftlicher Mitarbeiter an der Universität Dortmund, bis 1993 am Lehrstuhl für Stadtbauwesen und Wasserwirtschaft danach am Lehrstuhl für Landschaftsökologie und Landschaftsplanung, ab 1996 eigenes Planungsbüro für naturnahe Regenwasserbewirtschaftung und Erschließungsplanung.

Michael Leischner, Dipl.-Ing., geb. 1957 in Karlsruhe. 1975 bis 1978 Ausbildung zum Industriekaufmann bei der Fa. Siemens AG in Karlsruhe, 1981 bis 1987 Studium der Landschaftsplanung und Landschaftsökologie in Kassel, 1987 bis 1990 Landschaftsplaner beim Hessischen Forstamt Kassel, seit 1990 Projektleiter beim Umweltamt der Stadt Dortmund für Projekte der IBA Emscher Park, Regionale Grünzüge F und G.

Reiner Leuchter, Dipl.-Ing., geb. 1955 in Duisburg. 1975 bis 1981 Studium der Landwirtschaft, Landschaftsplanung und Ökologie in Bonn, Berlin und Essen. 1987 Mitarbeiter des Amtes für Stadtentwicklung der Stadt Essen, 1988 bis 1995 Mitarbeit in verschiedenen Planungsbüros, Bürogründung 1996 mit Karl-Heinz Danielzik in Duisburg.

Dieter Londong, Dr.-Ing., Dr.-Ing. E. h., geb. 1930 am linken Niederrhein. Nach Abitur und Maurer-Gesellenprüfung Studium des Bauingenieurwesens an der RWTH Aachen. Ab 1957 Mitarbeiter der Emschergenossenschaft und des Lippeverbandes in Essen, zunächst für Abwasserbehandlung, später für den Wasserabfluß (Gewässer, Hochwasserschutz, Regenwasserbehandlung, ökologischer Umbau des Emscher-Systems), zuletzt als Vorstandsmitglied. 1977 bis 1995 im Nebenamt Geschäftsführer des Wasserverbandes Westdeutsche Kanäle, für die Bereitstellung von Brauchwasser aus Schiffahrtskanälen. 1972 Promotion zum Dr.-Ing. an der RWTH Aachen. 1994 Verleihung der Würde des Dr.-Ing. E. h. durch die Universi-

tät-GH Essen. Ab 1995 beratende Tätigkeit, Korrespondent der IBA Emscher Park.

Ulrike Meyer, Dipl.-Ing., geb. 1956 in Herne/Westfalen. 1975 bis1981 Studium Bau-ingenieurwesen an der Ruhruniversität Bochum, seit 1981 beim Amt für Tiefbau und Straßenverkehr, Gruppenleiterin in der Abteilung für Wasserwirtschaft.

Annette Nothnagel, Assessorin, Dipl.-Ing., geb. 1961 in Hannover. 1981 bis 1986 Studium der Landespflege an der Universität Hannover, 1986/87 Mitarbeit in Planungsbüro, 1987 bis 1989 Referendariat der Landespflege bei der Bezirksregierung Köln, 1989 bis 1998 Referentin bei der Internationalen Bauausstellung Emscher Park für die Themen Emscher Landschaftspark und ökologischer Umbau des Emschersystems, zeitweise als Bereichsleiterin.

Rüdiger Prinz, Dipl.-Ing., geb. 1964 in Recklinghausen. Studium Bauingenieurwesen 1985 bis 1992 an der RWTH Aachen, seit 1993 Mitarbeiter bei Emschergenossenschaft/Lippeverband für den Fachbereich Regenwasser.

Wolfram Schneider, Dipl.-Ing., geb. 1947 in Haldensleben. Studium der Stadt- und Regionalplanung von 1967 bis 1972 an der TU Berlin, 1973 bis 1975 Mitarbeiter des Deutschen Instituts für Urbanistik (Difu), seit 1975 Sachgebietsleiter im Stadtplanungsamt Gelsenkirchen mit Aufgaben von der Aufstellung des Flächennutzungsplanes bis zur Bewohnerberatung in denkmalgeschützten Arbeitersiedlungen, 1984 bis 1987 Beurlaubung für ein Stadtplanungsprojekt der Deutschen Entwicklungshilfe in der Arabischen Republik Jemen, seit 1989 Projektkoordinator der Stadtverwaltung Gelsenkirchen für die mit der IBA Emscher Park durchgeführten Projekte Siedlung Schüngelberg, Evangelische Gesamtschule, „Einfach und selber bauen"– Siedlung Laarstraße.

Friedhelm Sieker, Prof. Dr.-Ing., geb. 1933 in Bad Oeynhausen. 1959 bis 1964 Studium des Bauingenieurwesens/Fachvertiefung Wasserwesen an der TH Hannover. 1965 bis 1973 Assistent und Oberingenieur am Institut für Wasserwirtschaft der Universität Hannover. 1969 dort Promotion und 1974 Habilitation. 1974 bis 1977 Universitätsdozent und ab 1978 Professor an der Universität Hannover. 1985 bis 1997 Geschäftsführer des privaten Instituts für Technisch-Wissenschaftliche Hydrologie in Hannover, ab 1998 Geschäftsführer der Ingenieurgesellschaft Prof. Dr. Sieker mbH in Dahlwitz-Hoppegarten bei Berlin.

Guido Winzig, Dr. Dipl.-Geograph, geb. 1968 in Schloß Neuhaus bei Paderborn. Studium der Physischen Geographie/Geowissenschaften 1987 bis 1993 in Trier, 1992 Studienaufenthalt in der Schweiz (ETH-Zürich), 1993 bis 1996 Stipendiat im Graduiertenkolleg der Deutschen Forschungsgemeinschaft mit dem Arbeitstitel „Verbesserung des Wasserkreislaufs urbaner Gebiete zum Schutz von Boden und Grundwasser" an der Universität-GH Essen, Abt. Angewandte Bodenkunde, Inhaber des Büros BWG-Boden-Wasser-Geoinformatik in Mönchengladbach.

Peter Wülfing, Dipl.-Ing., geb. 1951 in Essen. Studium Bauingenieurwesen 1970 bis 1976 an der RWTH Aachen, seit 1977 Objektplaner Wasser und Umwelt im Ingenieurbüro Schlegel – Dr. Ing. – Spiekermann, heute: SPIEKERMANN GmbH & Co., Beratende In-

genieure in Düsseldorf, seit 1992 Abteilungsleiter Städtischer Tiefbau/Flächenrecycling.

Udo Zimmer, Dipl.-Phys., geb. 1965 in Nordkirchen. Studium der Physik 1985 bis 1992 mit dem Schwerpunkt Geophysik in Münster. Promotion zwischen 1993 und 1998 an der Universität GH Essen über die „Numerische Beschreibung und Bewertung von Anlagen zur Retention und Versickerung von Regenwasser". Zur Zeit wissenschaftlicher Mitarbeiter an der Universität GH Essen in einem Projekt zur „Quantifizierung der Bemessungssicherheit verschiedener Bemessungsansätze".

Notizen

Notizen

Notizen